KB095147

알기쉽게 설명한

기계도면 KS규격 중심
보는법 & 작성법

최호선 · 이근희 공저

Mechanical drawing

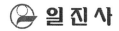 일진사

머리말

기술인이 되려면 첫째, 도면을 볼 줄 알아야 하고 또한 도면 작성을 할 줄 알아야 한다. 그 이유는 산업현장에서 모든 제품은 도면에 의해서 가공 제작이 되고 또 도면에 의해서 검사, 측정이 이루어지기 때문이다.

도면을 정확히 해독할 줄 모르면 도면에 의한 설계자의 의도를 충분히 이해할 수가 없고, 도면에 의한 제품가공을 할 수가 없다.

따라서 도면을 볼 줄 알고 도면을 작성할 수 있는 능력은 엔지니어로서의 첫째 조건이며 상식이다.

본 책자는 도면을 해독할 수 있는 능력을 기르기 위해 현장에서 실제 적용되고 있는 실례를 들어 제도에 대해 초보자도 쉽게 이해할 수 있도록 KS(한국산업규격)를 기준으로 제도 전반에 대한 이론을 알기쉽게 해설한 것이다. 단원별로 연습문제를 많이 수록하여 도면 작성 요령을 숙지하도록 하였고, 실제 실물을 실체도로 나타내어 실체도에 의한 도면작성 능력을 익히도록 실체도를 많이 수록하였다. 또한 제도에 관련된 여러 분야를 다루었고 산업구조 변화와 국제화 추세에 따라 기하공차가 국제적으로 통용되므로 기하공차에 대한 내용도 KS 규격을 기준으로 다루었다.

아무쪼록 본 교재를 통하여 도면보는 법과 도면 작성법을 숙지하여 엔지니어로서 손색이 없이 우리나라 공업 발전에 기여할 수 있기를 바란다.

끝으로 이 책이 나오기까지 본서의 출간에 심혈을 기울여 준 도서출판 **일진사** 직원 여러분께 심심한 감사를 드린다.

저자 씀

차 례

contents

제**1**장 　기 계 제 도

▪ 제**2**장　기 계 요 소

제 6 장 기 계 재 료

부 록

제 **1** 장   기 계 제 도

§ 1. 제도의 기초

1-1 제도의 목적

제도란 물체의 모양과 크기를 선, 문자, 기호 등을 사용하여 일정한 규칙에 따라 도면으로 나타내는 것을 말한다. 정확하게 작성된 도면은 국제적으로 통용되며 어느 누가 도면을 작성하든지 보는 사람이 정확하고 일률적인 해석이 될 수 있어야 한다.

따라서 도면을 작성할 줄 모르거나 작성된 도면을 볼 줄 모른다면 기술자로서의 구실은 할 수 없으므로 제도는 기술자로서의 기본이라고 할 수 있다.

도면을 작성하는 목적은 도면 작성자의 의도를 도면 사용자에게 정확하고 확실하고 쉽게 전달하는 데 있다.

1-2 제도 규격

제품을 만들기 위해서는 공통된 규칙에 의해 도면이 작성되어 그 도면에 의해 가공, 제작, 검사 등 설계자의 의도를 나타낸 도면을 보고 의문이나 오해가 없도록 정확하고 쉽게 도면 해독을 할 수 있어야 한다. 누가 보아도 일률적인 해석이 될 수 있도록 하기 위해서는 일정한 규칙이 필요하다. 따라서 한국산업규격 KS(Korean Industrial Standards)에 제도 통칙을 기본으로 각 분야에 대하여 제도에 관련된 사항이 규격으로 정해져 있다.

각 나라의 공업규격은 다음과 같다.

〔각국의 공업규격〕

제정년도	국 명	기 호
1966	한 국	KS(Korean Industrial Standards)
1901	영 국	BS(British Standards)
1917	독 일	DIN(Deutsche Idustrie für Normung)
1918	미 국	ANSI(American National Standard Industrial)
1947	국제표준	ISO(International Organization for Standardization)
1952	일 본	JIS(Japanese Industrial Standards)

1-3 도면의 종류

〔도면의 종류〕

분류 방법	도면의 종류	설 명
용도에 따른 분류	계 획 도	제작도 등을 만드는 기초가 되는 도면
	제 작 도	제품을 만들 때 사용되는 도면
	주 문 도	주문서에 붙여 요구의 개요를 나타내는 도면으로 모양, 기능 등을 나타내는 도면
	승 인 도	주문자의 검토를 거쳐 승인을 받아 이것에 의하여 계획 및 제작을 하는 기초 도면
	견 적 도	견적서에 붙여 조회자에게 제출하는 도면
	설 명 도	사용자에게 구조, 기능, 취급법을 보이는 도면
내용에 따른 분류	조 립 도	전체의 조립을 나타내는 도면
	부분 조립도	일부분의 조립을 나타내는 도면
	부 품 도	부품을 제작할 수 있도록 그 상세를 나타내는 도면
	상 세 도	특정부분의 상세를 나타내는 도면
	공 정 도	제작 과정의 상태를 나타내는 제작도, 또는 제조공정을 나태내는 계통도
	접 속 도	주로 전기 기기의 내부 및 기기 상호간의 전기적 접속, 기능을 나타내는 도면
	배 선 도	전선의 배치를 나타내는 도면
	배 관 도	건축물, 선박의 급수, 배수관, 기계 장치의 송유관 등 관의 배치를 나타내는 도면
	계 통 도	배관 전기 장치의 결선 등 계통을 나타내는 도면
	기 초 도	기계나 건물의 기초 공사에 필요한 도면
	설 치 도	보일러, 기계 등의 설치 관계를 나타내는 도면
	배 치 도	기계나 장치의 설치 위치를 나타내는 도면
	장 치 도	각 장치의 배치, 제조 공정 등의 관계를 나타내는 도면
	외 형 도	기계나 구조물의 외형만을 나타내는 도면
	구 조 선 도	기계나 구조물의 골조를 나타내는 도면
	곡 면 선 도	선박, 자동차의 복잡한 곡면을 나타내는 도면
	구 조 도	구조물의 구조를 나타내는 도면
	전 개 도	판재 등의 물체를 평면으로 전개한 도면

1-4 도면의 크기 및 양식

(1) 도면의 크기는 A열 사이즈를 사용하고 연장하는 경우에는 연장 사이즈를 사용한다.

(2) 도면작성 영역을 명확히 하기 위해 도면 가장자리에 윤곽선을 그리고〔그림 (a)〕윤곽선의 간격은 표〔도면크기의 종류 및 윤곽의 치수〕에 따른다.

　　d의 부분은 도면을 접을 때 표제란의 좌측에 설치하며〔그림 (a)〕윤곽선의 굵기는 0.5 mm이상의 실선으로 그린다.

(3) 도면은 긴 쪽을 좌우방향으로 놓고서 도면을 작성하는 것을 원칙으로 한다. 다만 A₄의 사이즈는 짧은 쪽을 좌우방향으로 놓고서 사용하여도 좋다〔그림 (c)〕.

(4) 도면의 크기는 A₀ 크기를 기준으로 1/2씩 접었을 때 A₁, A₂,…의 크기이다〔그림 (d)〕.

(5) 도면을 접을 때는 A₄ 크기를 기준으로 접고 표제란이 겉으로 나오게 한다〔그림 (b)〕.

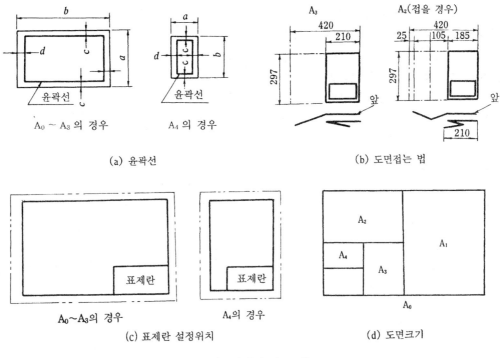

(a) 윤곽선

(b) 도면접는 법

(c) 표제란 설정위치

(d) 도면크기

〔도면양식 및 크기〕

　도면의 크기는 대상물의 크기와 도면의 복잡성을 고려하여 도면의 명료성을 가질 수 있는 범위에서 최소한의 크기를 설정하여야 하고, 그 크기는 A_0에서부터 A_4까지의 규격으로 되어 있으며 다음 표에 따른다.

〔도면 크기의 종류 및 윤곽의 치수〕　　　　(단위 : mm)

구분 사이즈	호칭방법	치수 $a \times b$	c(최소)	d(최소)	
				철하지 않을때	철할 때
A 열 사 이 즈	A_0	841×1189	20	20	25
	A_1	594×841			
	A_2	420×594	10	10	
	A_3	297×420			
	A_4	210×297			
연 장 사 이 즈	$A_0 \times 2$	1189×1682	20	20	25
	$A_1 \times 3$	841×1783			
	$A_2 \times 3$	594×1261			
	$A_2 \times 4$	594×1682			
	$A_3 \times 3$	420×891	10	10	
	$A_3 \times 4$	420×1189			
	$A_4 \times 3$	297×630			
	$A_4 \times 4$	297×841			
	$A_4 \times 5$	297×1051			

⑹ 도면에는 표제란을 마련해야 하며 표제란의 위치는 긴 변을 좌우로 놓은 위치에서는 우측 아래쪽에 설치하며 짧은 쪽을 좌우 방향으로 놓은 경우 A₄에는 아래쪽에 마련한다.

표제란에는 도면 관리상 필요한 사항과 도면 내용에 관한 사항을 기입하다(도면 명칭, 도면번호, 회사명, 척도, 투상법, 도면작성 년월일, 설계·제도 책임자의 서명).

도면번호란은 표제란 중 가장 오른편 아래에 기입한다.

표제란의 양식은 회사별로 회사특성에 맞게 작성되며 양식에 대해서는 규정되어 있지 않다. 표제란 양식의 예를 다음과 같이 표시하였다.

소 속						
	년 월 일		척 도		투상법	
도 명					도면번호	

설 계		제 도		검 도		승 인
작 성 년 월 일				척 도		투 상 법
도 명				도 번		

회사명									
설 계		제 도		계 장		과 장		부 장	
적 성 년 월 일				척 도			투 상 법		
도 명					도 면 번 호				

1-5 척 도

도면을 작성할 때 물품의 크기를 여러 가지의 크기로 그릴 수 있다 그 크기의 비율을 척도라 하며 원도를 작성할 때 사용하는 것으로서 축소·확대한 복사도에는 적용하지 않는다.

⑴ 척도의 종류

척도에는 현척, 축척, 배척의 3종류가 있다.
   ① 현척 : 도형의 크기를 실물과 같은 크기로 그리는 것
   ② 축척 : 도형의 크기보다 작게 축소해서 그리는 것
   ③ 배척 : 도형의 크기를 실물의 크기보다 크게 확대해서 그리는 것

⑵ 도면작성시 척도 선정 방법

도면을 작성할 때 척도를 선정하는 방법은 실물의 크기, 복잡성 여부, 용지의 크기 등을 고려하여 적당한 척도를 선정하는데 척도의 표시법은 다음에 따른다.

A : B
└─ 대상물의 실제크기
└─── 도면에서의 크기

현척의 경우는 A 와 B를 다같이 1로 하고, 축척의 경우는 A를 1로, 배척의 경우는 B를 1로하여 표시한다.

- 현척의 경우 : 1 : 1
- 축척의 경우 : 1 : 2 1 : 10
- 배척의 경우 : 10 : 1 200 : 1

(3) 척도의 값

척도의 값은 다음에 따른다.

〔척 도〕

척도의 종류	란	값								
축 척	1	1 : 2			1 : 5	1 : 10	1 : 20	1 : 50	1 : 100	1 : 200
	2	$1 : \sqrt{2}$ 1 : 2.5 $1 : 2\sqrt{2}$ 1 : 3 1 : 4 $1 : 5\sqrt{2}$ 1 : 25 1 : 250								
현 척	—	1 : 1								
배 척	1	2 : 1 5 : 1 10 : 1 20 : 1 50 : 1								
	2	$\sqrt{2} : 1$ $2.5\sqrt{2} : 1$ 100 : 1								

〔비고〕1란의 척도를 우선으로 사용한다.

도면을 작성하는데 사용한 척도는 표제란에 표시한다. 동일한 도면에서 다른 척도를 사용한 그림을 포함하는 경우에는 그 그림 부근에 적용한 척도를 표시한다. 또. 표제란이 없는 경우에는 그 도면의 명칭 또는 번호 부근에 척도를 표시한다. 특별한 경우로서 맞는 비례관계가 없을 때에는 "비례척이 아님" 또는 비례척이 아님을 나타내는 기호 "NS (not to scale)"를 적절한 곳에 기입한다. 또한, 이들의 척도의 표시는 잘못 볼 우려가 없는 경우에는 기입하지 않아도 좋다.

도면에 기입되는 치수는 척도에 관계 없이 실물의 크기 치수를 그대로 나타내야 한다. 예를 들면, 축척으로 도면을 작성했다고 치수를 줄여서 기입해서는 안되며 배척으로 작성 되었어도 실제 크기 치수보다 크게 기입해서도 안된다.

1-6 제도에 사용하는 선

(1) 선의 종류와 용도

도면을 작성할 때 규격으로 정해진 선의 종류와 그 용도에 따라 도면을 작성하여야 한다. 용도에 따른 선의 굵기가 구분이 되지 않으면 도면을 쉽게 이해할 수 없으며 오독할 우려가 있다. 선의 종류와 용도는 다음 표〔선의 종류에 의한 사용방법〕에 따르며 그 표에 의하지 않는 선을 사용할 때에는 그 선의 용도를 도면 안에 주기한다.

도면에서 두 종류 이상의 선이 같은 장소에서 겹치게 될 경우에는 외형선, 숨은선, 절단선, 중심선, 무게중심선, 치수보조선의 순위에 따라 우선되는 종류의 선으로 그린다.

① 선의 종류는 실선, 숨은선, 쇄선의 3종류로 나눈다.

② 실선은 물체의 외형을 나타내는 외형선(굵은 실선), 물체의 일부를 파단한 경계선(가는 실선)과 치수선, 치수보조선, 지시선, 해칭선(가는 실선) 등에 사용된다.

③ 숨은선은 물체의 보이지 않는 부분을 나타내는 선에 사용된다.

④ 쇄선은 1점 쇄선과 2점 쇄선으로 나눈다. 일점 쇄선은 도형의 중심을 나타내는 중심선으로 중심이 이동한 중심 궤적을 나타내는 선과 피치선(가는 선) 등에 사용되며, 2점 쇄선은 인접한 부분 등 가상선으로 사용된다.

(2) 선 접속 부분 그리는 방법

① 각이져 있는 숨은선의 교점에는 여유를 두지 않는다. (A)

② 외형선과 숨은선의 교점에는 여유를 두지 않고 근접하는 평행한 숨은선은 여유를 서로 교체하여 바꾼다. (B)

③ 다른 숨은선과의 교점에는 여유를 두지 않는다. (C)

④ 숨은선이 외형선인 곳에서 끝날 때는 여유를 두지 않는다. (D)

⑤ 숨은선과 외형선과의 교점에서는 여유를 둔다. (E)

⑥ 숨은선과 숨은선과의 교점에서는 여유를 두지않는다. (F),(G)

⑦ 숨은선이 외형선에 접촉할 때는 여유를 둔다. (H)

A	B	C	D
○ ×	○ ×	○ ×	○ ×
E	F	G	H
○ ×	○ ×	○ ×	○ ×

〔선의 종류에 의한 사용 방법〕

선의 종류	용도에 의한 명칭	선 의 용 도	그림 [선의 용도 및 사용법] 번호
굵은실선	외형선	대상물의 보이는 부분의 모양을 나타내는데 사용한다	1
가는실선	치수선	치수를 기입하는 데 사용한다.	2
	치수보조선	치수를 기입하기 위하여 도형에서 끌어내는 데 사용한다.	3
	지시선	기술·기호 등을 표시하기 위하여 끌어내는 데 사용한다.	4
	회전 단면선	도형내에 그 부분을 절단면을 90° 회전시켜서 표시하는 데 사용한다.	5
	중심선	도형의 중심선을 간략하게 표시하는 데 사용한다.	6
	수준면 선	수면, 액면 등의 위치를 표시하는 데 사용한다.	7
가는파선 또는 굵은파선	숨은선	대상물의 보이지 않는 부분의 모양을 표시하는 데 사용한다.	8
가는1점 쇄선	중심선	① 도형의 중심을 표시하는 데 사용한다.	9
		② 중심이 이동한 중심궤적을 표시하는 데 사용한다.	10
	피치선	반복도형의 피치를 잡는 기준이 되는 선	11
굵은1점 쇄선	기준선	기준선 중 특히 강조하고 싶은 것에 사용한다.	12
	특수 지정선	특수한 가공을 하는 부분 등 특별한 요구사항을 적용할 범위를 표시하는 데 사용한다.	12
가는 2점 쇄선	가상선[1]	① 인접하는 부분 또는 공구, 지그 등을 참고로 표시하는데 사용한다	13
		② 가동부분을 이동중의 특정한 위치 또는 이동 한계의 위치로 표시하는 데 사용한다.	14
	무게 중심선	단면의 무게 중심을 연결한 선	15
파형의 가는 실선[2] 또는 지그재그선[3]	파단선	대상물의 일부를 파단한 경계 또는 일부를 떼어낸 경계를 표시하는 선	16
가는 1점 쇄선으로 끝부분 및 방향이 바뀌는 부분을 굵게 한 것[4]	절단선	단면도를 그릴 때 그 절단위치를 대응하는 그림을 표시하는 데 사용한다.	17
가는 실선으로 규칙적으로 나열한 것	해칭선	도형의 한정된 특정한 부분을 다른 부분과 구별하는 데 사용한다. 보기를 들면 단면도의 절단면을 표시한다.	18

주 (1) 가상선은 투상법상으로는 도형에 나타나지 않으나 편의상 필요한 모양을 표시하는데 사용한다.
　　　또 기능상, 공작상의 이해를 돕기 위해 도형을 보조적으로 표시하기 위해서도 사용한다.
　(2) 파형의 가는 실선은 프리 핸드로 그린다.
　(3) 지그재그선의 지그재그 부분은 프리 핸드로 그려도 좋다.
　(4) 다른 용도와 혼용될 우려가 없을 때에는 끝부분 및 방향이 바뀌는 부분을 굵게 할 필요는 없다.

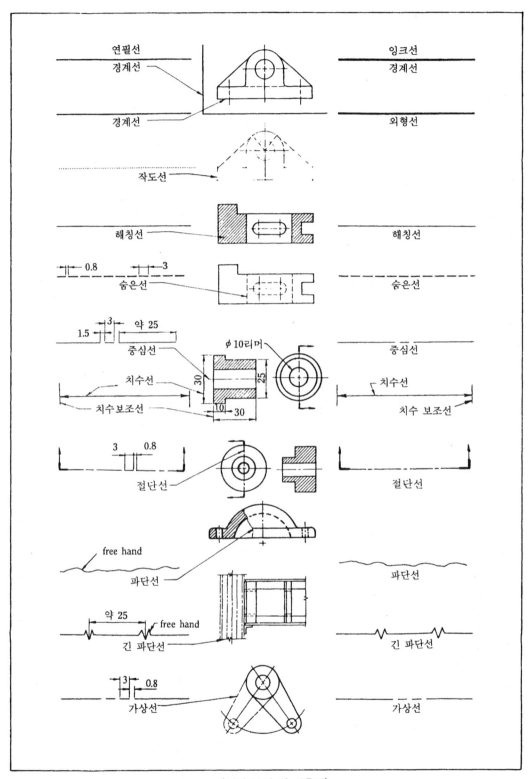

〔선의 굵기 및 사용법〕

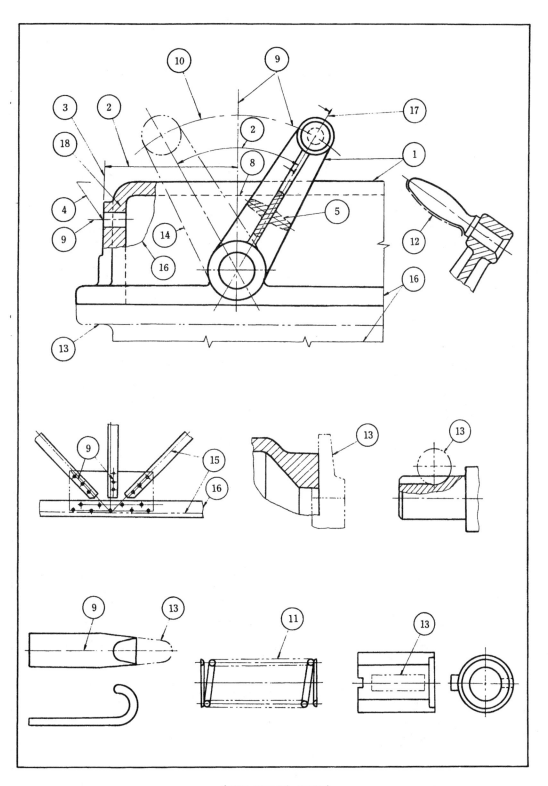

〔선의 용도 및 사용법〕

선 연습 (1)

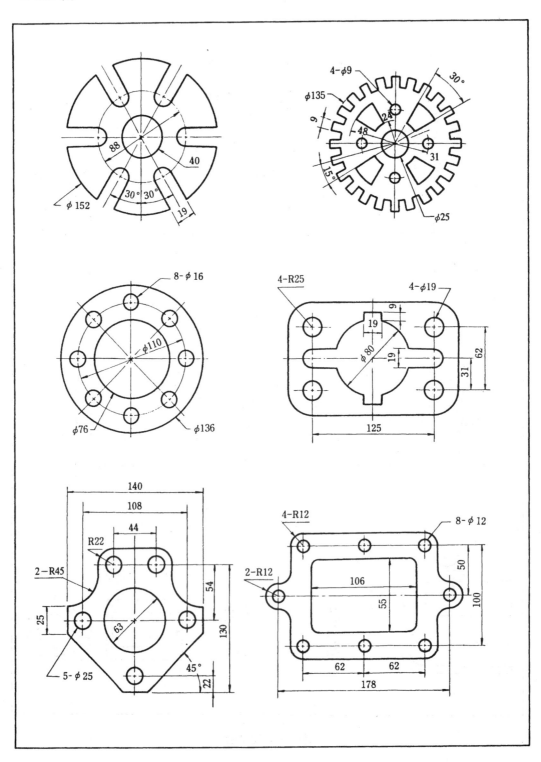

선 연습(2)

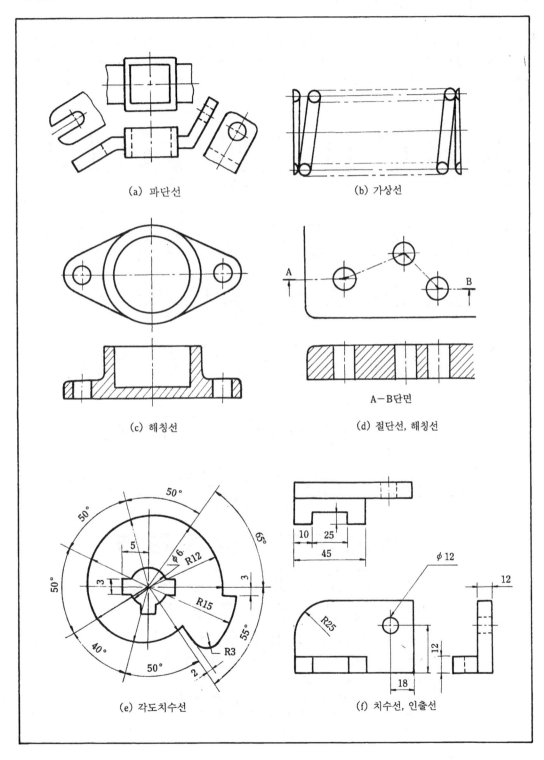

(a) 파단선

(b) 가상선

(c) 해칭선

(d) 절단선, 해칭선

A-B단면

(e) 각도치수선

(f) 치수선, 인출선

1-7 제도에 사용하는 문자

제도에 사용하는 문자는 한글, 아라비아 숫자, 로마문자, 한자 등이며 문자의 크기는 문자의 높이로 표시되며 문자는 한 자 한 자를 정확히 읽을 수 있도록 명확하게 쓰고 같은 크기의 문자는 그 선의 굵기를 되도록 맞춘다. 문자는 활자체로 쓰는 것을 원칙으로 하며 수직 또는 75° 경사체로 쓴다.

1-8 평면도법(平面圖法)

(1) 주어진 직선 및 원호의 2등분
 ① A, B는 주어진 직선 및 원호이다.
 ② 주어진 직선 및 원호 A에서 반경 R의 원호를 그린다.
 ③ B에서 반경 R을 원호로 C 및 D를 그리고 원호의 교점 CD를 연결하면 주어진 직선 및 원호의 2등분이 된다.

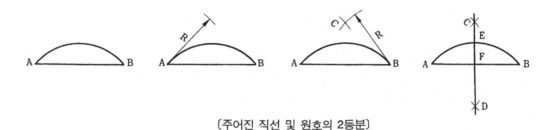

〔주어진 직선 및 원호의 2등분〕

(2) 삼각자에 의한 직선의 2등분 및 3등분
 ① 2등분법 : 주어진 직선 A, B에서 45°의 등각선을 그리고 교점 C를 통한 수직선을 긋는다.
 ② 3등분법 : 주어진 직선 A, B에서 30°의 선을 긋고 그 교점을 통하는 60°의 선 CD, CE를 그으면 된다.

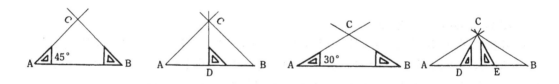

〔삼각자에 의한 직선의 2등분 및 3등분〕

(3) 각의 2등분법
 ① 주어진 각의 중심 A에서 반경 R을 그린다.
 ② 두변의 교점을 B, C라 하고 B, C를 중심으로 반경 R의 원호를 그린 교점을 D라 한다.
 ③ A,D를 연결하면 A,D는 각 A를 2등분한다.

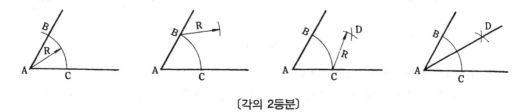

〔각의 2등분〕

⑷ 주어진 점(P)를 통하는 수직선

① 주어진 점 P를 중심으로 반경 R_1의 원호를 그리고, 직선의 교점 A, B를 반경으로 R_2의 원호를 그린다.

② 만난 교점 C와 P를 연결하면 P, C는 구하는 수직선이 된다.

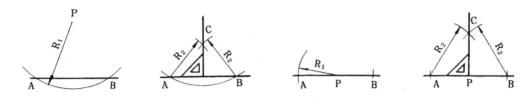

〔주어진 점을 통하는 수직선〕

⑸ 주어진 직선 AB에 평행한 점 P를 통하는 평행선

P를 중심으로 R_1의 원호를 그려 교점 C를 중심으로 원호를 그리고 A,B의 교점 D를 그리고 D를 중심으로 P를 통하는 원호를 그리며 C를 중심으로 R_{nd}의 원호를 그리어, 만난점 E와 P를 연결하면 P, E는 A, B에 평행하다.

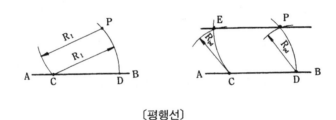

〔평행선〕

⑹ 정방형(正方形) 그리는 법

주어진 직선, A, B 한 끝 A에서 반경 R로 교점 E를 그려 A, E를 연장하고, A를 중심으로 반경 A. B로 원호 R_1을 그려 A, E직선과 교점 F를 얻고, F에서 R_1의 원호를 그리고 B에서 R_1의 원호를 그려 교점 G를 얻고 G, F, A, B를 연결하면 정방형이 된다.

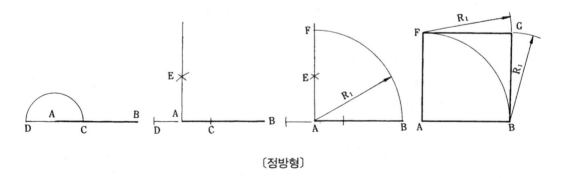

〔정방형〕

⑺ T자 3각자에 의한 정방형 그리는 법

① 1변 AB가 주어졌을 때 점 A에서 45°의 선을 긋고 B에서도 마찬가지로 45° 선을 그

　　　어 AD에 수직한 A, D와 B, C를 연결하면 된다.
　② 대각선 A, B가 주어졌을 때는 A, B와 만나는 45° 교점을 구하여 연결하면 된다.
　③ 원에 내접하는 정방형은 수평하고 수직한 두 중심선과 원과의 교점을 구하여 연결하면 된다.
　④ 원에 외접할 때는 수평하고 수직한 두 중심선을 그리고, 원에 외접하는 45°의 접선을 구하여 연결하면 된다.

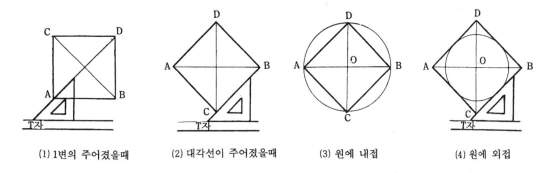

(1) 1변의 주어졌을때　　(2) 대각선이 주어졌을때　　(3) 원에 내접　　(4) 원에 외접

〔T자 3각자에 의한 정방형〕

(8) 정 5 각형 그리는 방법
　① 직교하는 두 중심선의 교점을 O라 하고 반경 OB의 중심을 D라 한다.
　② 중심 D를 기준으로 반경 CD로 R_1의 원호를 그려 교점 E를 구한다.
　③ C를 중심으로 반경 CE로 R_2의 원호를 그려 원과의 교점 F, G를 구한다.
　④ CF의 길이로 원을 등분하여 연결하면 정5각형이 된다.

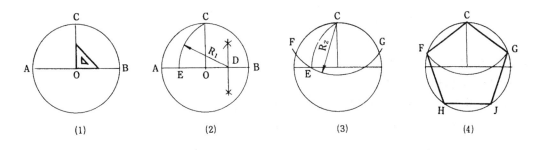

(1)　　　　(2)　　　　(3)　　　　(4)

〔정 5 각형〕

(9) 정 6 각형 그리는 방법
　① 원에 내접할 때 : 반경 AO(R_1)로 원주를 등분하여 구분점을 연결하면 된다.
　② 원에 내접할 때 : A, B의 중심 반경 A, O로 원호를 그리고 원과의 교점을 연결하면 된다.
　③ 원에 내접할 때 : 직경 A, B의 끝에서 60° 선으로 원과의 교점을 구하여 연결한다.
　④ 원에 외접할 때 : 원에 외접하는 60° 선을 그어 나갈 때 외접선의 교점을 구하여 연결

한다.

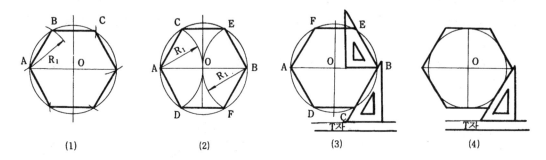

〔정 6 각형〕

⑽ 정 8 각형 그리는 방법

　① 정방형이 주어졌을 때 : 정방형의 네 모서리점을 중심으로 AO를 반경으로 R_1을 그리고
그 교점을 연결하면 정 8 각형이 된다.

　② 원에 내접할 경우 : 45° 직경선의 원의 교점을 구하여 연결하면 된다.

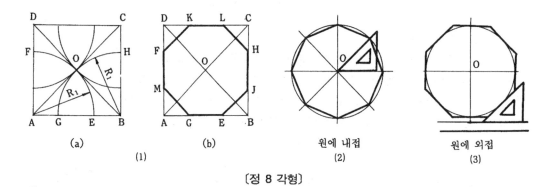

〔정 8 각형〕

⑾ 3점(A, B, C)을 통하는 원 그리는 방법

　① 주어진 3점 A, B, C를 연결한다.

　② A, B와 B, C의 수직 2등분선의 교점 O을 구한다.

　③ O를 중심으로 반경 OA(R)로 원을 그리면 된다.

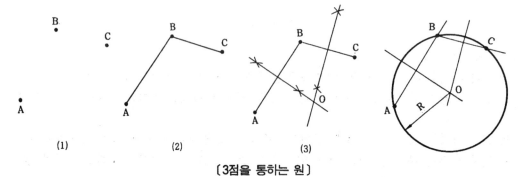

〔3점을 통하는 원〕

⑿ 주어진 한변(A, B)을 갖는 정 n 다각형 그리는 방법

① 주어진 한변 A, B의 A를 중심으로 반원을 그리고 그리려는 다각형으로 반원을 n등분 한다.

② 반원상의 각등분점을 A와 연결한다.

③ 제 2 의 등분점 C를 A와 연결하고 C를 중심으로 반경 A, B(R)의 원호를 그려 제 3 의 등분점 3과의 교점 D를 그린다.

④ 이하 같은 모양으로 그려 교점 E, G, F 를 구하여 연결하면 근사한 n다각형을 그릴 수 있다.

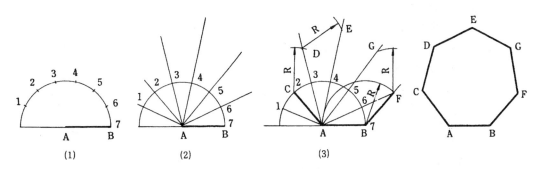

〔임의의 정다각형〕

⒀ 직교하는 두 직선과 접하는 원호

① O를 중심으로 주어진 반경 S(R)의 원호를 그리고 2변의 교점을 A, B라 한다.

② A, B를 중심으로 반경 S(R)의 두 원호의 교점을 C라 한다.

③ C를 중심으로 반경 S(R)를 그린다.

④ AC, BC는 각변에 직각이다.

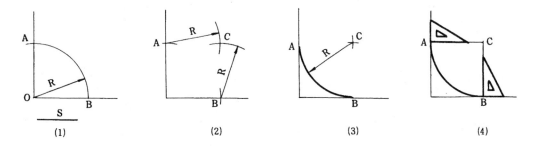

〔직교하는 두 직선에 접하는 원호〕

⒁ 예각과 둔각을 갖는 두 직선에 접하는 원호

① 두변에 주어진 반경으로 S(R)를 그리고 주어진 직선에 평행선을 그어 교점 C를 구한 다.

② C를 중심을 반경 S(R)의 원호를 그린다.

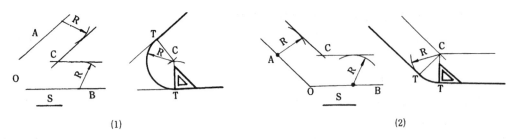

(1)   (2)

〔둔각, 예각 2직선과 접하는 원호〕

(15) 원호 및 직선에 접하는 원호

① 원호의 반경 $OT(R_1)$에 주어진 반경 S를 연장한 원호를 그린다.

② 직선 TD에서 S를 반경으로 (R)원호를 그려 평행선을 그리고 교점 G에서 반경 S(R)의 원호를 그리면 된다.

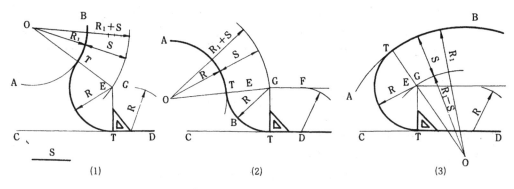

(1)   (2)   (3)

〔원호 및 직선에 접하는 원호〕

(16) 두 원호와 접하는 원호

AB의 원호의 반경 R_1, CD의 원호의 반경 R_2를 O_1, O_2에 연장하여 그린 원호의 교점을 E라하고 E를 중심을 반경 R의 원호를 그린다.

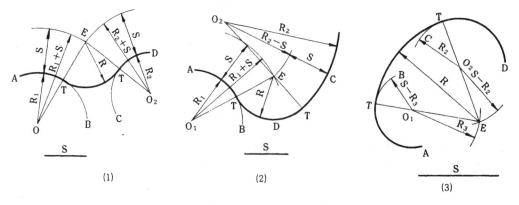

(1)   (2)   (3)

〔두 원호에 접하는 원호〕

⒄ 주어진 직선의 5등분

주어진 직선 AB의 한끝 A로부터 임의의 각의 직선 AC를 긋는다. A로부터 임의의 길이 (A1)를 가지고 AC 위에 차례로 A1=1,2=2,3…이 되게 잘라서 얻은 점 5를 B와 연결한다. 5B에 나란한 접선을 각 등분점 (1, 2, 3…)으로부터 긋고, AB와의 교점 1′, 2′, 3′…를 얻으면 A, B의 5등분점이 된다.

⒅ 주어진 원둘레와 같은 길이와 같은 선분

주어진 원의 중심 O에서 OB와 30° 방향으로 긋고 원주와의 교점을 C라 할 때 점 C에서 OB에 수직선을 그어 교점 D를 잡고 A점에서 AE = 3AB 되는 점 E에서 D점과 연결하면 ED 는 원주의 근사길이의 직선이다.

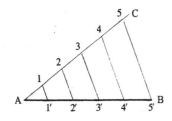

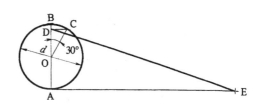

〔주어진 직선의 5등분〕 〔주어진 원둘레와 같은 길이와 같은 선분〕

⒆ 주어진 장축과 단축을 가지는 타원

서로 수직하게 교차하는 장축 AB 및 단축 CD를 긋는다. 다음 O를 중심으로 AB와 CD를 지름으로 하는 동심원을 그리고, 두 원의 둘레를 같은 수로 임의 등분하고 각 등분점 1, 2 …및 1′, 2′…를 얻는다. 다음 이들 등분점으로부터 AB 및 CD에 평행선을 긋고 교점 1″, 2″ …를 구한다. 이들 점을 차례로 연결하면 된다.

⒇ 주어진 3각형과 같은 면적을 가지는 직 4 각형

∠ABC를 작도하고 A로부터 BC상에 수직선을 긋고 교점을 D라 한다. BC의 양 끝에 수직선을 세우고 AD의 수직 이등분선과의 교점을 E라고 하면 □BCGF=△ABC와 같게 된다.

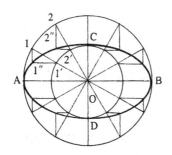

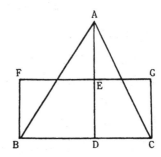

〔주어진 장축과 단축을 〔주어진 3각형과 같은 면적을
가지는 타원〕 가지는 직 4 각형〕

⑵ 주어진 직 4 각형의 면적과 같은 정 4 각형

직 4 각형 ABCD의 한 변 AD를 연장하고 CD=DE가 되게 한다. 다음 AE를 이등분하는 점 F로부터 AF의 길이를 반지름으로 하는 원호를 그려 CD의 연장과의 교점 G를 얻으면 DG는 구하는 정 4 각형 DGHI의 한 변이 된다.

⑵ 주어진 정 4 각형과 같은 면적의 원

정방형 ABCD의 대각선 AC 및 BD를 긋고 교점 O를 얻는다. 다음 한 변 AB의 4등분점의 한 점 F를 구하고 O를 중심으로 OF의 길이를 반지름으로 하는 원을 그리면 구하는 원이 된다.

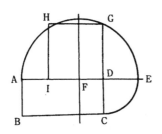
〔주어진 직사각형의 면적과
같은 정4각형〕

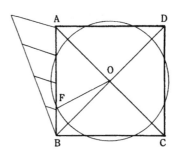
〔주어진 정4각형과 같은 면적의 원〕

⑵ 원호와 같은 근사길이의 직선

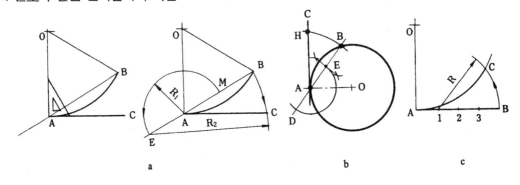

〔원호와 같은 근사길이의 직선〕

① 원호 AB의 근사길이 직선

   ⑺ 원호 AB의 1단 A에 접선 AC를 그리고 현 AB를 연장한다.

   ⑻ M을 AB의 중점 AE = AM 되게 E를 구한다. E를 중심으로 EB를 반경으로(R_2) 원호를 그린다. (그림 a)

   접선의 교점 C는 $\overline{AC} \fallingdotseq \overset{\frown}{AB}$

② 원호 AB의 접선을 그어 현 AB의 중점 E를 잡고 A를 연장하여 AE = AD로 D점을 잡고 AO의 수직선 AC를 그리고 D점을 중심으로 반경 DB의 원호를 그려 AC와의 교점을 H라 하면 $\overline{AH} \fallingdotseq \overset{\frown}{AB}$ 가 된다. (그림 b)

③ 직선 AB의 근사길이의 원호 : 직선 AB를 4등분하고 1점을 중심으로 1B를 반경으로 R
의 원호를 그리고 AB = AO 되는 점 O에서 AO를 반경으로 교점 C를 잡으면 원호 AC
는 직선 AB의 근사길이의 원호가 된다. (그림 c)

⑷ **각을 이동시키는 방법**

① 1각의 경우

㈎ 주어진 각 ABC를 그리고 중심 B, 반경 R의 원호를 그리고 2변의 교점을 FG라 한
다.

㈏ 주어진 직선 DE의 1단을 중심으로 반경 R의 원호와 DE의 교점을 K라 한다. 중심 K
에서 반경 R₁의 원호를 그리고 교점을 J라 한다. J를 연결하면 각 JDK는 각 ABC와
같다.

② 다각형(多角形)의 경우

㈎ 주어진 다각형의 정점 A에서 B, C, D, E를 연결하고 중심 A에서 반경 AC의 원호의
교점을 1, 2, 3, 4라 한다.

㈏ 주어진 직선 GH의 1단을 중심으로 반경 AC의 원호를 그린다. 이 원호상의 12, 23,
34를 이동시킨다. GH=AB, GJ=AC, GK=AD, GL=AE로서 H, J, K, L를 구하여 결합
하면 GHJKL은 구하는 다각형이다.

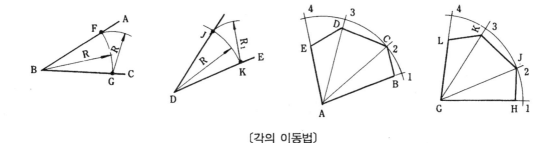

〔각의 이동법〕

⑸ **타 원**

① 4중심법(근사법)

㈎ 직교하는 장경(長徑) AB와 단경(短徑) CD의 교점 O를 중심으로 OA의 반경 R_{oa}의
원호와 OC의 연장과 교점을 E라 한다. C를 중심으로 CE를 반경(R_{ce})으로써 원호와
AC와의 교점을 F라 한다. AF의 수직 이등분선과 AB, CD와의 교점을 $G_1 H_1$이라 한다.

㈏ $OG_2 = OG_1$으로 된 G_2, $OH_2 = OH_1$으로 된 H_2를 구한다. H_1과 G_2, H_2와 G_1 및 H_2와
G_2를 연결하고 이 선을 연장한다. G_1을 중심으로 $G_1 A$의 반경(R_{g1a})으로 된 1A2를 그
린다. H_1을 중심으로 $H_1 C$의 반경(R_{h1c})으로 된 2C3를 그린다. 남은 곡선을 같은 방법
으로 완성하면 타원이 된다.

② 평행 4변형법(근사법)

㈎ 장경과 단경 2변으로 된 평행 4 변형을 그리고 AO, AE를 같은 길이로 등분하여 D와
3, C와 3′를 연결하고 연장선의 교점 3″로 하고 3″와 타원상의 점을 같은 방법으로
2″1″를 구한다.

㈏ 3″, 2″, 1″의 점을 가볍게 연필선으로 연결한다. 이때 운형정규를. 이용하여 원활하게 곡선을 연결하면 근사 타원이 된다.

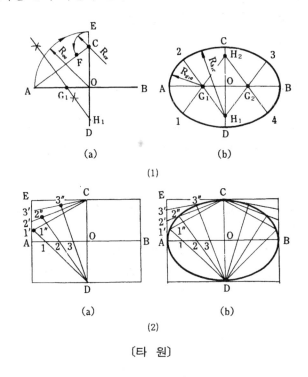

(a)   (b)

(1)

(a)   (b)

(2)

〔타 원〕

§2. 투 상 법

도면으로 작성하고자 하는 대상물을 일정한 규칙에 의해 도면 용지의 평면상에 도형으로 나타내는 방법을 투상법이라 한다.

물체를 가공 제작하기 위해서는 투상법에 의해 작성된 도면에 의해 정확하게 설계자의 의도대로 제품이 만들어지고 그 도면에 의한 검사측정이 이루어진다.

투상법은 물체의 생긴 형상을 도면으로 나타낼 때 보는 방향과 도면배치의 위치에 따라 제1각 투상법과 제3각 투상법으로 나눈다.

2-1 투상법의 원리

두개의 평면을 수평하고 수직하게 교차시키면 그림〔4개의 투상면〕에서 보는 바와 같이 서로 인접한 두 평면에 의해 4개의 공간이 생긴다. 이들 4개의 공간 중에서 우측 위쪽을 제1각, 좌측 위쪽을 제2각, 좌측 아래쪽을 제3각, 우측 아래쪽을 제4각이라 한다.

이들 4공간 중에 2면각 내에 물체를 놓고 각각 투상할 때 제2각과 제4각 내에서 투상할 때 보는 점과 물체 사이에 화면이 놓일 수 있고 보는 점에서 물체 뒤쪽에 화면이 놓일 수 있어서 보는 점과 물체와 화면의 세 관계가 일정하지 않게 된다. 따라서 제1각과 제3각 내에 물체를 놓고 투상하면 보는 점과 물체와 화면의 세 관계가 일정하게 된다. 따라서 제2각과 제4각의 투상법은 사용하지 않고 제1각법과 제3각법이 사용되며 그 중 기계제작도에는 제3각법이 기준이 되어 사용된다.

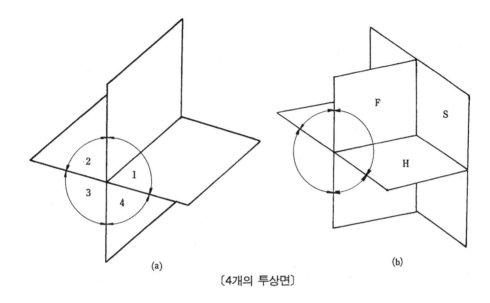

〔4개의 투상면〕

그림〔4개의 투상면(b)〕에서 F는 앞 투상면, H는 수평투상면, S는 옆 투상면이라고 할 때 정면도, 평면도, 측면도의 3개면에 투상된다.

대부분의 물체는 이 3개의 투상면으로 투상하면 생긴 형상을 전부 나타낼 수 있으며 필요에 따라 1개의 투상 또는 2개의 투상면에 의하여 나타낼수도 있다.

2-2 제3각 투상법(제3각법)

제3각 투상법은 물체를 제3각 내에 놓고 투상하는 방법으로 눈으로 물체를 보았을 때 눈과 물체 사이에 물체의 생긴 형상 그대로를 나타내는 방법으로 앞에서 본 그림을 정면도, 정면도를 기준으로 우측에서 본 그림을 우측면도, 좌측에서 본 그림을 좌측면도, 위에서 본 그림을 평면도, 아래서 본 그림을 저면도, 뒤에서 본 그림을 배면도라 한다.

다음 그림처럼 6면체로 되어 있는 유리상자 중앙에 투상하려는 물체를 놓고 각 방향(6개 방향)에서 물체를 보았을 때 물체의 생긴 형상 그대로를 유리상자 면에 옮겨 그려 전면(①②, ③, ④면)을 기준으로 6개면을 하나의 평면으로 전개하여 나타낸 것이 제3각법의 표준 배치이다(그림〔6개 방향에서 본 그림을 전개한 그림〕).

3각법에 의한 표준 배치는 6개면으로 배열이 되지만 6개 면을 전부 그려줄 필요는 없다. 물체의 생긴 형상을 정확하게 알아볼 수 있고 치수를 전부 나타낼 수 있는 범위 내에서 간략하게 필요한 면만을 나타내면 된다.

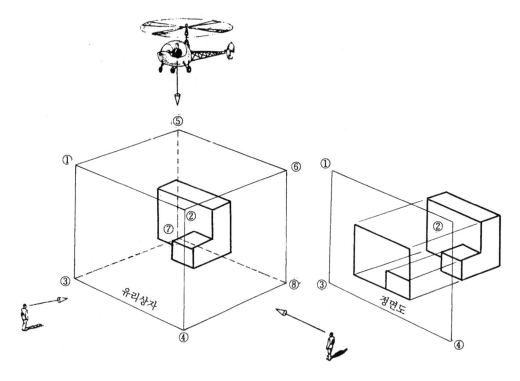

〔유리 상자안의 물체〕　　　　〔앞쪽에서 본 그림(정면도)〕

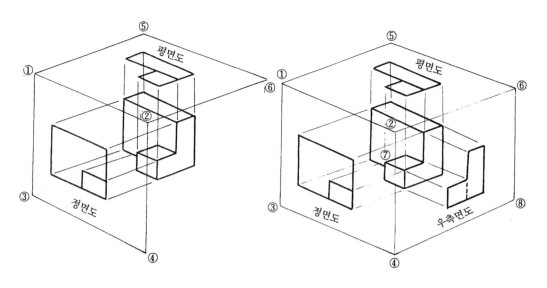

〔앞쪽에서 본 그림과 위에서 본 그림〕　　　　〔앞쪽, 위쪽, 우측에서 본 그림〕

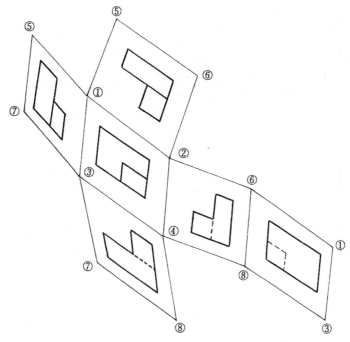

〔6개 방향에서 본 그림을 전개한 그림〕

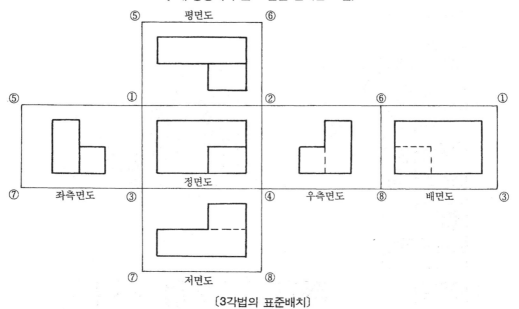

〔3각법의 표준배치〕

대부분의 부품은 정면도를 기준으로 측면도(좌측면도, 우측면도), 평면도의 3면도로 생긴 형상을 전부 나타낼 수 있다.

다음 그림〔3각법에 의한 1면도와 2면도〕는 3각법에 의한 2면도로 만족한 부품을 도면으로 나타냈다. 여기에서 ×표를 한 부분은 그려주지 않아도 생긴 형상을 알아볼 수 있고 각 부분의 치수를 전부 나타낼 수 있으므로 불필요한 부분은 생략하여 나타낸다.

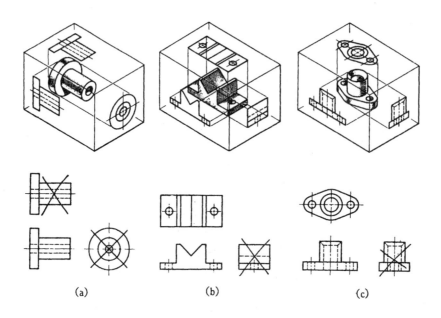

(a)　　　　　　　　　(b)　　　　　　　　(c)

〔3각법에 의한 1면도와 2면도〕

　다음 그림〔3각법에 의한 3면도〕은 부품을 3각법에 의해 정면도를 기준으로 우측면도, 평면도를 나타낸 그림이다.

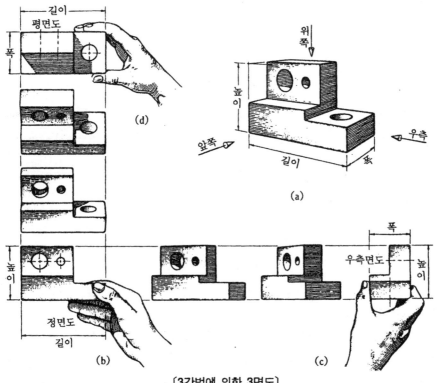

〔3각법에 의한 3면도〕

물체를 앞에서 본 그림인 정면도를 기준으로 하여 우측에서 본 형상을 앞쪽으로 90° 회전하여 정면도와 한 평면으로 나타낸 그림이 우측면도이고, 정면도를 기준으로 위쪽에서 본 형상을 위쪽으로 90° 회전하여 정면도와 한 평면으로 나타낸 그림이 평면도이다.

좌측에서 본 형상과 아래서 본 형상, 뒤쪽에서 본 형상도, 정면도를 기준으로 하나의 평면으로 전개한 것이 3각법의 표준 배치이다. 배면도는 정면도를 180° 회전시켜 좌측면도나 우측면도 옆에 배치시키면 된다. KS에서는 제3각법으로 도면을 작성하는 것을 원칙으로 하고 있다.

2-3 제1각 투상법(제1각법)

제1각 투상법은 물체를 제1각 내에 놓고 투상하는 방법으로 눈으로 물체를 보았을 때 물체 뒤에 물체의 생긴 형상을 투상하는 방법이다. 정면도 우측에 좌측면도, 정면도 좌측에 우측면도, 정면도 위쪽에 하면도, 정면도 아래에 평면도가 배열된다.

배면도는 정면도를 180° 회전하여 좌, 우측면도 옆에 배열된다.

다음 그림은 유리 상자 안에 물체를 놓고 각 방향(6개 방향)에서 물체를 보았을 때 물체 건너편에 생긴 형상을 옮겨 그린 것이다. 앞쪽에서 본 그림을 ⑤ ⑥ ⑦ ⑧ 유리면에 나타낸 정면도를 기준으로 육면체를 하나의 평면으로 펼쳐 나타낸 것이 1각법의 표준 배치이다(그림〔1각법의 표준 배치〕).

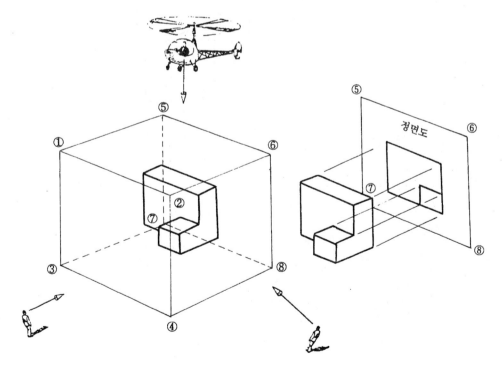

〔유리 상자 안의 물체〕   〔앞쪽에서 본 그림〕

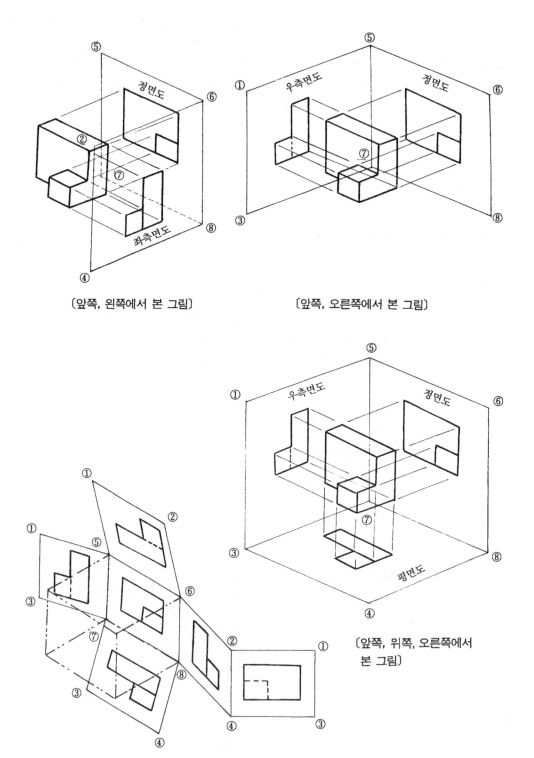

〔앞쪽, 왼쪽에서 본 그림〕　　　　　〔앞쪽, 오른쪽에서 본 그림〕

〔앞쪽, 위쪽, 오른쪽에서
본 그림〕

〔6개 방향에서 본 그림을 전개한 그림〕

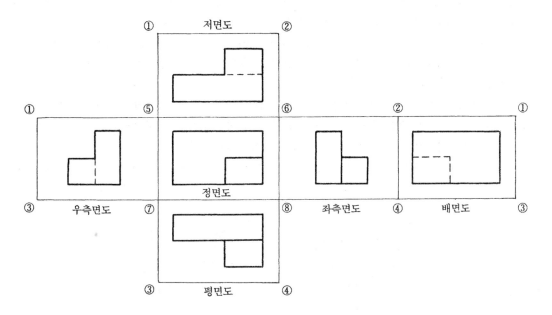

〔1각법의 표준 배치〕

2-4 제3각법과 제1각법의 비교

제3각법이나 제1각법 모두 앞에서 본 그림을 정면도, 우측에서 본 그림을 우측면도, 좌측에서 본 그림을 좌측면도, 위쪽에서 본 그림을 평면도, 아래쪽에서 본 그림을 저면도라고 하지만 제3각법에서는 눈으로 물체를 보았을 때 물체와 눈 사이에 물체의 생긴 형상을 그려주고, 제1각법에서는 눈으로 물체를 보았을 때 물체 뒤쪽에 물체의 생긴 형상을 나타낸다.

따라서 정면도를 기준으로 좌, 우측면도와 평면도, 하면도의 배열이 서로 반대이다.

제1각법의 경우에는 물체의 우측에서 본 그림을 정면도 좌측에, 좌측에서 본 그림을 정면도 우측에 나타내기 때문에 도면을 그리기에 불편이 있고 도면을 보는 사람이 좌, 우측을 비교 대조 하기가 불편하다. 특히 길이가 긴 것과 경사면을 갖는 물체는 제1각법보다 제3각법이 쉽게 나타낼 수 있고 이해하기가 쉽다(그림〔제1각법과 제3각법의 비교〕).

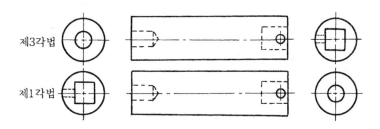

〔제1각법과 제3각법의 비교〕

3각법의 경우는 정면도를 기준으로 좌, 우, 상, 하에서 본 그림을 바로 옆에 나타내게 되므로 도면 작성이 편리하고 비교대조가 용이하다.

또 보조 투상도나 국부 투상도는 바로 옆에 나타내기 때문에 쉽게 도면을 이해할 수 있고 양 투상면 사이에 치수를 기입하기 때문에 치수를 쉽게 볼 수 있어 이중으로 기입하거나 빠질 우려가 없다.

제1각 투상법보다는 제3각투상법이 편리한 점이 많아 기계 제도에서는 주로 제3각법을 기준으로 도면을 작성하고 하나의 용지에 제1각법과 제3각법을 혼용하는 것은 가급적 피하고 같이 사용할 경우에는 구분하여 각각 투상법을 표시하여 준다.

또한 도면에 투상법 표시를 그림〔투상법 기호〕과 같이 그림으로(free hand) 나타낼 수도 있다.

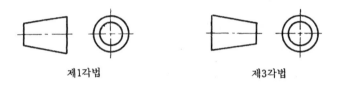

제1각법   제3각법

〔투상법 기호〕

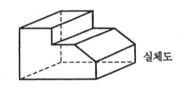

실체도

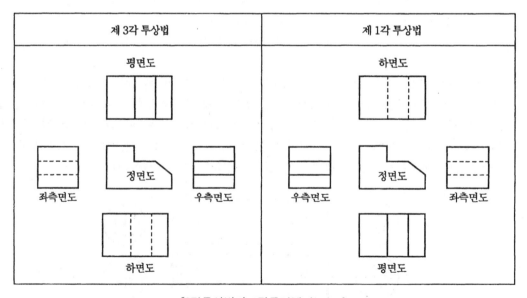

[3각투상법과 1각투상법의 비교]

투상법 연습

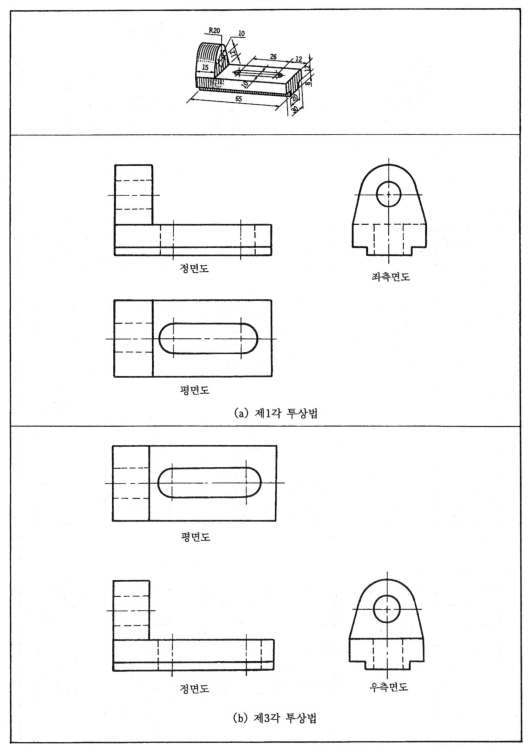

3각투상법을 이해하고 2도를 주어서 나머지 1도를 완성하라.

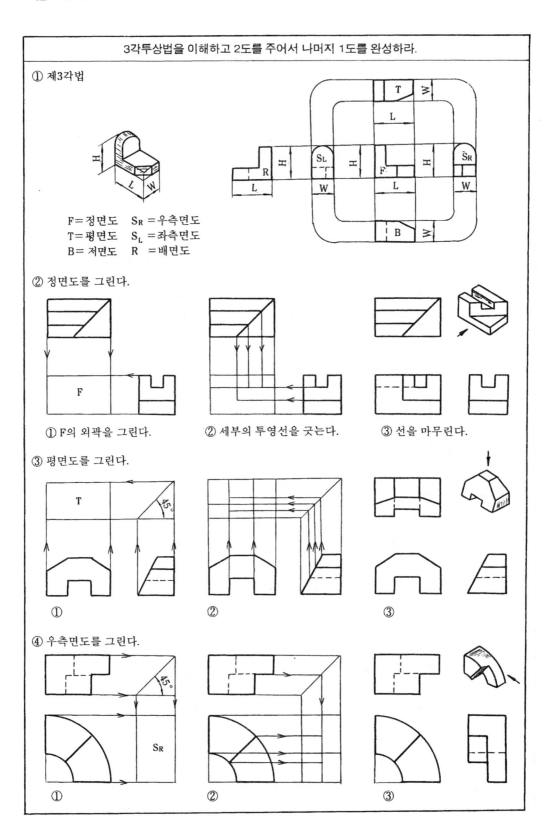

① 제3각법

F=정면도   S_R =우측면도
T=평면도   S_L =좌측면도
B= 저면도   R =배면도

② 정면도를 그린다.

① F의 외곽을 그린다.   ② 세부의 투영선을 긋는다.   ③ 선을 마무린다.

③ 평면도를 그린다.

①   ②   ③

④ 우측면도를 그린다.

①   ②   ③

도면 그리는 순서

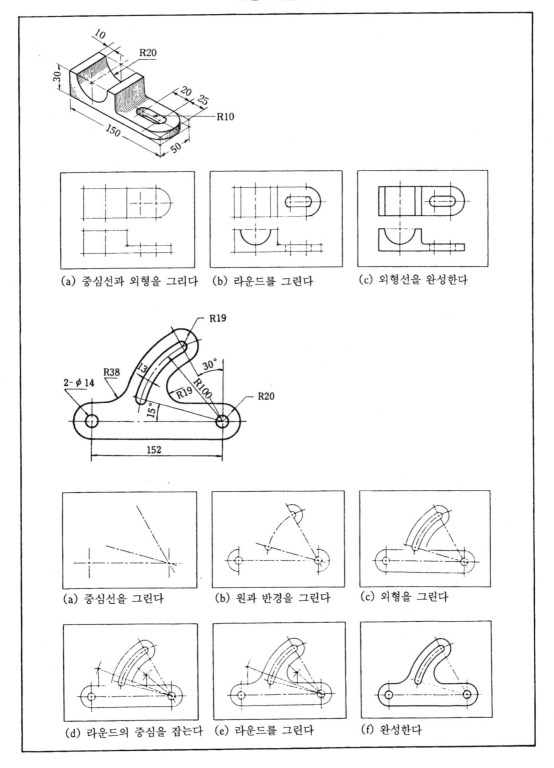

(a) 중심선과 외형을 그리다   (b) 라운드를 그린다   (c) 외형선을 완성한다

(a) 중심선을 그린다   (b) 원과 반경을 그린다   (c) 외형을 그린다

(d) 라운드의 중심을 잡는다   (e) 라운드를 그린다   (f) 완성한다

3각 투상법 연습

정면도, 평면도, 측면도 중 미완성도를 완성하고 실체도를 그려라.

정면도, 평면도, 측면도 중 미완성도를 그려라.

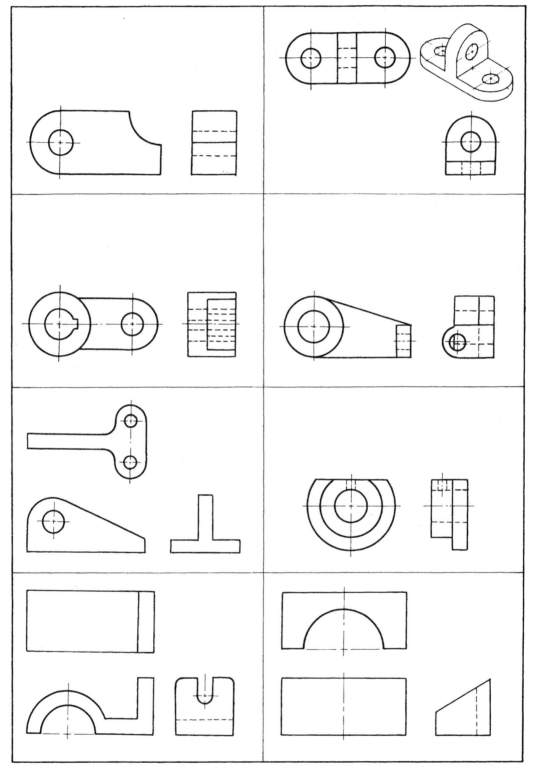

3개의 그림을 검토하여 빠져있는 선을 넣어 완전한 투상도를 만들어라.

다음 그림에서 빠진 선을 보충하고 실체도를 그려라.

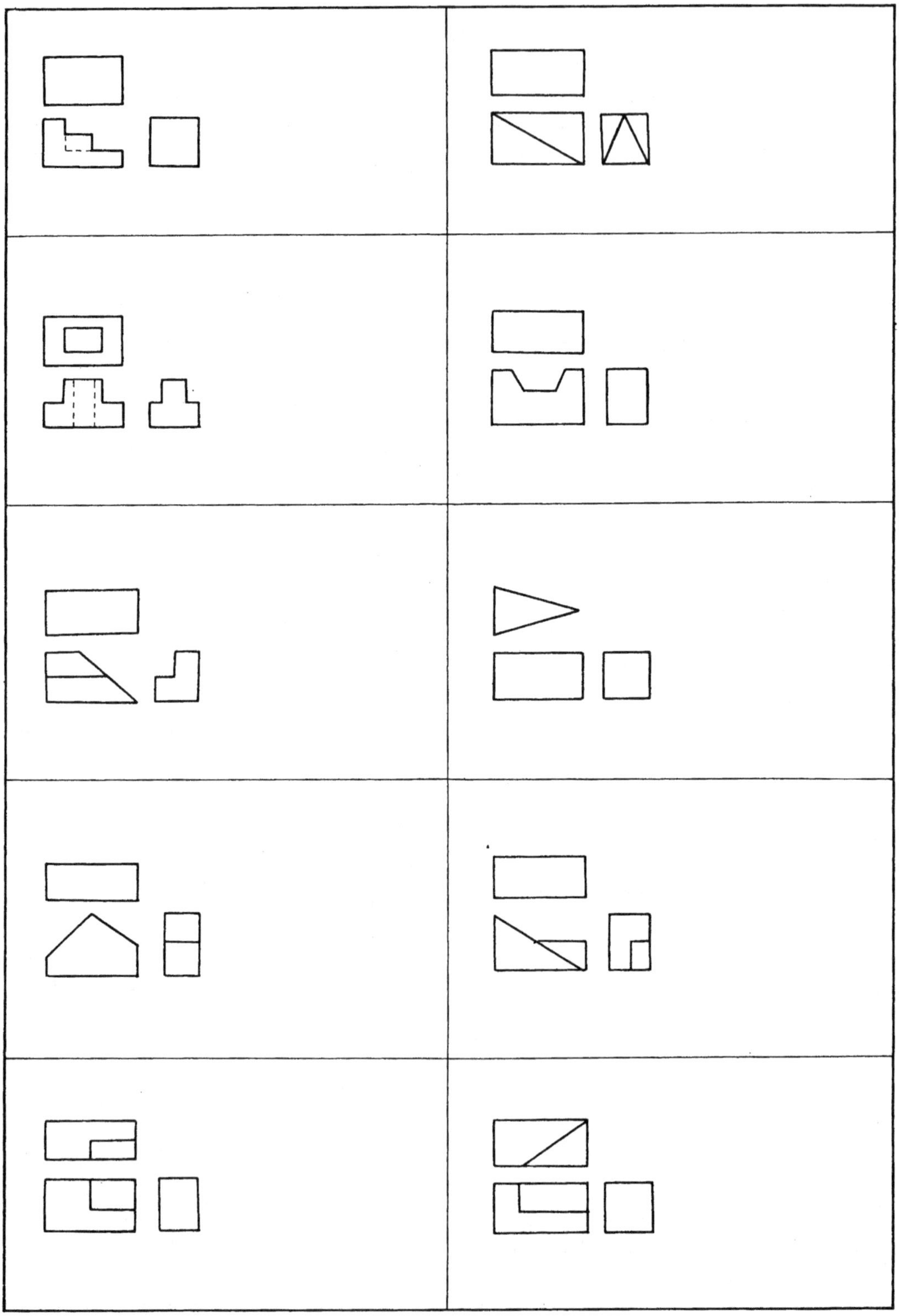

정면도, 평면도, 우측면도 중 빠진 그림을 보충 완성하라.

다음 도형을 보고 빠진선을 그리고 실체도를 그려라.

다음 도면을 보고 실체도를 그려라.

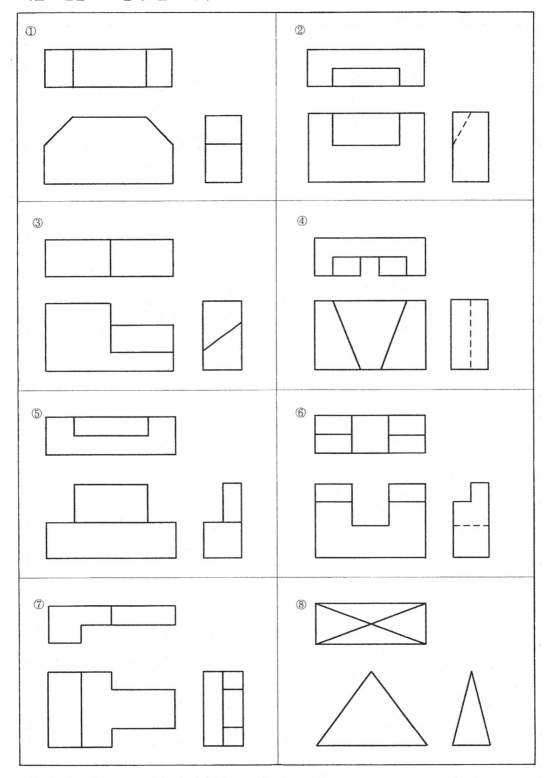

다음 실체도를 제3각 투상법으로 제도하라

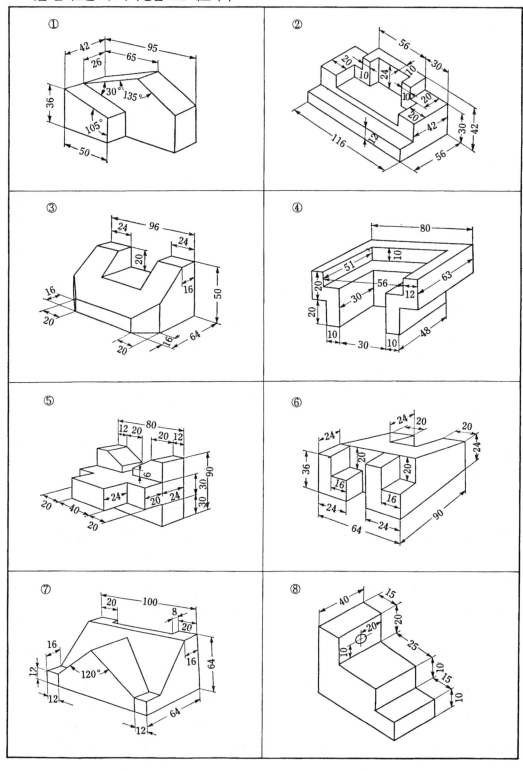

다음 그림을 제3각법으로 도면 작성하라.

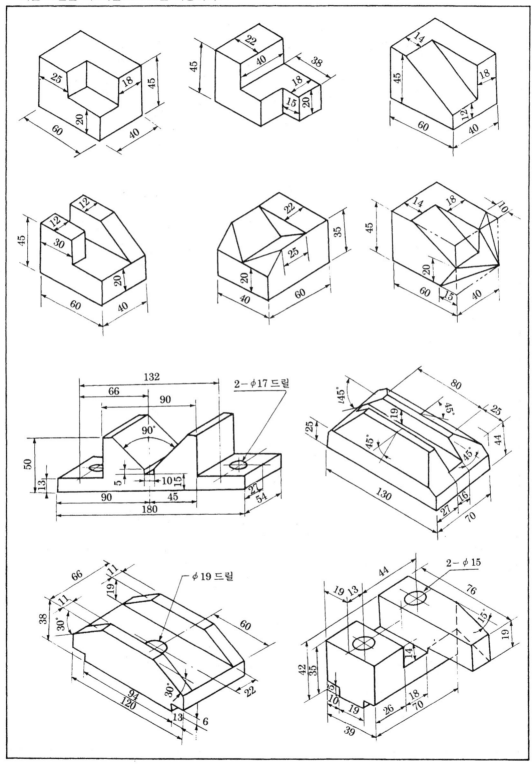

다음 그림을 제3각법으로 도면 작성하라.

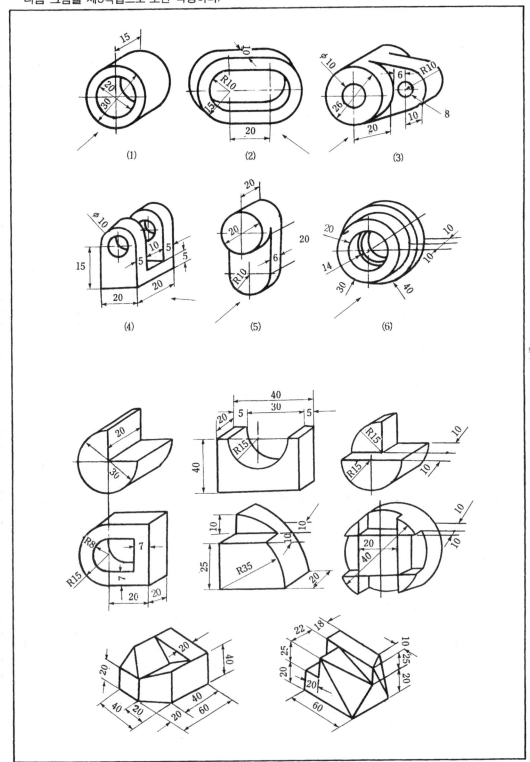

2-5 특수 투상도

(1) 등각 투상도

등각 투상도는 정면과 평면, 측면을 하나의 투상도에서 볼 수 있도록 그린 도법으로 입방체의 3면이 만나는 모서리는 각각 120°를 이룬다.

밑면의 2면이 수평면과 등각이 되도록 기울여서 입체적으로 나타내어 물체의 생긴 형상을 쉽게 이해할 수 있고 척도에 제한이 없기 때문에 확대, 축소가 자유롭다.

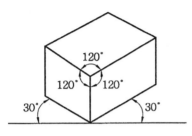 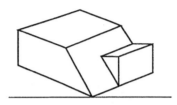

[등각 투상도]

(2) 부등각 투상도

부등각 투상도는 입방체의 밑면의 2면을 수평면과 등각으로 그리지 않고 각을 다르게 하여 입체적으로 나타낸 도형을 부등각 투상도라 한다.

밑면의 2면이 수평선과 이루는 각은 30°와 60°를 많이 쓴다.

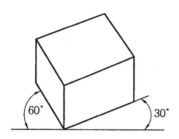 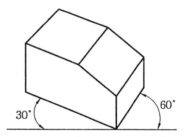

[부등각 투상도]

(3) 사투상도

사투상도는 정면의 도형을 정투상도와 거의 같게 나타나고 물체를 투상면에 대하여 한쪽으로 경사지게 입체적으로 나타낸 것을 말한다.

사투상도에서는 수평선에 대하여 30°, 45°, 60° 경사각을 주어 삼각자로 그리기 편리한 각도로 한다.

사투상도는 물체의 상징인 정면의 모양이 실제 형상으로 나타나는 장점이 있다.

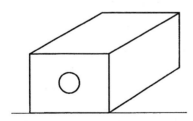 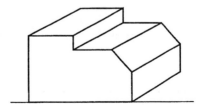

다음 사투상도를 다음 페이지에 등각 투상도로 그려라.

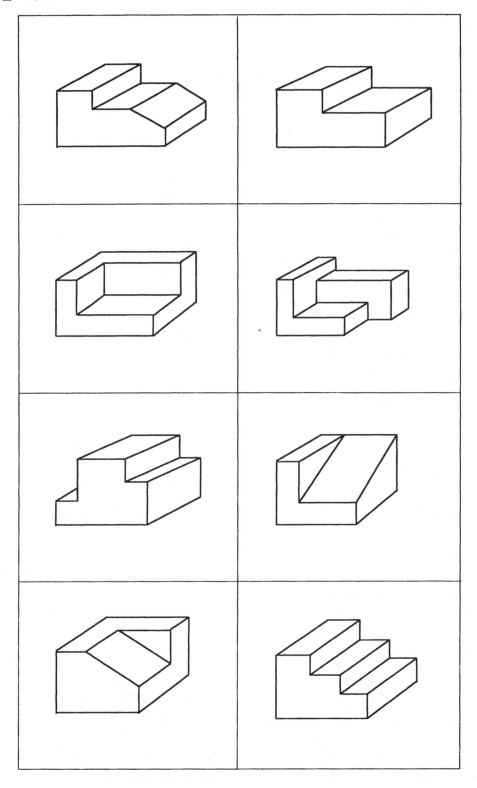

등각 투상도 그리기

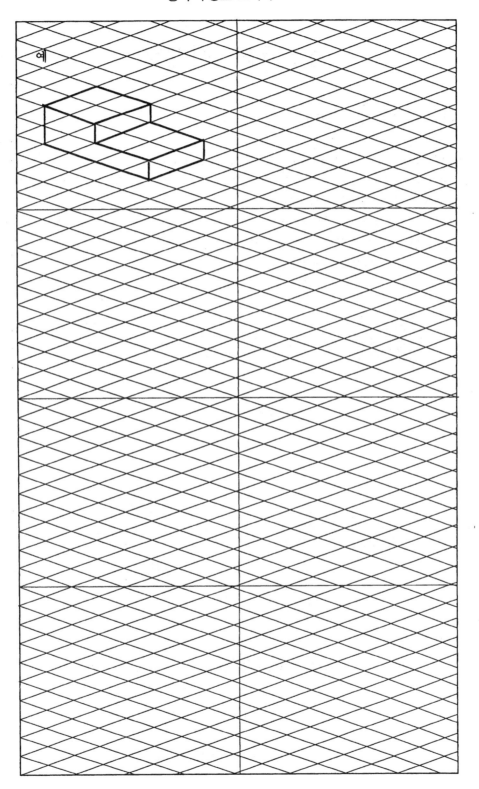

§ 3. 도형의 표시 방법

3-1 투상도의 표시방법

투상법에 의해 작성된 도면을 보고 실물의 생긴 형상을 정확하게 알아볼 수 있어야 하고 치수를 전부 나타낼 수 있는 범위 내에서 정면도를 기준으로 관계도를 간략하게 나타내는 데 어떤 물체든 표준 배치에 의한 6면도를 전부 그려주는 것은 아니다.

(1) 정면도는 대상물의 모양, 기능을 가장 명확하게 표시하는 면을 그린다. 자동차나 비행기, 선박 등은 앞에서 본 모양보다 옆에서 본 모양이나 위에서 본 모양을 그려 주어야 생긴 형상을 가장 많이 나타낼 수 있고 쉽게 알아 볼 수 있다.

〔앞에서 나타낸 그림〕

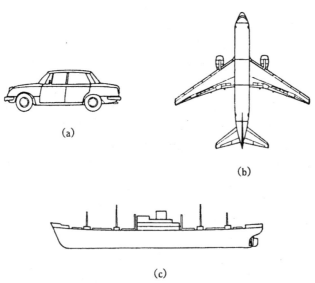

〔옆쪽이나 위쪽에서 나타낸 그림〕

(2) 도형은 그 물체를 가공할 때 공작기계에 고정하는 상태와 가공할 때 놓이는 상태로 그려 작업자가 쉽게 작업할 수 있게 그린다.

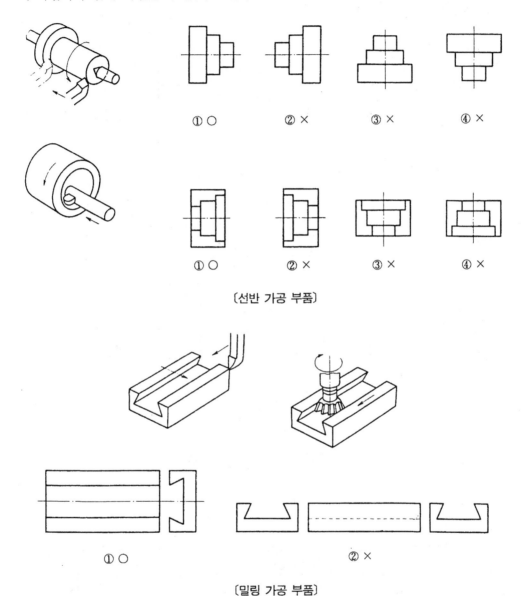

① ○　　　② ×　　　③ ×　　　④ ×

① ○　　　② ×　　　③ ×　　　④ ×

〔선반 가공 부품〕

① ○　　　　　　② ×

〔밀링 가공 부품〕

(3) 정면도를 기준으로 관계도를 그릴 때 물체의 주요면이 가급적 투상면에 수직하거나 평행하게 나타낸다.

(4) 둥근 형상이나 판재의 경우에는 형상을 알아볼 수 있는 범위 내에서 불필요한 도면은 생략하고 간략하게 나타낸다.

(5) 원통 형상이나 평면 형상인 간단한 물체는 정면도를 기준으로 평면도(저면도) 또는 측면도(좌측면도, 우측면도) 중 정확하게 형상을 알아볼 수 있는 범위 내에서 2면도를 선택하여 간략하게 나타낸다.

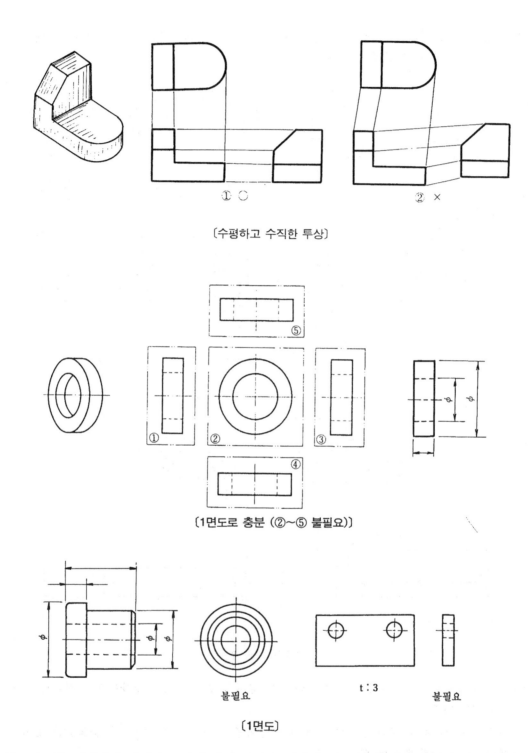

〔수평하고 수직한 투상〕

〔1면도로 충분 (②~⑤ 불필요)〕

불필요

t : 3

불필요

〔1면도〕

(6) 2면도를 선택하여 작성된 도면에 의해 부품을 제작할 때 제작된 형상이 여러 개로 제작
될 수 있으면 안된다. 하나의 도면에 의해 제작된 물체는 반드시 하나의 형상으로 제작될
수 있어야 한다.

예를 들면, 2면도로 작성된 도면에 의해 제품을 제작했을 때 여러 개의 형상으로 제작할 수가 있다 (그림 중 ①②③④). 이런 경우는 2면도를 작성하되 정면도를 기준으로 우측면도를 선택하여 그려주면 하나의 형상으로 제작될 수 있으며 완전한 도면이 된다 (그림 중 A B C D).

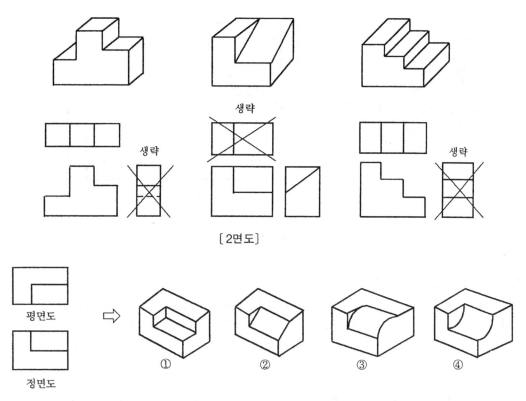

[2면도]

[하나의 도면에 의해 제작될 수 있는 여러 가지 형상]

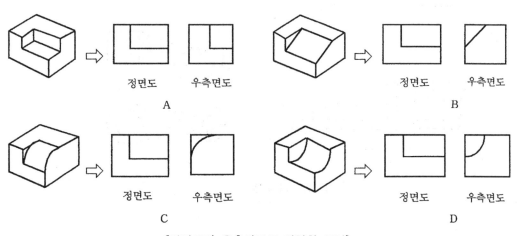

[정면도와 우측면도로 완전한 도형]

(7) 제품의 생긴 형상에 따라 3면도를 그려 주어야 생긴 형상을 완전하게 나타낼 수 있는 형체가 있다.

그림 [3면도]에서 2개면만 그리면 한쪽의 형상이 각이져 있는지 둥근형상인지 알 수 없으므로 3면도를 그려주어야 완전한 도면이 될 수 있다.

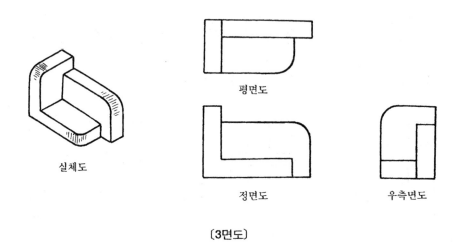

평면도

실체도

정면도   우측면도

[3면도]

(8) 정면도를 기준으로 관계도의 배치는 가급적 숨은선으로 나타내는 도형은 선택하지 않고 실선으로 나타낼 수 있는 도형을 그린다(그림[관계도의 배열 (a)]). 단, 비교 대조가 용이할 경우에는 숨은선이 나타난 도형을 선택해도 좋다(그림[관계도의 배열 (b)]).

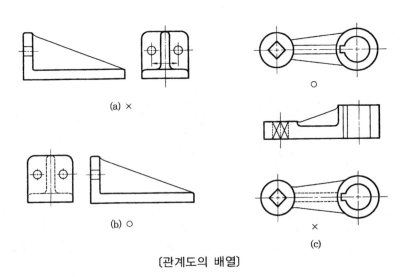

(a) ×

(b) ○

(c)

×

[관계도의 배열]

다음 그림을 방안지에 3면도를 그리고 필요없는 면은 ×표를 하라.

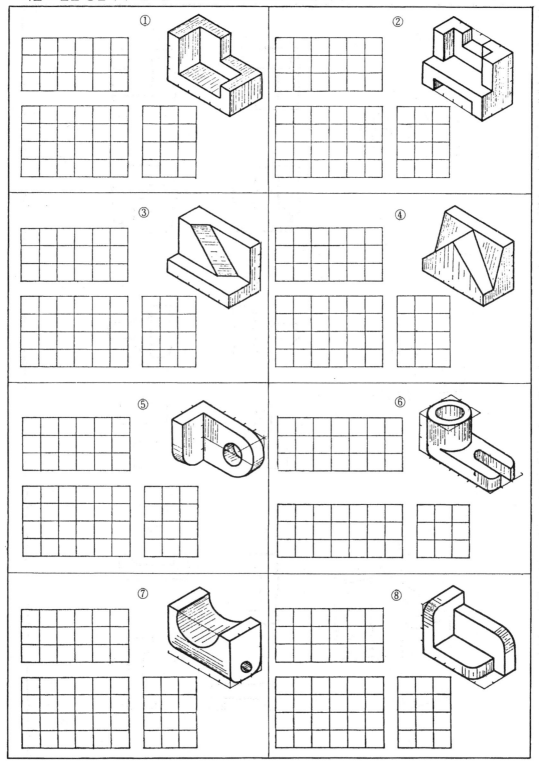

그림 ①~③의 물체를 도면으로 나타낼 때 적합하게 나타낸 것은?

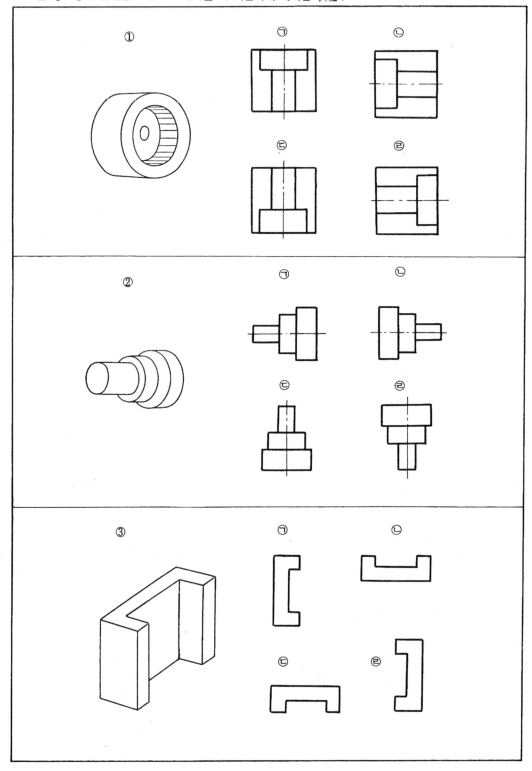

3-2 특수 투상도

특수 투상도는 정투상법에 의해 투상하면 도면을 작성하기도 용이하지 않고 도면을 보고 이해하는데 별 도움이 되지 않고 불필요한 선이 들어가 제도상 어려운 점이 있다. 따라서 도면을 이해하는데 지장이 없고 간략하게 나타내기 위해서 특수하게 그리는 방법을 특수 투상도라 하며 다음에 제품의 생긴 형상에 따라 특수 투상법의 예를 설명한다.

(1) 보조 투상도

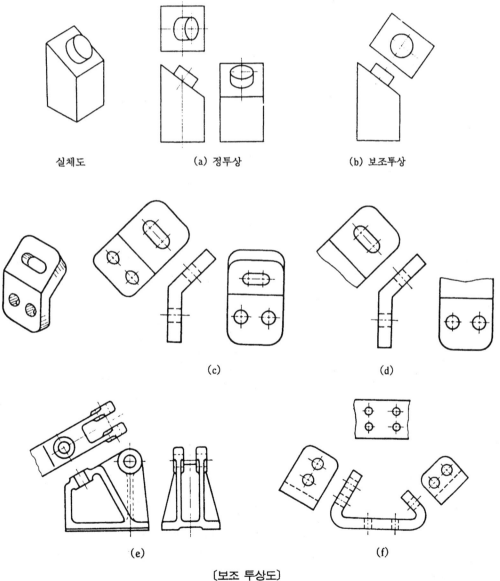

실체도   (a) 정투상   (b) 보조투상

(c)   (d)

(e)   (f)

〔보조 투상도〕

정투상에 의해 정면도를 기준으로 수평하게 투상한 좌, 우측면도와 수직하게 투상한 평면도 및 저면도를 그릴 때 투상면에 수직하거나 수평할 때는 물체의 실제 형상이 실형으로 나타나지만 경사진 면을 투상하면 면이 단축되어 나타나거나 변형되어 나타난다(그림〔보조 투상도 (a)〕). 이럴 경우 도면을 작성하기도 곤란하고 이해하는데 도움이 안된다.

따라서 경사진 면에 대해 수직하게 나타내서 실제 형상을 그대로 나타낼 수 있도록 하는 것이 보조 투상도이다(그림〔보조 투상도 (b)〕).

(2) 국부 투상도

구멍이나 홈 등 부분적인 형상을 나타낼 때 편리한 방법으로, 보이는 부분을 전부 나타낼 경우 필요없는 부분을 이중으로 나타내어 도면작성의 어려움은 물론 도면작성의 수고가 가중된다. 따라서 부분적인 형상을 간략하게 나타내는 방법이 국부 투상도이다. 그림〔국부 투상도〕에서 홈을 나타내기 위해 정면도와 같은 외형을 이중으로 그릴 필요없이 홈 부분만을 나타내면 된다.

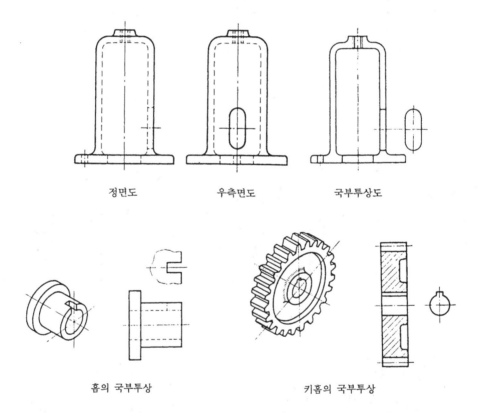

| 정면도 | 우측면도 | 국부투상도 |

홈의 국부투상   키홈의 국부투상

〔국부 투상도〕

(3) 회전 투상도

물체의 생긴 형상을 그대로 정투상하지 않고 그림과 같이 투상면에 경사진 리브(rib)가 있는 경우에는 그림〔회전 투상도 (a)〕와 같이 생긴 형상 그대로를 나타내지 않고 그림 (b)와 같이 회전시켜 나타낸다.

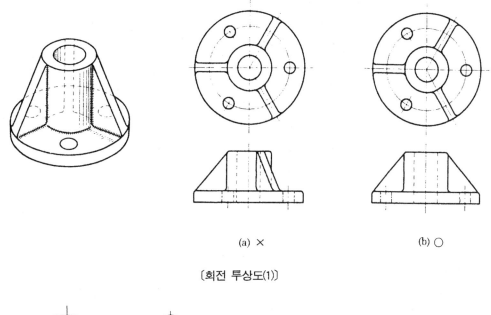

(a) ×   (b) ○

〔회전 투상도(1)〕

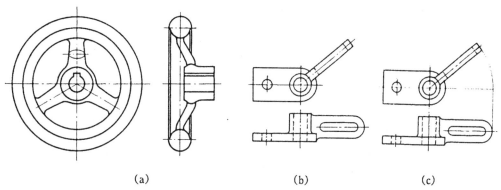

(a)   (b)   (c)

〔회전 투상도(2)〕

그림〔회전 투상도(2)〕에서와 같이 투상면이 어느 각도를 가지고 있기 때문에 그 실형을 표시하지 못할 때에는 그 부분을 회전해서 실형을 나타낸다.

또한 잘못 볼 우려가 있을 경우에는 작도에 사용한 선을 남긴다〔그림 (c)〕.

그림 (a)에서와 같이 단면 형상을 도형 내에 회전시켜 직접 나타낼 수도 있다.

(4) 부분 투상도

도면의 일부만을 나타내는 것으로 충분한 경우에는 그 필요한 부분만을 투상도로 나타낸다. 이 경우 생략된 부분은 파단선으로 나타낸다(그림〔부분 투상도 (a)(b)〕).

정투상도에 의해 형상을 전부 그려주면 도면이 도리어 알기 어렵게 될 경우가 있다〔그림 (c)〕.

이 경우에는 좌측에 생긴 형상과 우측에 생긴 형상을 따로 양쪽에 부분적으로 그려준다〔그림 (d)〕.

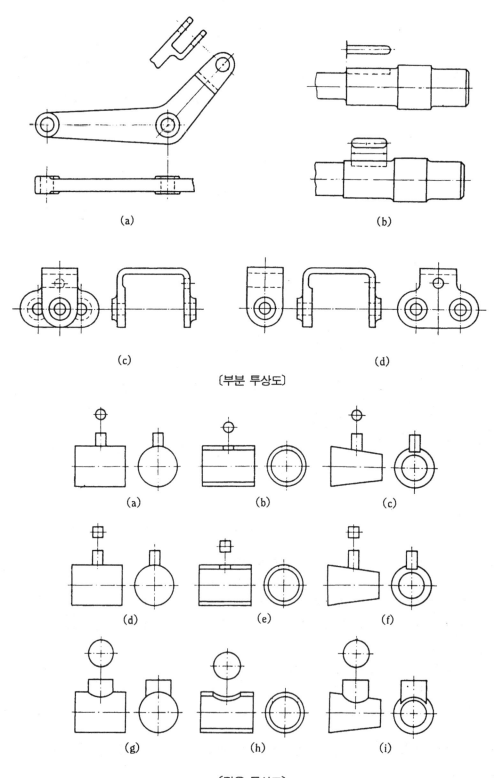

(a)

(b)

(c)

(d)

〔부분 투상도〕

(a)

(b)

(c)

(d)

(e)

(f)

(g)

(h)

(i)

〔관용 투상도〕

(5) 관용 투상도

곡면과 평면이 교차하는 부분이나 파이프와 같은 형상에 구멍이 뚫린 부분의 선은 실제 곡선으로 나타난다(그림〔관용 투상도 (g)(h)(i)〕).

이 경우 곡선으로 나타낼 수도 있고 간략하게 직선으로 나타낼 수도 있다〔그림 (a)(b)(c)(d)(e)(f)〕.

(6) 전개 투상도

판재와 같은 평평한 재료를 가공하여 굴곡이 있는 제품을 제작할 때 완성하기 전에 펼친 형태로 전개하여 그린 도면을 전개 투상도라 한다. 이 경우 전개도 부근에 전개도라 기입한다.

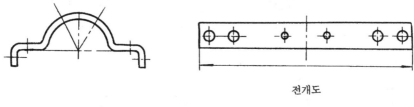

전개도

〔전개 투상도〕

(7) 상세 투상도

물체의 생긴 형상이 작은 부분이나 정밀하고 복잡한 부분을 나타내기 곤란한 경우, 치수 기입이 어려운 경우에는 그 부분을 실선의 원으로 에워싸고 영문 대문자로 표시함과 동시에 그 해당 부분을 크게 확대하여 상세하게 그리고 표시하는 글자 및 척도를 기입한다.

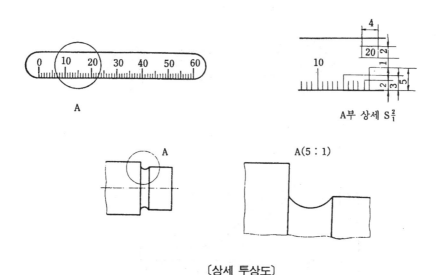

〔상세 투상도〕

(8) 가상 투상도

가상 투상도는 다음과 같은 경우에 가상선을 사용하여 그림〔가상 투상도〕과 같이 나타낸다.

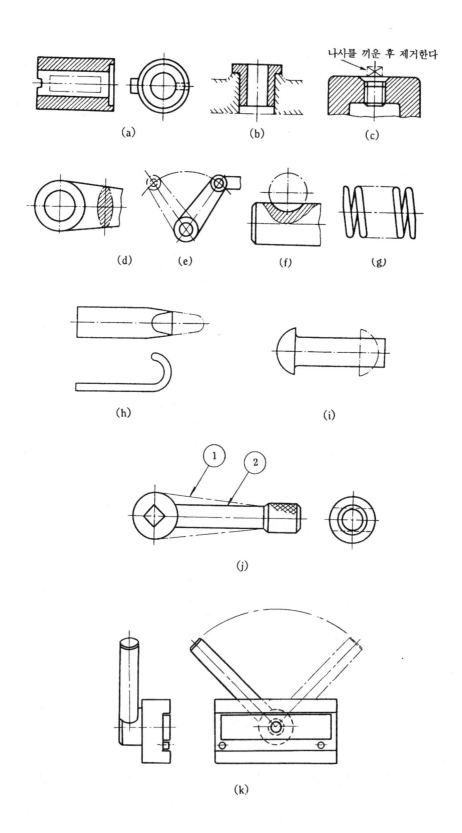

나사를 끼운 후 제거한다

(a) (b) (c)

(d) (e) (f) (g)

(h) (i)

(j)

(k)

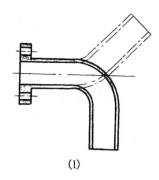

(l)

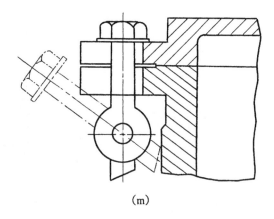

(m)

〔가상 투상도〕

① 도형의 바로 앞에 있는 부분을 나타낼 때〔그림 (a)〕
② 인접되어 있는 부분을 참고로 나타낼 때〔그림 (b)〕
③ 가공 전이나 가공 후의 형상을 나타낼 때〔그림 (c)〕
④ 도형 내에 그 부분의 단면형을 90° 회전시켜 나타낼 때〔그림 (d)〕
⑤ 이동하는 부분을 본래의 위치에서 이동한 곳에 나타낼 때〔그림 (e)(k)(m)〕
⑥ 공구의 위치를 참고로 나타낼 때〔그림 (f)〕
⑦ 같은 형상이 반복되어 나타낼 때〔그림 (g)〕
⑧ 가공 전이나 가공 후의 모양을 나타낼 때〔그림 (h)(i)〕
⑨ 2개의 형상을 한 도면에 나타낼 때〔그림 (j)〕
⑩ 단면 형상은 같으나 구부러진 각도가 다른 두 부품을 나타낼 때〔그림 (l)〕

특수 투상도 그리는 방법

(1)은 ○, (2)는 ×를 나타낸다.

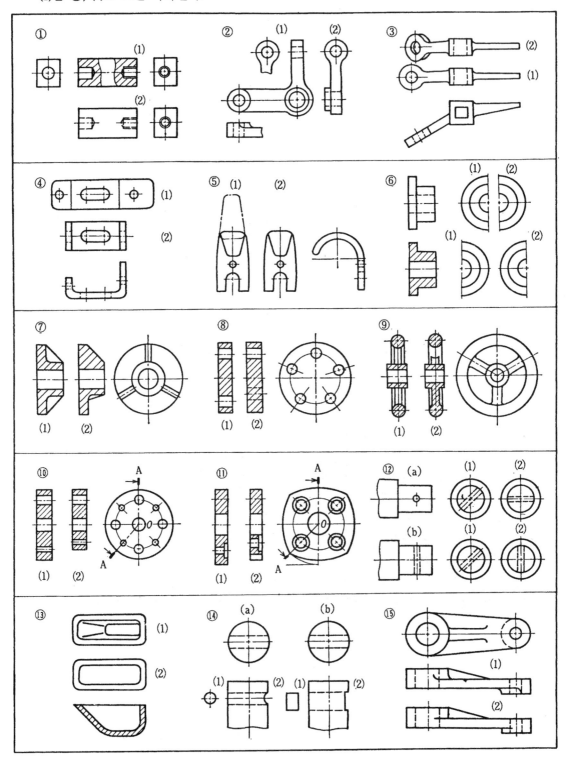

[문제 1] 화살표 방향의 보조 투상도를 완성하라.

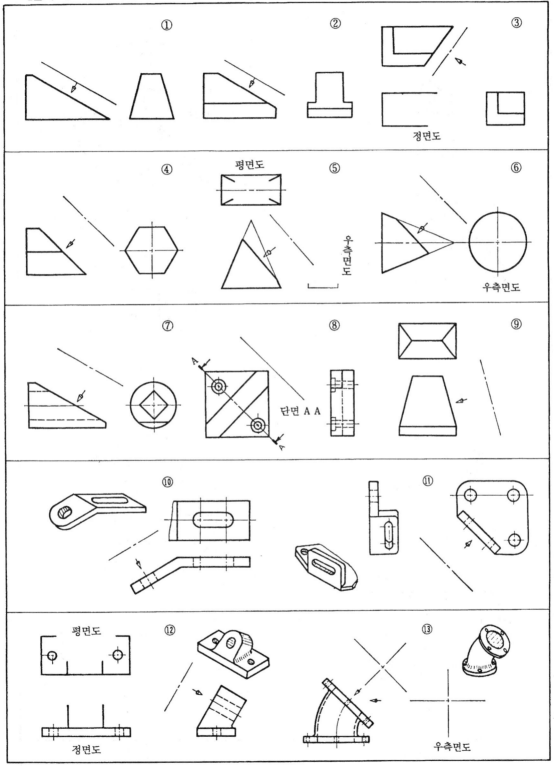

① ② ③

정면도

④ 평면도 ⑤ ⑥

우측면도

우측면도

⑦ ⑧ ⑨

단면 A A

⑩ ⑪

⑫ 평면도

정면도

⑬

우측면도

[문제 2] 다음 그림의 특수 투상도를 완성하라.

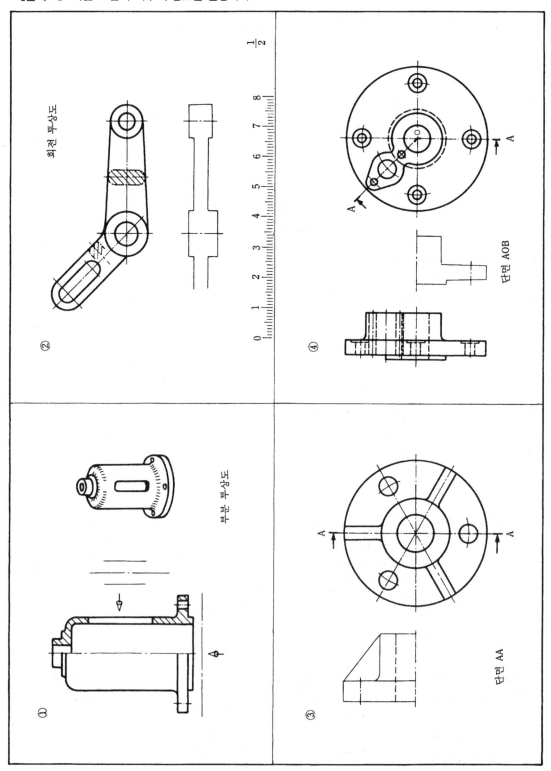

특수 투상법 연습 (1)

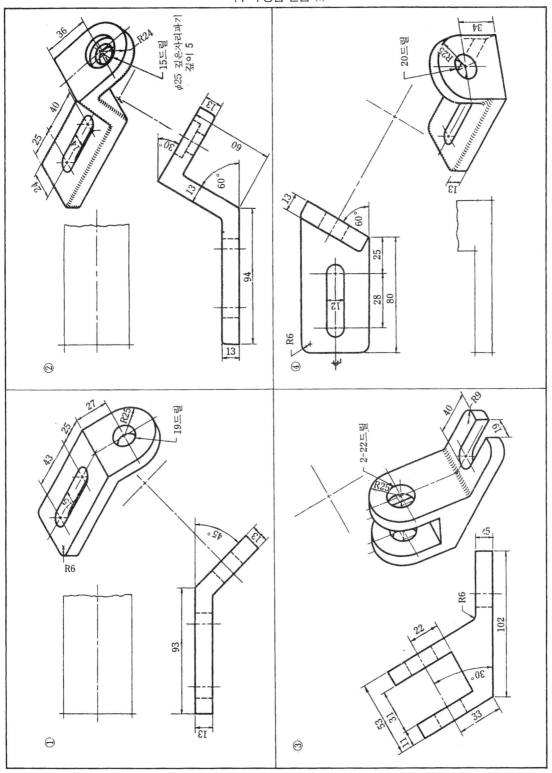

특수 투상법 연습 (2)

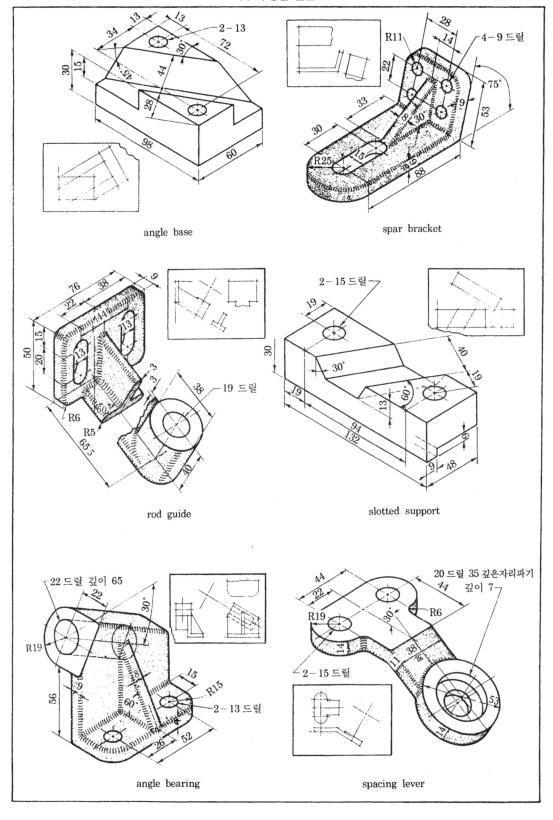

angle base

spar bracket

rod guide

slotted support

angle bearing

spacing lever

특수 투상법 연습 (3)

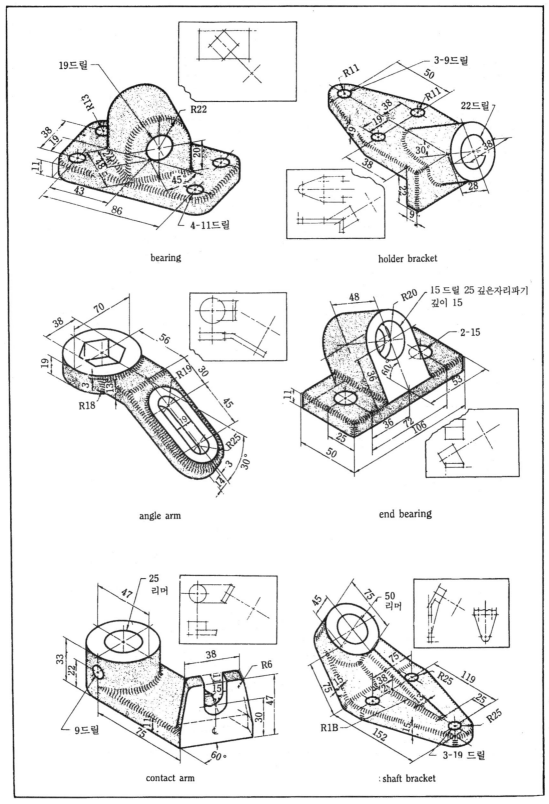

bearing

holder bracket

angle arm

end bearing

contact arm

: shaft bracket

특수 투상법 연습 (4)

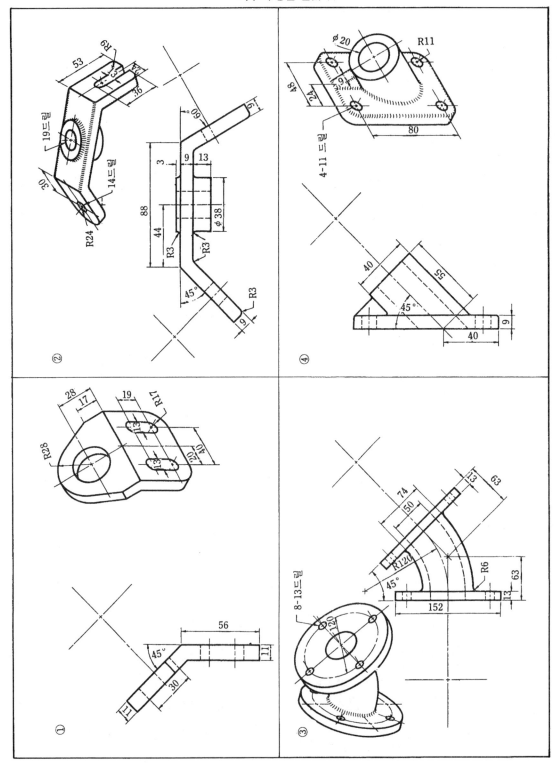

특수 투상법 연습 (5)

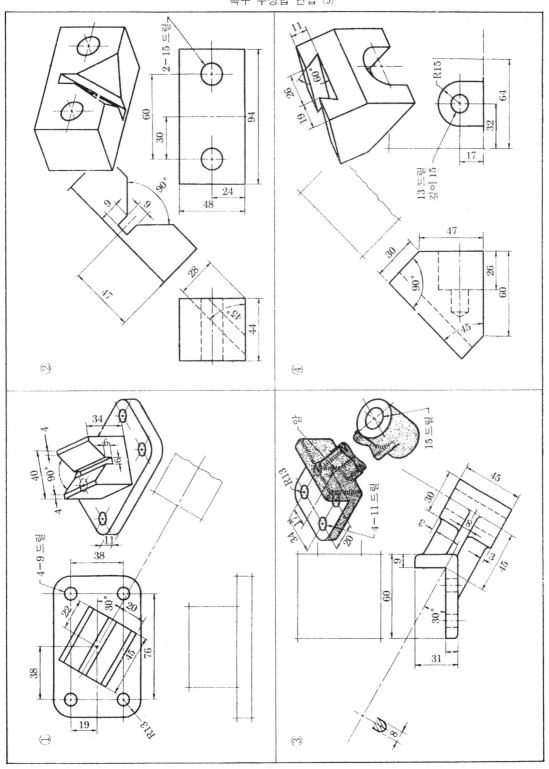

3-3 두 면이 교차하는 부분의 표시

곡면으로 되어 있는 구부러진 부분은 선으로 나타내지 않는다. 곡면 부분을 선으로 표시할 필요가 있을 경우에는 교차하는 부분에 둥글기가 없는 경우의 교차선의 위치에 굵은 실선으로 나타낸다.

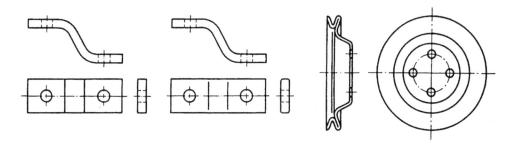

〔두 면이 교차하는 부분의 표시〕

3-4 도형의 생략

제작 대상물을 도형으로 나타낼 경우 대상물의 형상을 알아볼 수 있으면 일부분을 생략하여 나타낼 수 있다.

이 경우 도면을 보는 사람이 쉽게 이해할 수 있고 도면 작성을 쉽게 할 수 있다.

(1) 대칭 도형의 생략

① 도형이 대칭 형식의 경우에는 중심선을 기준으로 한쪽을 생략하고 한쪽만 나타낼 수 있다. 이 경우에 대칭 중심선의 한쪽 도형만을 그리고 그 대칭 중심선의 양 끝 부분에 짧은 2개의 나란한 가는 실선(대칭 표시기호)을 그린다(그림〔대칭 도형의 생략〕).

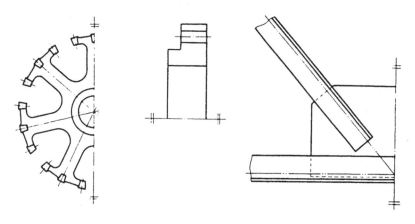

〔대칭 도형의 생략〕

② 도형의 한쪽만을 나타낼 경우에는 도면을 보는 사람이 쉽게 이해하기 곤란한 작은 형체(키 홈, 핀 구멍, 작은 나사) 등은 중심선을 넘어서 일부분만을 생략하여 나타낼 수 있다.

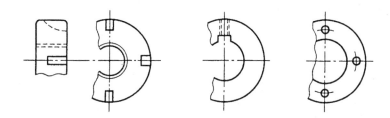

〔부분 생략도〕

③ 대칭 중심선의 한쪽의 도형을 대칭 중심선을 조금 넘은 부분까지 그려 나타낼 수 있다. 이 경우에는 대칭 표시 기호를 생략할 수 있다.

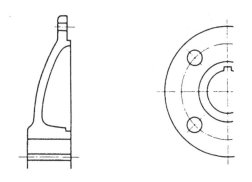

〔대칭 표시기호 생략도〕

(2) 반복 도형의 생략도

같은 종류 같은 모양의 것이 줄지어 있는 경우에는 그림〔반복도형의 생략도〕과 같이 도형을 생략할 수 있다. 다만 그림 기호를 사용하여 생략할 경우에는 그 뜻을 알기 쉬운 위치에 기술하거나 지시선을 사용하여 기술하고 실형 대신 그림 기호를 피치선과 중심선과의 교점에 기입한다.

(3) 중간 부분의 생략도

동일한 단면형의 부분(축, 관 형강)이나 같은 모양이 규칙적으로 줄지어 있는 부분, 긴 테이퍼진 부분은 지면을 생략하기 위하여 중간 부분을 잘라내서 그 긴요한 부분만을 가까이 하여 나타낼 수 있다.

이 경우 잘라 낸 끝부분은 파단선으로 나타낸다.

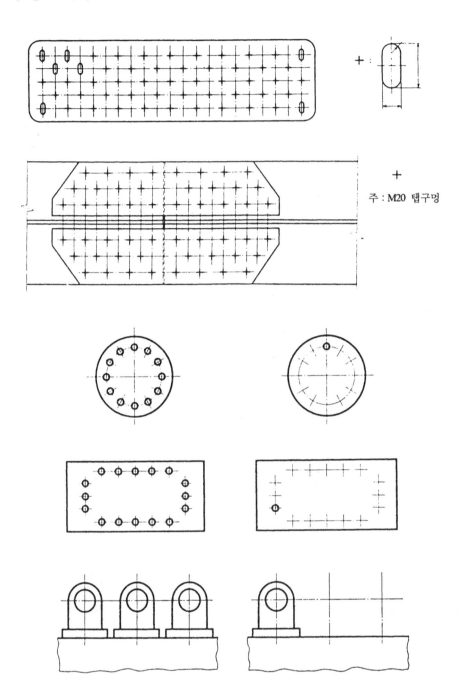

주 : M20 탭구멍

〔반복 도형의 생략도〕

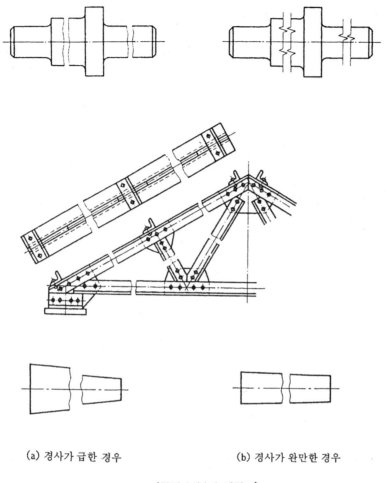

(a) 경사가 급한 경우   (b) 경사가 완만한 경우

〔중간 부분의 생략도〕

3-5 간략한 도형의 표시법

물체를 도형으로 나타낼 때 도형을 이해하는데 지장이 없는 경우에는 실제 나타나는 선을 생략하여 간략하게 나타낼 수 있다.

(1) 그림〔간략도법(1)〕의 (a)에서 보이는 부분을 전부 나타내면 도리어 그림을 알아보기 어렵게 되는 경우가 있다.

　이 경우는 그림 (b)(c)와 같이 부분 투상도나 그림 (d)와 같이 보조 투상도를 표시하는 것이 좋다.

(2) 절단면의 앞쪽에 보이는 선(그림〔간략도법(2)〕의 (a)는 그것이 없어도 이해할 수 있는 경우에는 생략하여도 좋다〔그림 (b)〕.

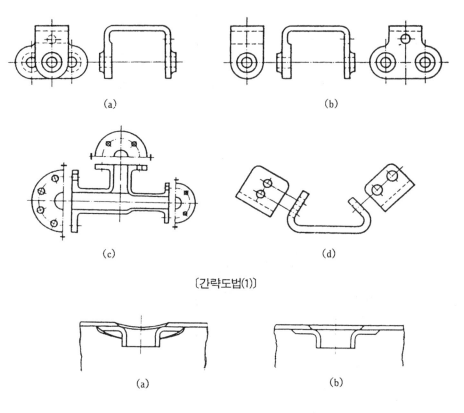

(a)   (b)

(c)   (d)

〔간략도법(1)〕

(a)   (b)

〔간략도법 (2)〕

(3) 여러 개의 구멍 중심원(피치원) 위에 배치하는 구멍 등은 정면도(단면도도 포함)에서는
한쪽에 1개의 구멍만 표시하고 다른 구멍은 생략해도 좋다.

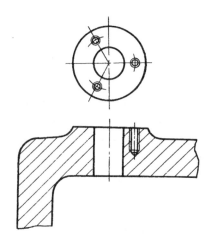

〔구멍의 생략도〕

3-6 평면의 표시

도형 내에 특정한 부분이 평면이라는 것을 표시할 필요가 있을 경우에는 가는 실선으로 대각선으로 나타낸다.

또한 보이지 않는 부분이 평면인 것을 나타낼 때도 숨은선으로 나타내지 않고 가는 실선으로 나타낸다.

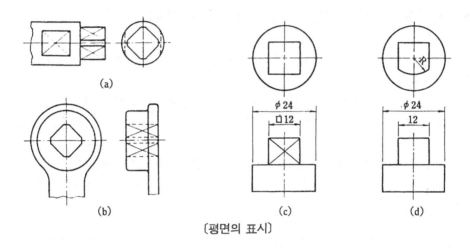

〔평면의 표시〕

3-7 특수가공 부분의 표시

부품 외부면의 일부분에 특수한 가공을 하는 경우에는 그 범위를 외형선에 평행하게 약간 떼어서 그은 굵은 1점 쇄선으로 나타낼 수 있으며 이 경우 특수한 가공에 관한 필요사항을 지시한다.

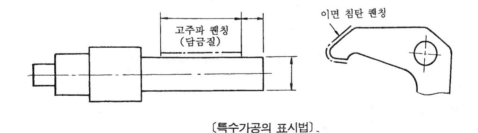

〔특수가공의 표시법〕

3-8 일부 특정 형상 표시

일부분에 특정한 모양을 가진 것은 되도록 그 부분이 그림의 위쪽에 나타나도록 그리는 것이 좋다. 예를 들면 키 홈이 있는 보스 구멍, 벽의 구멍 또는 홈이 있는 관이나 실린더,

한쪽이 터진 링 등은 다음 그림과 같이 나타낸다.

〔일부 특정 형상의 표시〕

3-9 조립도 중의 용접 구성품의 표시 방법

용접된 부품의 용접부분을 나타낼 필요가 있는 경우에는 다음에 따른다(그림〔필릿 용접과 그루브 용접의 보기〕).

(1) 용접 구성품의 용접 비드의 크기만을 표시하는 경우에는 그림 (a)에 따른다.

(2) 용접 구성 부재의 겹침의 관계 및 용접의 종류와 크기를 표시하는 경우에는 그림 (b)에 따른다.

(3) 용접 구성 부재의 겹침의 관계를 표시하는 경우에는 그림 (c)에 따른다.

(4) 용접 구성 부재의 겹침의 관계 및 용접의 비드의 크기를 표시하지 않아도 좋은 때에는 그림 (d)에 따른다.

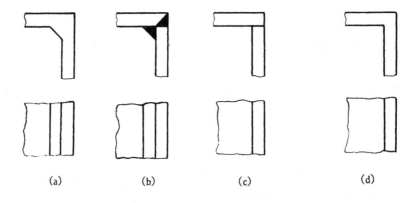

(a)   (b)   (c)   (d)

〔필릿 용접과 그루브 용접의 보기〕

3-10 무늬의 표시

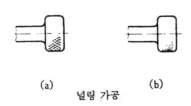

(a)   (b)

널링 가공

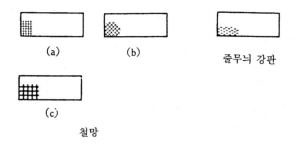

(a)   (b)

줄무늬 강판

(c)

철망

〔무늬의 표시〕

널링 가공 부분이나 철망, 줄무늬가 있는 강판 등을 나타낼 때에는 외형의 일부분에 무늬의 모양을 그림〔무늬의 표시〕와 같이 나타낼 수 있다.

3-11 비금속 재료의 표시

비금속 재료를 나타낼 필요가 있을 경우에는 다음 그림과 같이 나타내고 부품도에 별도의 재질을 글자로 기입한다.

유 리			콘크리트	
목 재			액 체	

〔비금속 재료의 표시〕

§ 4. 단면도

물체를 외부에서 보았을 때 내부의 형상은 보이지 않는다. 내부의 형상이 복잡할 경우 이것을 정투상법에 의해 나타내면 숨은선과 외형선이 혼입되어 물체의 생긴 형상과 도면을 쉽게 이해할 수 없다. 이러한 경우에 보이지 않는 부분을 절단하여 숨은선으로 나타난 부분을 외형선으로 나타내어 내부의 형상을 쉽게 알아 볼 수 있도록 나타낸 것이 단면도이다.

4-1 단면도의 표시방법

(1) 단면은 기본 중심선(물체의 대칭이나 기본이 되는 중심선)에서 절단한 면으로 표시한다.
  이럴 경우에는 절단선을 기입하지 않는다.
(2) 단면으로 나타낼 필요가 있을 경우에는 기본 중심선이 없는 곳에서 절단한 면으로 표시하여도 좋다. 이런 경우에는 절단선으로 절단 위치를 표시한다(그림〔기본 중심 이외의 단

면 표시)).

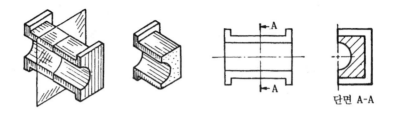

〔기본 중심 이외의 단면 표시〕

(3) 단면으로 나타낸 것을 분명하게 나타낼 필요가 있을 경우에는 단면으로 잘린 면에 해칭
  (hatching)을 한다. 해칭을 할 때 해칭선은 가는 실선으로 사용하며 등간격으로 나타내고,
  단일 부품의 경우는 해칭선의 각도를 45°로 그린다.

   여러 개의 부품이 조합된 것의 단면을 나타내는 해칭선의 각도는 45°로 하지 않아도
  된다. 45° 한 방향으로 전부 해칭을 하면 부품과 부품을 구분하기 어려우므로 명확히 구
  분할 수 있도록 해칭한다.

(4) 숨은선은 이해하는데 지장이 없는 한 단면도에는 나타내지 않는다.

(5) 그림〔단면도 표시방법(d)〕과 같이 단면으로 잘린 것을 명확히 알 수 있는 경우에는 해
  칭을 하지 않아도 되며 해칭선을 사용하지 않고 잘린 부분을 검게 칠한 스머징
  (smudging)을 하여 나타낼 수 있으며 〔그림 (e)〕, 잘린 면만을 단면으로 나타내서는 안
  된다〔그림 (a)〕.

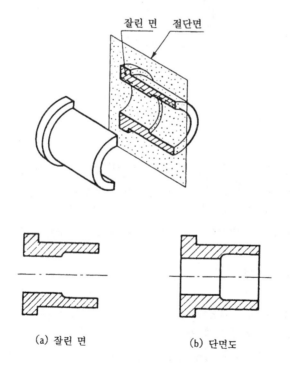

(a) 잘린 면   (b) 단면도

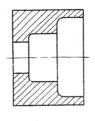 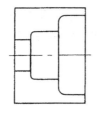 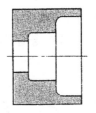

(c) 해칭한 단면　　(d) 해칭하지 않는 단면　　(e) 스머징한 단면

〔단면도 표시방법〕

4-2 단면의 종류

(1) 온 단면도

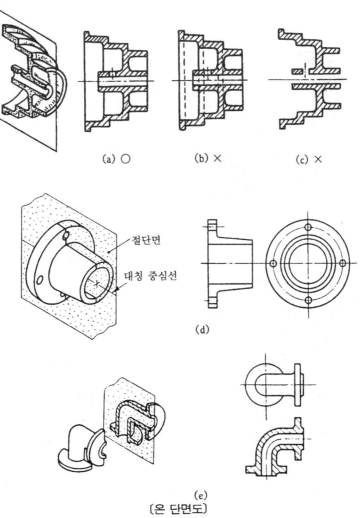

(a) ○　　　　(b) ×　　　　(c) ×

절단면

대칭 중심선

(d)

(e)

〔온 단면도〕

물체를 기본 중심선을 기준으로 2개로 절단하여 한쪽만을 단면도로 나타내는 것을 온 단면도라 하며 절단면이 기본 중심선과 일치할 경우에는 절단선을 기입하지 않는다.

(2) 한쪽 단면도

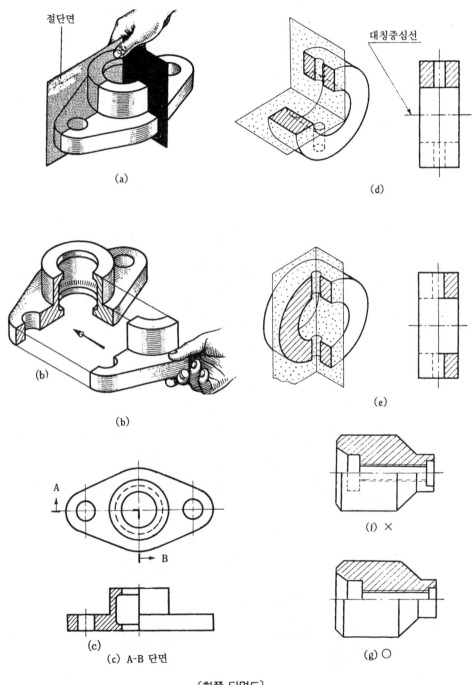

(a)

(d) 대칭중심선

(b)

(b)

(e)

(c)

(c) A-B 단면

(f) ×

(g) ○

〔한쪽 단면도〕

기본 중심선에 대칭인 물체를 1/4만 잘라내고 잘린 면을 단면으로 나타내는 것으로 중심선을 기준으로 외형과 단면을 동시에 나타내는 것을 한쪽 단면도라 한다.

한쪽 단면도는 다음과 같이 나타낸다.

① 한쪽 단면도를 그릴 때는 대칭 중심선의 상, 하, 좌, 우 어느쪽을 단면으로 나타내는가는 그 도면의 목적, 치수, 기호 등을 적절하게 나타낼 수 있는 면을 선택한다.

② 외형을 나타내는 부분의 숨은선은 나타내지 않는다(그림〔한쪽 단면도(g)〕).

③ 절단선을 기입하지 않는다.

(3) 부분 단면도

외형도에서 숨은선으로 나타낸 부분을 명확하게 나타낼 필요가 있을 때 필요로 하는 부분만을 파단선에 의해 잘라내고 잘라낸 부분을 단면으로 나타내는 것을 부분 단면도라 한다.

① 부분 단면할 때는 단면한 부분을 파단선에 의해 경계를 나타낸다.

② 축의 경우 전체를 길이 방향으로 단면하지 않는다. 이때 축 일부에 나타난 키 홈이나 나사 등을 부분 단면으로 나타낼 수 있다.

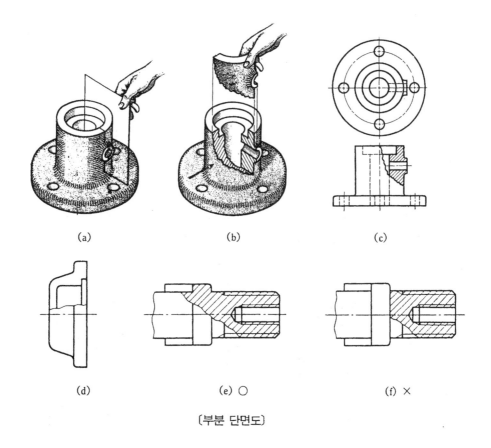

(a)   (b)   (c)

(d)   (e) ○   (f) ×

〔부분 단면도〕

(4) 회전 단면도

온 단면, 한쪽 단면, 부분 단면은 투상면에 평행한 절단면에 의해 절단하고 앞쪽을 제외하고 잘린 부분을 단면으로 나타내지만 회전 단면도는 투상면에 수직한 절단면에 의해 잘린 부분을 다음과 같이 단면으로 나타낸다.

그림〔회전 단면도〕에서 길이가 긴 물체의 단면 형상이 같을 경우 중간을 절단하여 길이 방향을 줄이고 절단면을 90° 회전해서 생긴 형상을 굵은 실선으로 나타내거나〔그림 (b) (c)〕, 절단하지 않고 도형 내에 이동시켜 나타낼 수 있으며〔그림 (a)〕, 절단선의 연장선에 이동시켜 나타낼 수 있다〔그림 (d)〕.

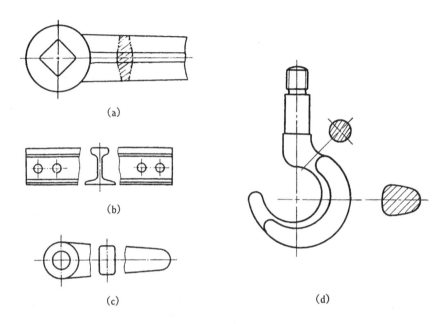

〔회전 단면도〕

(5) 조합에 의한 단면도

앞에서 설명한 단면은 하나의 절단면을 이용하여 단면도를 나타냈지만 조합에 의한 단면도는 두 개 이상의 절단면을 이용하여 잘린 면을 나타내는 방법이다. 이와 같은 경우에 필요에 따라서 단면을 보는 방향을 나타내는 화살표와 글자기호를 붙인다.

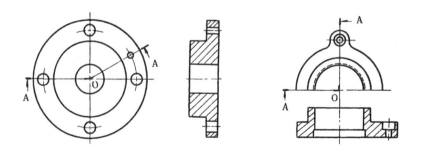

〔2개의 평면으로 자른 단면도〕

① 대칭형 또는 이것에 가까운 형의 경우에는 대칭의 중심선을 경계로 하여 그 한쪽을 투상면에 평행하게 절단하고 다른쪽을 투상면과 어느 각도를 이루는 방향으로 절단할 수 있다.

② 2개 이상의 평면을 조합하여 필요한 부분을 단면으로 나타낼 수가 있다. 이 경우 절단선에 따라 절단의 위치를 나타내고 조합에 의한 단면도라는 것을 나타내기 위하여 절단선을 이어지게 나타낸다.

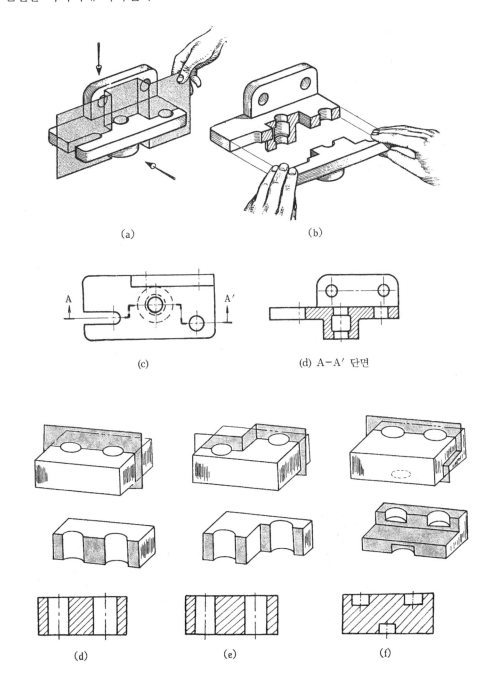

(a)　　　　　　　　　　　(b)

(c)　　　　　　　　　　(d) A－A′ 단면

(d)　　　　　　　(e)　　　　　　(f)

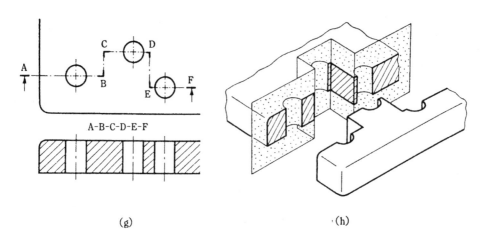

(g)   ·(h)

〔여러 개의 평면으로 자른 단면〕

③ 구부러진 관 등을 단면으로 표시하는 경우에는 그 구부러진 중심선에 따라 절단하고 절단면을 단면도로 나타낼 수 있다.

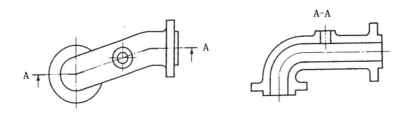

〔구부러진 관의 단면도〕

(6) 두께가 얇은 부분의 단면

박판(sheet), 패킹, 형강 등 두께가 얇은 부품은 두께가 보이는 방향에서 본 도형에서는 두 개의 근접된 실선으로 나타내기 어렵다. 이 경우 절단면을 겁게 칠해서 나타내거나 실제 치수와 관계없이 한 개의 굵은 실선으로 표시한다. 또한 이들 단면이 인접되어 있을 경우에는 선과 선 사이에 약간의 간격을 둔다.

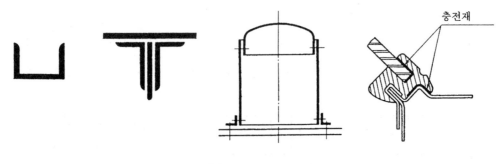

〔얇은 부분의 단면도〕

(7) 다수의 절단면에 의한 단면

복잡한 형상의 물체나 또는 복수의 특수한 형상을 가진 물체를 그 형상이나 위치를 명확하게 나타낼 필요가 있는 경우에는 복수의 단면도로 나타낼 수 있다.

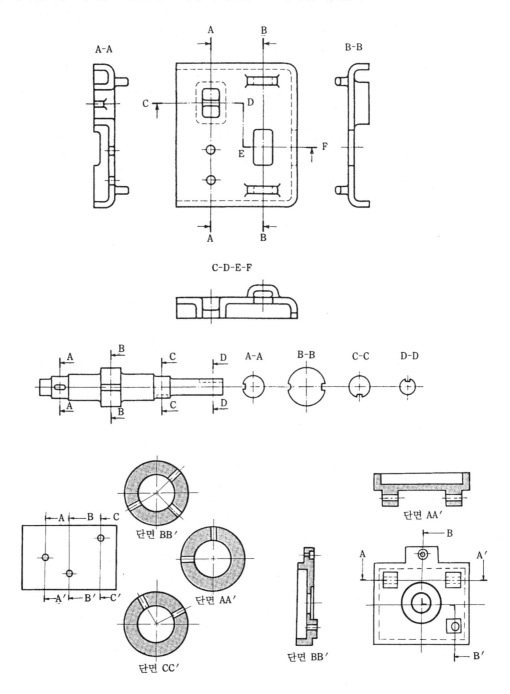

〔다수의 단면〕

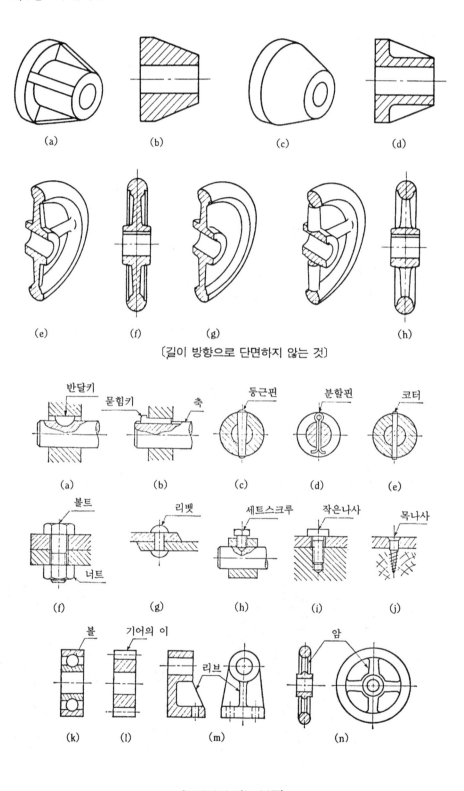

(a) (b) (c) (d)

(e) (f) (g) (h)

〔길이 방향으로 단면하지 않는 것〕

반달키 묻힘키 축 둥근핀 분할핀 코터

(a) (b) (c) (d) (e)

볼트 리벳 세트스크루 작은나사 목나사

너트

(f) (g) (h) (i) (j)

볼 기어의 이 리브 암

(k) (l) (m) (n)

〔단면하지 않는 부품〕

(8) 길이 방향으로 단면하지 않는 것

단면으로 잘린 부분 중에 길이 방향으로 단면하여 나타내면 오히려 이해하는데 도움이 안되고 절단하여도 의미가 없는 경우가 있다. 이런 경우는 길이 방향으로 절단하지 않는다.

예를 들면, 그림〔길이 방향으로 단면하지 않는 것〕의 (a)와 같은 리브(rib)가 붙어 있는 부품을 길이 방향으로 단면 표시하여 그림 (b)와 같이 나타내면 그림 (c)와 같은 원추 형상으로 보여지므로 그림 (d)와 같은 단면으로 나타낸다.

또 바퀴의 암(arm)을 단면했을 때〔그림 (f)〕보스(boss)와 림(rim) 사이가 원판상으로 생각된다〔그림(g)〕. 따라서 그림 (e)의 단면도는 그림 (h)와 같은 단면으로 나타낸다.

(9) 단면으로 잘렸어도 단면으로 나타내지 않는 것

여러 개의 부품이 조합된 조립도를 단면으로 표시할 경우 부품과 부품이 구분이 잘 안되며 생긴 형상을 이해하기가 어렵게 된다. 따라서 다음 부품들은 단면으로 잘렸어도 단면 표시를 하지 않는다.

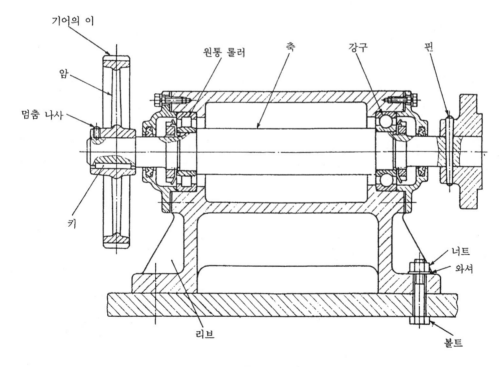

〔조립도의 단면〕

각종 단면도 그리는 방법

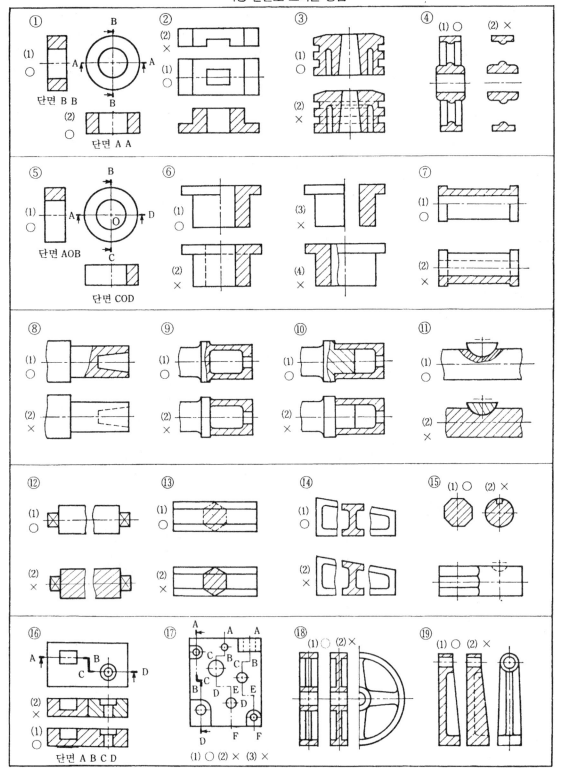

〔문제 1〕 다음 그림의 단면도를 완성하라.

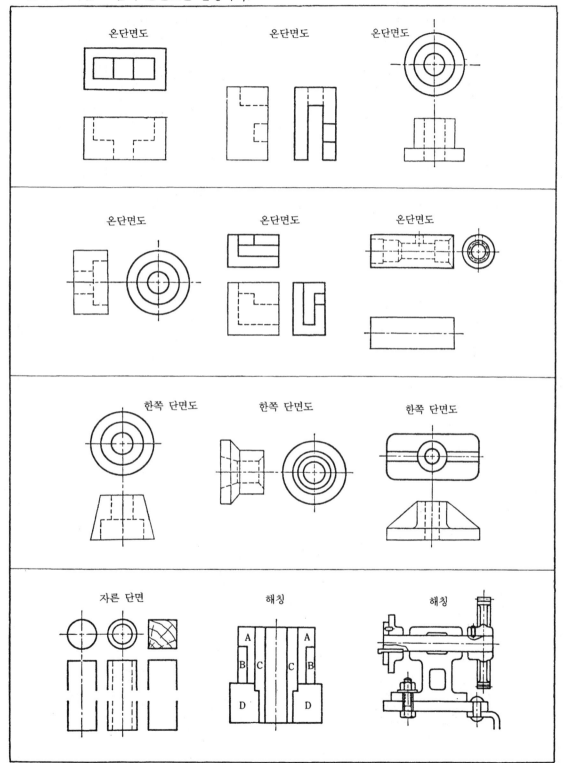

〔문제 2〕 다음 그림의 단면도를 완성하라.

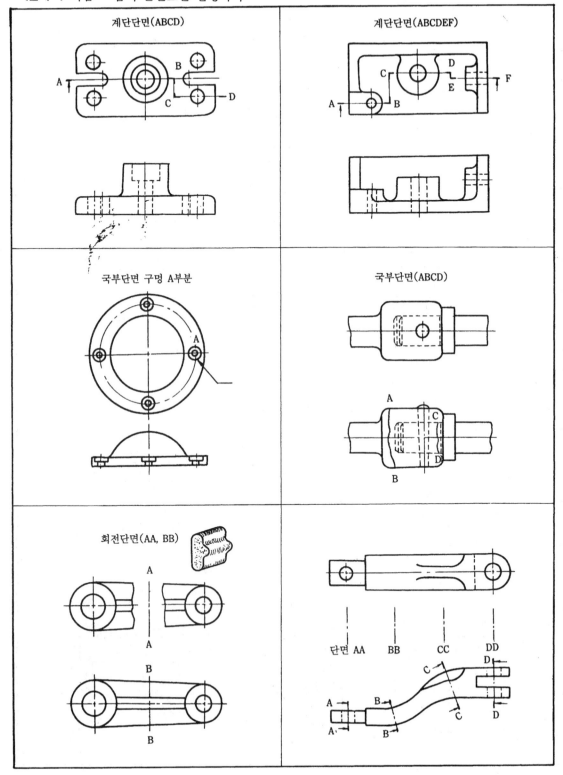

〔문제 3〕 다음 그림의 단면도를 완성하라.

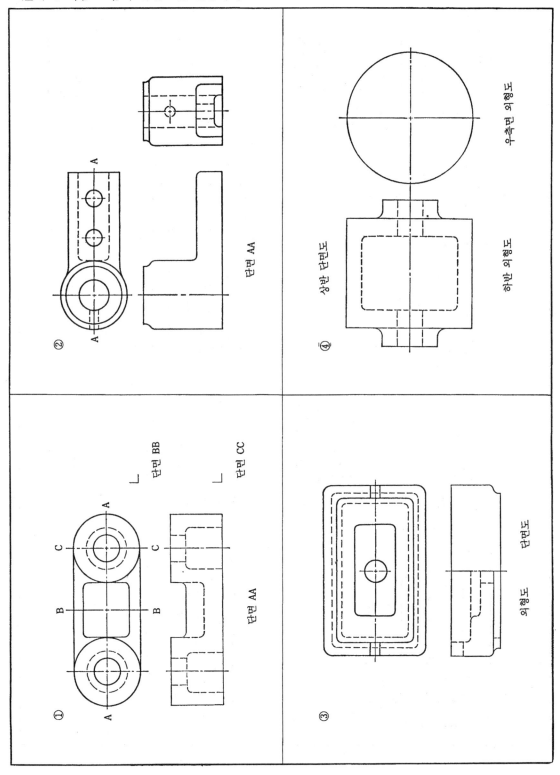

〔문제 4〕 다음 그림의 단면도를 작성하라.

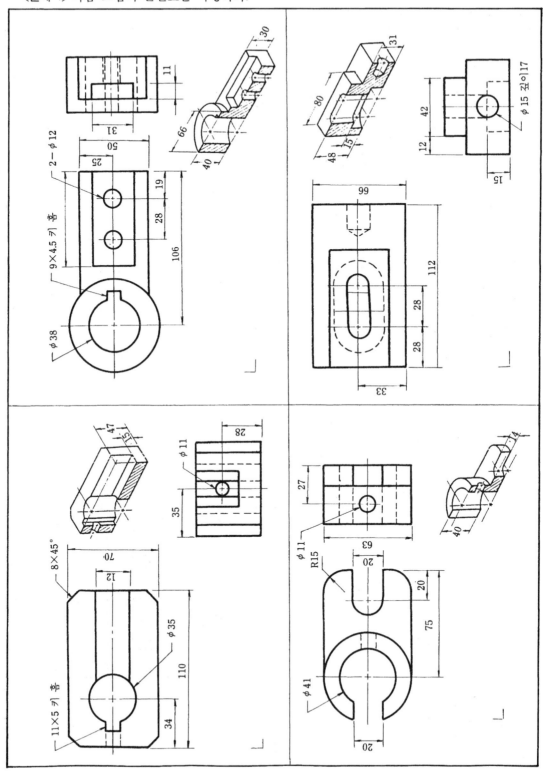

§ 5. 치수 기입법

물체의 생긴 형상을 투상법에 의해 도면으로 나타내고 그 도면에 그 물체의 크기, 위치,
각도 등의 치수를 도면에 표시해야 한다.

도면에 치수기입이 명확하게 표시되어야 그 도면 치수에 의해 가공자가 정확한 제품을
만들어 낼 수가 있다.

치수기입은 단순히 물체의 치수를 나타내는 것 뿐만 아니라 공작방법, 측정방법, 검사방
법 등을 고려하여 기입하지 않으면 안된다.

5-1 치수의 단위

도면에 표시되는 크기치수, 위치치수의 단위는 mm를 사용하는 것을 원칙으로 하며, 도면
에 기입하는 치수에는 단위 기호 (mm)를 붙이지 않는다. 만일 mm 단위를 사용하지 않을
경우에는 그 단위 기호를 붙인다.

소수점 이하의 치수를 기입할 때는 숫자의 높이 아래에 점을 찍고, 치수의 숫자의 자릿수
가 많을 때에는 3자리마다 콤마를 붙이지 않는다. 콤마를 붙이면 소수점으로 오독할 우려가
있다(예 ; 0.15 1.25 1500 25000).

각도의 치수는 일반적으로 도 (°)의 단위로 기입하고 필요한 경우에는 분 ('), 초 (")를
병용할 수 있다.

도, 분, 초를 표시하는 기호는 숫자의 오른쪽 어깨에 기입한다(예 ; 90˚, 10˚20′ 5″, 35′
21″).

또 각도의 치수를 라디안의 단위로 기입하는 경우에는 그 단위기호 rad를 기입한다(예 ;
0.52rad, $\frac{\pi}{3}$ rad).

5-2 치수기입의 원칙

(1) 도면으로 작성된 물체의 기능, 제작, 조립 등을 고려하여 필요하다고 생각되는 치수를
　　명료하게 도면에 나타낸다.

(2) 치수는 대상물의 크기, 자세 및 위치를 가장 명확하게 표시하는데 필요하고도 충분한 것
　　을 기입한다.

(3) 치수는 되도록 주투상도(정면도)에 집중시키고 주투상도에 나타낼 수 없는 치수는 관계
　　도 (측면도, 평면도)에 기입한다.

(4) 치수는 중복 기입을 피한다.

(5) 치수는 되도록 계산하여 구할 필요가 없도록 기입한다.

(6) 치수는 필요에 따라 기준으로 하는 점, 선 또는 면을 기초로 하여 기입한다(그림〔기준에

서의 치수기입)).

(7) 관련되는 치수는 되도록 한 곳에 모아서 기입한다.

(8) 치수는 되도록 공정마다 배열을 나누어서 기입한다.

(9) 치수 중 참고로서 표시하는 것, 즉 참고치수에 대하여는 치수에 괄호를 붙여 기입한다.

(10) 도면에 표시하는 치수는 특별히 명시하지 않는 한 마무리 치수를 표시한다.

(11) 치수는 필요한 경우 치수의 허용한계(공차)를 지시한다. 단, 이론적으로 정확한 치수는 제외한다.

(12) 치수는 치수선, 치수보조선, 지시선, 치수 보조기호 등을 사용하여 표시한다(표〔치수 보조 기호〕).

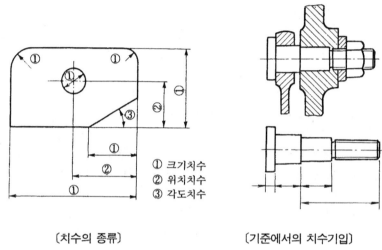

① 크기치수
② 위치치수
③ 각도치수

〔치수의 종류〕   〔기준에서의 치수기입〕

5-3 치수선과 치수 보조선

치수는 치수선, 치수보조선, 지시선, 치수 보조기호 등을 사용해서 치수 수치에 의해 나타낸다.

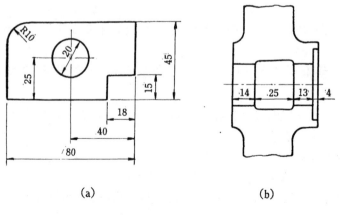

(a)   (b)

〔치수선과 치수 보조선〕

(1) 치수선, 치수 보조선의 굵기는 가는 실선을 사용한다.

(2) 치수선은 원칙적으로 치수 보조선을 사용하여 기입한다. 단, 치수 보조선을 끌어내면 그림이 혼동되기 쉬울 경우에는 이에 따르지 않아도 좋다 (그림〔치수선과 치수 보조선〕).

(3) 치수선은 원칙적으로 지시하는 길이 또는 각도를 측정하는 방향으로 평행하게 긋는다. 현의 길이는 현에 평행한 치수선으로, 호의 길이는 호와 동심원호의 치수선으로, 각도는 각도를 나타내는 원호로 그린다.

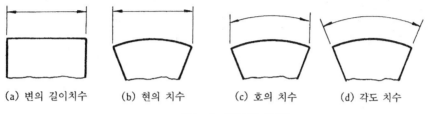

(a) 변의 길이치수   (b) 현의 치수   (c) 호의 치수   (d) 각도 치수

〔현, 호, 각도의 치수〕

(4) 치수선 또는 그 연장선 끝에는 화살표 사선 또는 검정 동그라미(단말기호)를 붙여 다음과 같이 그린다. 그러나 한 도면에서는 동일한 단말기호를 사용한다.

　① 화살표의 살 끝은 적당한 각도로 하고 끝이 열린 것, 끝이 닫힌 것 및 검게 칠한 것의 어느 것이라도 좋다(그림〔단말기호(a)〕).

　② 화살표는 원칙적으로 치수선 쪽에서 바깥쪽으로 향하여 붙인다. 다만, 화살표를 기입할 여지가 없을 때에는 치수선을 연장하여 치수선을 끼고 안쪽으로 향하여 화살표를 기입하여도 좋다〔그림 (d)〕.

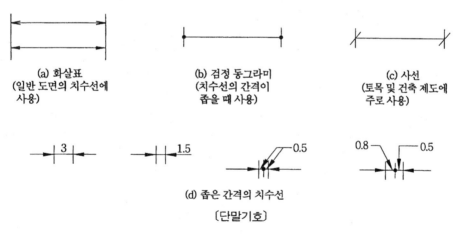

(a) 화살표
(일반 도면의 치수선에 사용)

(b) 검정 동그라미
(치수선의 간격이 좁을 때 사용)

(c) 사선
(토목 및 건축 제도에 주로 사용)

(d) 좁은 간격의 치수선

〔단말기호〕

　③ 사선은 치수 보조선을 지나 왼쪽 아래에서 오른쪽 위로 향하여 약 45°로 교차한 짧은 선으로 한다〔그림 (c)〕.

　④ 검정 동그라미는 치수선의 간격이 좁을 때 치수선의 끝을 중심으로 하여 검게 칠한 작은 원으로 한다〔그림 (b)〕.

(5) 치수선에 붙이는 단말기호는 다음에 표시하는 경우를 제외하고는 같은 모양의 것으로 통일하여 사용한다.

　① 반지름을 지시하는 치수선에는 호 쪽에만 화살표를 붙이고 중심쪽에는 붙이지 않는다.

② 누진치수 기입법의 기점에는 기점기호를 사용하고 다른 끝에는 화살표를 사용한다.

③ 치수 보조선의 간격이 좁아 화살표를 기입할 여지가 없을 때에는 화살표 대신에 검정 동그라미 또는 사선을 사용해도 좋다.

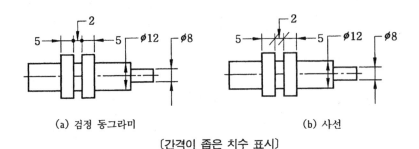

〔간격이 좁은 치수 표시〕

(6) 기점기호는 치수선의 기점을 중심으로 한 칠하지 않은 작은 원으로 하고, 기점기호는 검정 동그라미보다 크게 그린다.

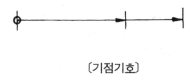

〔기점기호〕

(7) 치수 보조선은 지시하는 치수의 끝에 해당하는 도형상의 점 또는 선의 중심을 지나 치수선에 직각으로 긋고 치수선을 약간 넘도록 연장한다(그림〔치수보조선(a)〕).

또는 도형과 치수 보조선 사이를 약간 떼어서 그려도 좋다〔그림 (b)〕.

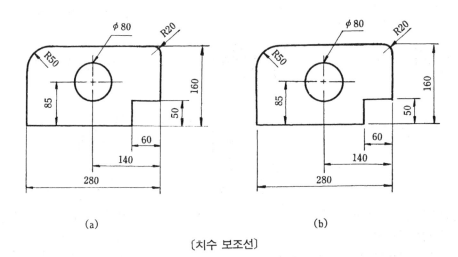

〔치수 보조선〕

(8) 치수를 지시하는 점 또는 선을 명확하게 하기 위하여 특별히 필요한 경우에는 치수선에 대하여 적당한 각도를 갖는 서로 평행한 치수 보조선을 그어 나타낼 수 있다. 이 각도는 되도록 60°가 좋다.

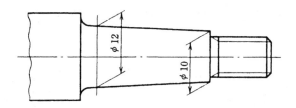

〔경사진 치수 보조선 표시법〕

⑼ 중심선, 외형선, 기준선 및 이들의 연장선을 치수선으로 사용해서는 안된다.

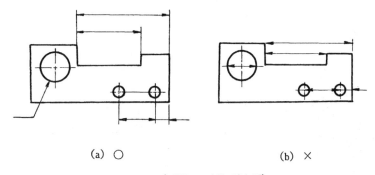

(a) ○   (b) ×

〔잘못 표시한 치수선〕

⑽ 각도를 기입하는 치수선은 각도를 구성하는 두 변 또는 그 연장선(치수보조선)의 교점
을 중심으로 하여 양변 또는 그 연장선 사이에 그린 원호를 표시한다.

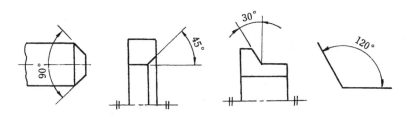

〔각도 기입 치수선〕

⑾ 좁은 곳의 치수를 지시하기 위한 지시선은 치수선으로부터 경사진 방향으로 끌어내어
원칙적으로 그 끝을 수평으로 꺾어서 그 위쪽에 치수를 기입한다. 이때 지시선의 끝에는
아무것도 붙이지 않는다.

⑿ 가공방법, 주기, 부품번호 등을 기입하기 위해서 사용하는 지시선은 원칙적으로 경사진
방향으로 끌어낸다. 이때 지시선을 모양을 표시하는 선으로부터 끌어내는 경우에는 화살
표를, 모양을 표시하는 선의 안쪽으로부터 끌어내는 경우에는 검정 동그라미를 끌어낸 쪽
에 붙인다 (그림〔부품번호, 주기 기입법〕).

또한 주기 등을 기입하는 경우에는 원칙적으로 그 끝을 수평으로 꺾어서 그 위에 쓴다 〔그림 (b)〕.

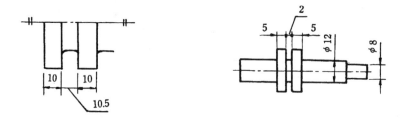

〔좁은 곳의 치수기입법〕

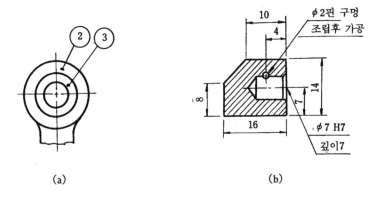

(a)   (b)

〔부품번호, 주기 기입법〕

5-4 치수 기입 위치 및 방향

(1) 치수를 기입할 때 치수선을 연장하고 연장선 중앙 위에 약간 떼어서 기입한다(그림〔크 기 치수 기입〕).

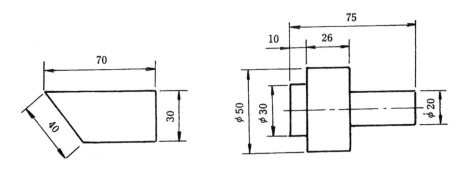

(a) 크기 치수 기입

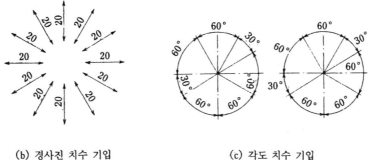

(b) 경사진 치수 기입   (c) 각도 치수 기입

〔치수 기입 방향〕

(2) 수평방향의 치수는 아래에서 윗쪽을 향해서 수직방향의 치수는 우측에서 좌측을 향하게 기입한다. 경사진 방향의 치수기입도 이에 준하여 기입한다〔그림 (a)(b)(c)〕.

(3) 수평방향의 치수는 치수선을 연장하고 연장선 위에 기입하며, 수평방향 이외의 치수는 치수선의 중앙을 중단하고 그 사이에 윗쪽을 향하게 치수를 기입하는 것이 좋다.

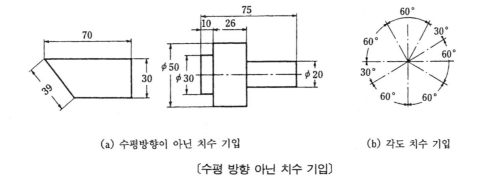

(a) 수평방향이 아닌 치수 기입   (b) 각도 치수 기입

〔수평 방향 아닌 치수 기입〕

5-5 치수의 배치

(1) 직렬치수 기입법

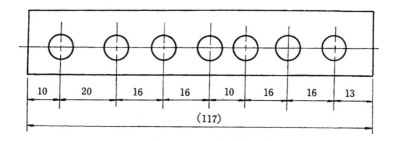

〔직렬치수 기입법〕

직렬로 연속되는 개개의 치수에 주어지는 치수 공차가 차례로 누적되어도 상관없는 경우에는 적용한다.

(2) 병렬치수 기입법

결합 상태와 기능에 따라 형체의 기준에서부터 치수를 기입할 경우에는 기준에서부터 치수를 병렬로 기입한다. 이 방법에 따르면 병렬로 기입하는 개개의 치수 공차는 다른 치수 공차에 영향을 미치지 않는다.

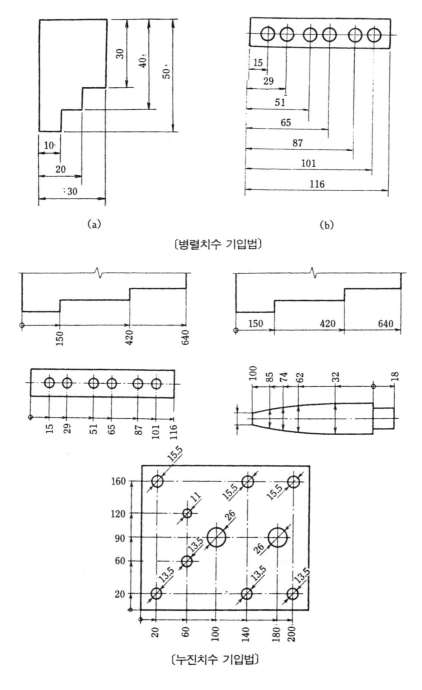

(a)　　　　　　　　　　　　(b)

〔병렬치수 기입법〕

〔누진치수 기입법〕

(3) 누진치수 기입법

누진치수 기입법을 치수공차에 관하여 병렬치수 기입법과 완전히 동등한 의미를 가지면서 한 개의 연속된 치수선으로 간편하게 표시된다.

이 경우 치수의 기점의 위치는 기점기호를 나타내고 치수선의 다른 끝은 화살표로 나타낸다. 치수는 치수 보조선에 나란히 기입하든지 화살표 가까운 곳의 치수선 위쪽에 이에 연하여 쓴다.

(4) 좌표치수 기입법

구멍의 위치나 크기 등의 치수를 도면에 전부 기입하지 않고 좌표를 이용하여 표로 나타낼 수 있다. 이 경우 표에 나타낸 X, Y의 치수는 기점에서부터의 치수이다.

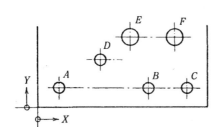

	X	Y	ϕ
A	20	20	13.5
B	140	20	13.5
C	200	20	13.5
D	60	60	13.5
E	100	90	26
F	180	90	26

〔좌표 치수기입〕

5-6 치수 보조기호

〔치수 보조 기호〕

구　　분	기　호	읽　기	사　　용　　법
지　름	ϕ	파이	지름 치수의 치수 수치 앞에 붙인다.
반 지 름	R	알	반지름 치수의 치수 수치 앞에 붙인다.
구의 지름	$S\phi$	에스 파이	구의 지름 치수의 치수 수치 앞에 붙인다.
구의 반지름	SR	에스 알	구의 반지름 치수의 치수 수치 앞에 붙인다.
정사각형의 변	□	사 각	정사각형의 한 변의 치수의 치수 수치 앞에 붙인다.
판의 두께	t	티	판 두께의 치수 수치 앞에 붙인다.
원호의 길이	⌒	원 호	원호의 길이 치수의 치수 수치 위에 붙인다.
45°의 모떼기	c	씨	45° 모떼기 치수의 치수 수치 앞에 붙인다.
이론적으로 정확한 치수	▭	테 두 리	이론적으로 정확한 치수의 치수 수치를 둘러 싼다.
참고치수	( )	괄 호	참고 치수의 치수 수치(치수 보조 기호를 포함한다)를 둘러싼다.

치수 보조기호는 치수수치에 부가하여 그 치수의 의미를 명확하게 하기 위하여 사용된다. 기호 및 사용법은 표와 같다.

(1) 지름의 표시방법

① 둥근 형상의 물체를 도면으로 나타낼 때 형상을 알아 볼 수 있는 범위 내에서 간략하게 나타낸다.

예를 들면, 간단한 원통을 나타낼 때 정면도를 기준으로 측면도를 그려주지 않아도 정면도에 기호 ϕ 를 나타내면 측면도를 그려주지 않아도 형상을 알아볼 수 있고 간략하게 나타낼 수 있다.

(a) 원통형체의 투상도   (b) 기호에 의한 간략도

〔원통형체의 간략도〕

② 원형인 형상을 도면으로 그려주지 않고 원형인 것을 나타내는 경우에는 지름기호 ϕ 를 치수 앞에 치수 숫자와 같은 크기로 기입하여 표시하며, 원형으로 그려진 그림에는 치수앞에 지름기호 ϕ 를 기입하지 않는다. 다만 원형의 일부를 그리지 않은 도형에서 치수선을 한쪽만 나타낸 경우에는 반지름의 치수와 혼동되지 않도록 치수 앞에 지름기호 ϕ 를 기입한다.

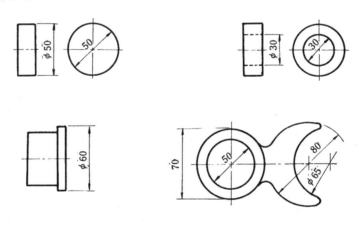

〔지름의 표시법〕

(2) 반지름의 표시방법

① 반지름의 치수는 반지름의 기호 R를 치수앞에 치수 숫자와 같은 크기로 기입하여 표시한다. 다만 반지름을 나타내는 치수선을 원호의 중심까지 긋는 경우에는 이 기호를 생략하여도 좋다.

② 원호의 반지름을 표시하는 치수선에는 원호쪽에만 화살표를 붙이고 중심쪽에는 붙이

지 않는다. 또한 화살표나 치수를 기입할 여지가 없을 경우에는 다음 그림에 따른다.

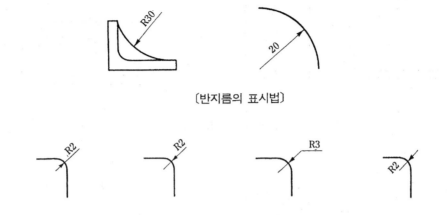

〔반지름의 표시법〕

〔치수기입 여유가 없을 때의 반지름 표시〕

③ 반지름 치수를 지시하기 위하여 원호의 중심위치를 표시할 필요가 있을 경우에는 +자 또는 검은 둥근점으로 그 위치를 나타낸다.

　또 원호의 반지름이 커서 그 중심위치를 나타낼 필요가 있을 경우에는 그 반지름의 치수선을 구부려도 좋다. 이 경우 치수선의 화살표가 붙은 부분은 정확한 중심 위치로 향하여야 한다(그림〔반지름이 큰 치수기입법〕).

　또 동일 중심을 가진 반지름은 길이 치수와 같이 누진치수 기입법을 사용해서 표시할 수 있다(그림〔누진 치수기입법〕).

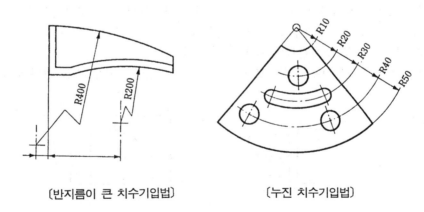

〔반지름이 큰 치수기입법〕　　　　〔누진 치수기입법〕

④ 실형을 나타내지 않는 투상도에 실제의 반지름 또는 전개한 상태의 반지름을 지시하는 경우에는 치수앞에 "실 R" 또는 "전개 R"의 글자를 기입한다.

⑤ 구의 반지름 또는 지름을 나타낼 때는 그 치수 앞에 숫자와 같은 크기로 구의 기호 S ϕ 또는 SR의 기호를 기입하여 표시한다.

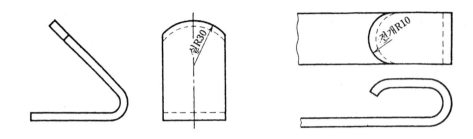

〔실 R과 전개 R의 표시법〕

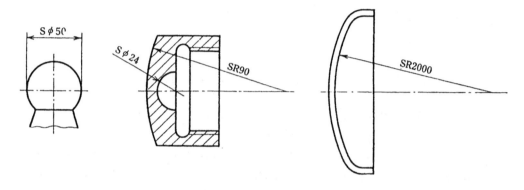

〔구의 지름과 반지름 표시법〕

(3) 정사각형의 표시방법

물체의 형상이 정사각형일 때 그 모양을 그림에 표시하지 않고 정사각형인 것을 표시하는 경우가 있다. 그 변의 길이를 표시하는 경우에는 그 변의 길이를 표시하는 치수 앞에 치수 숫자와 같은 크기를 정사각형의 기호 □ 을 기입한다.

그림에서 대각선으로 가는 실선으로 나타낸' 것은 그 면이 평면인 것을 나타낸 것이다.

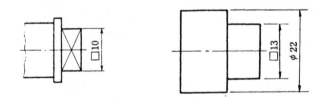

〔정사각형 기호 표시법〕

(4) 두께의 표시방법

얇은 판재를 도면 작성하여 치수선으로 나타내어 치수를 기입하기가 용이하지 않을 경우 두께를 나타내는 기호 t(thickness의 머리자)를 치수 앞에 치수와 같은 크기로 도면 부근 또는 그림 중 보기 쉬운 위치에 나타낸다.

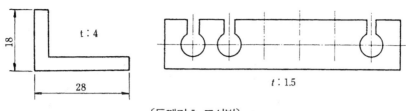

〔두께기호 표시법〕

(5) 모떼기의 표시방법

물체의 면과 면이 교차되는 모서리 부분은 예리하여 그대로 놓아두면 안전상 위험하고 두 개의 부품이 결합될 때 모서리 부분이 올바른 결합이 잘되지 않는다. 따라서 모서리 부분을 제거하는 것을 모떼기라 한다.

모서리 부분을 제거한 면이 그림〔모떼기의 표시법〕과 같이 45° 인 경우에 모떼기를 나타 내는 기호 "C"를 치수 앞에 치수의 크기와 같은 크기로 C5와 같이 나타내거나 5×45°와 같이 한 변의 길이와 각도로 나타낸다. 모떼기 부분의 각도가 45°가 아닌 경우에는 한 변 의 길이와 각도를 나타낸다〔그림 (c)〕.

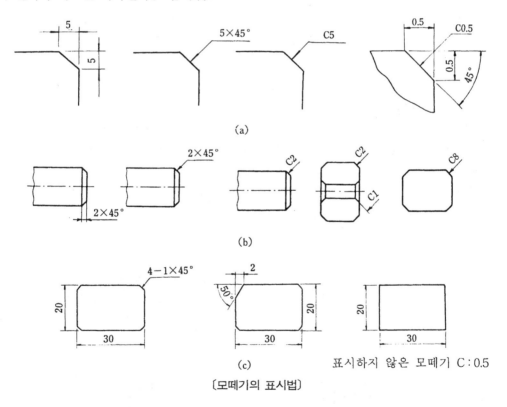

〔모떼기의 표시법〕

실제 도면에서는 모떼기를 나타내지 않는 경우가 많고 특히 작은 모떼기의 경우에는 모 떼기를 나타내지 않고 가공자의 판단에 맡기는 경우가 많다.

꼭 필요한 경우에는 모떼기 기호 C를 사용하여 나타내야 하고 작은 모떼기의 경우에는 도 면 일부에 "주" 또는 "note"로 표시하여 모떼기와 라운드를 일괄 표시하여 나타낸다.

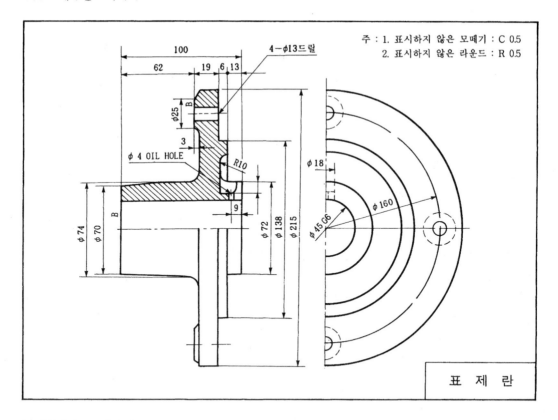

(6) 구멍의 표시방법

① 드릴구멍, 리머구멍 등 구멍의 가공방법에 의한 구별을 나타낼 필요가 있을 경우에는 원칙으로 공구의 호칭치수 또는 기준치수를 나타내고 그 뒤에 가공방법을 나타낸다.

또 구멍의 깊이를 지시할 때는 구멍의 지름을 나타내는 치수 다음에 "깊이"라 쓰고 그 치수를 기입한다. 구멍의 깊이란 드릴 앞끝의 원추부, 리머 앞끝의 모떼기부 등을 포함하지 않는 원통부의 깊이를 말한다.

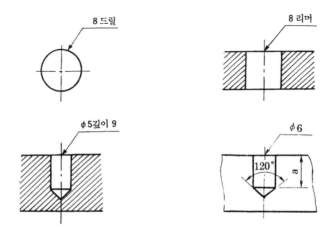

[구멍 표시법]

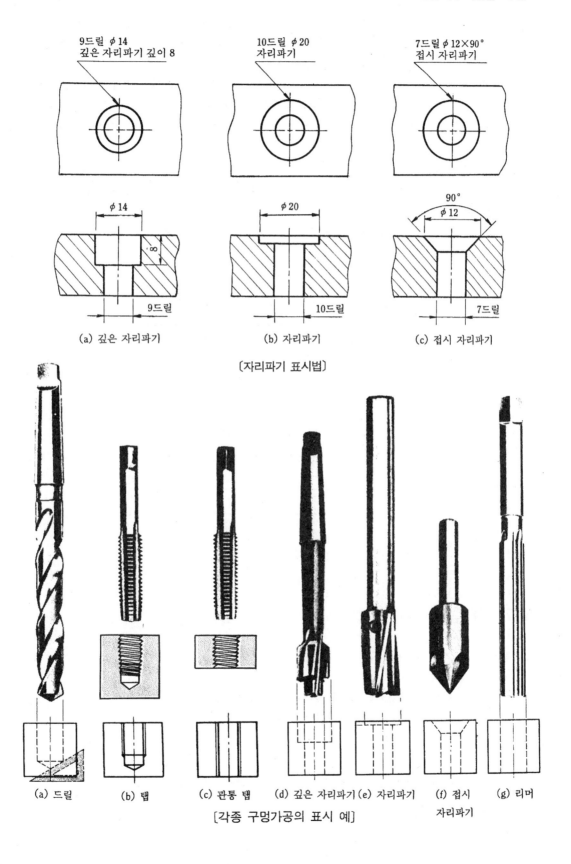

(a) 깊은 자리파기   (b) 자리파기   (c) 접시 자리파기

〔자리파기 표시법〕

(a) 드릴   (b) 탭   (c) 관통 탭   (d) 깊은 자리파기 (e) 자리파기   (f) 접시   (g) 리머
자리파기

〔각종 구멍가공의 표시 예〕

② 자리파기의 표시법은 자리파기의 치수를 나타내는 치수 다음에 "자리파기"라 표시한다. 자리파기란 볼트, 너트 등의 자리를 좋게 하기 위한 것이며 일반적으로 흑피를 깎은 정도로 하며 자리파기의 깊이는 지시하지 않는다.

또한 볼트 머리를 잠기게 하는 경우에 사용하는 깊은 자리파기의 표시방법은 깊은 자리파기의 지름을 나타내는 치수 다음에 "깊은 자리파기"라 쓰고 그 치수를 기입한다.

접시 자리파기의 경우에는 각도 다음에 접시 자리파기라 쓰고 다음에 직경을 나타낸다.

③ 1군의 동일 치수의 볼트구멍, 작은 나사구멍, 리벳구멍, 핀구멍 등의 치수 표시는 구멍으로부터 지시선을 끌어내어 그 총수를 나타내는 숫자 다음에 짧은 선을 끼워서 구멍의 치수를 기입한다.

이 경우 구멍의 총수는 같은 개소의 1군의 구멍 총수를 기입한다.

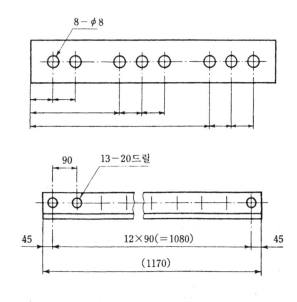

〔동일 치수의 구멍 표시법〕

5-7 키 홈의 표시방법

(1) 축의 키 홈의 치수는 키 홈의 나비, 깊이, 길이, 위치 및 끝부분을 표시하는 치수에 따른다(그림〔키 홈의 표시법(a)(b)〕).
(2) 키 홈의 끝부분을 밀링커터 등에 의하여 절삭하는 경우에는 기준 위치에서 공구의 중심까지의 거리와 공구의 지름을 표시한다〔그림 (c)〕.
(3) 키 홈의 깊이는 키 홈과 반대쪽의 축지름면으로부터 키 홈의 바닥까지의 치수로 표시한다.
(4) 구멍의 키 홈의 치수는 키 홈의 나비 및 깊이를 표시하는 치수에 따른다.

(5) 구멍의 키 홈의 깊이는 키 홈과 반대쪽의 구멍 지름면으로부터 키 홈의 바닥까지의 치
수로 표시한다. 다만 특히 필요한 경우에는 키 홈의 중심면상에서의 구멍지름면으로부터
키 홈의 바닥까지의 치수로 표시하여도 좋다〔그림 (e)〕.
(6) 경사 키 용 보스의 키 홈의 깊이는 키 홈의 깊은쪽에서 표시한다〔그림 (f)〕.

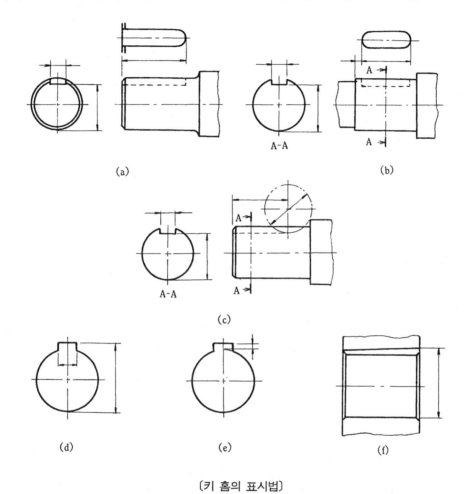

〔키 홈의 표시법〕

5-8 테이퍼와 기울기의 표시방법

(1) 테이퍼란 중심선에 대하여 대칭으로 경사가 진 것을 말하며 테이퍼 값은 $\dfrac{a-b}{l}$〔그림
(a)〕로 나타내고 테이퍼 표시는 중심선상에 기입한다.
(2) 기울기는 한쪽에만 경사가 진 것을 말한다.
기울기의 값은 $\dfrac{a-b}{l}$〔그림 (b)〕로 나타내고 기울기의 표시는 경사가 진 경사면 위에
기입한다.

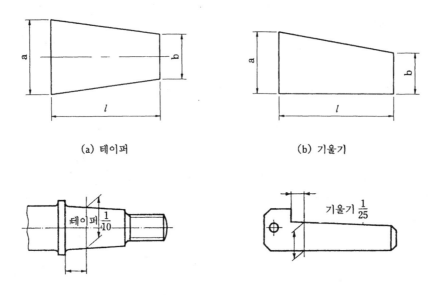

(a) 테이퍼   (b) 기울기

〔테이퍼와 기울기 표시법〕

5-9 강 구조물의 표시방법

(1) 평강(平鋼)과 단면이 장방형으로 되어 있는 강의 골조 등의 치수는 치수선을 생략하고 절점 사이의 치수 부재를 나타낸 굵은 실선에 직접 기입한다.

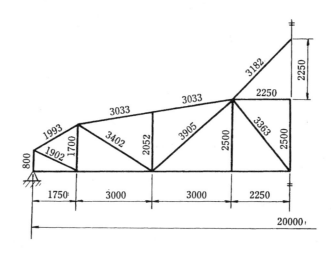

〔강 구조물의 치수표시법〕

(2) 형강(形鋼)을 사용한 구조물의 조합된 그림에 치수를 기입할 경우에는 치수선 없이 형강의 생긴 형상기호와 가로, 세로, 두께, 길이 순으로 치수를 기입한다.

형강, 강관, 각강의 기호 및 표시법

종 류	단면 모양	표시 방법	종 류	단면 모양	표시 방법
등변ㄱ형강		$\llcorner A \times B \times t - L$	경 Z 형강		$\tau H \times A \times B \times t$ $-L$
부등변 ㄱ형강		$\llcorner A \times B \times t - L$	립 ㄷ 형강		$\complement H \times A \times C \times t$ $-L$
부등변부등 두께 ㄱ형강		$\llcorner A \times B \times t_1 \times t_2$ $-L$	립 Z 형강		$\tau H \times A \times C \times t$ $-L$
I 형 강		$I\,H \times B \times t - L$	모자형강		$\pi H \times A \times B \times t$ $-L$
ㄷ 형 강		$\complement H \times B \times t_1 \times t_2$ $-L$	환 강		보통 $\phi A \times L$
구 평형강		$J A \times t - L$	강 관		$\phi A \times t - L$
T 형 강		$T\,B \times H \times t_1 \times t_2$ $-L$	각 강관		$\square A \times B \times t - L$
H 형 강		$H\,H \times A \times t_1 \times t_2$ $-L$	각 강		$\square A - L$
경 ㄷ 형강		$\complement H \times A \times B \times t$ $-L$	평 강		$\square B \times A - I$

〔비고〕 L은 길이를 나타낸다.

도형이 치수에 비례하지 않을 때의 치수 기입방법은 치수 숫자 밑에 굵은 실선을 그어 나타낸다.

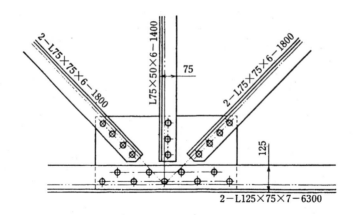

〔형강 구조물의 치수표시법〕

5-10 문자에 의한 치수기입 방법

같은 형상의 부품이 몇 개 있을 때 부품의 일부 치수가 다른 경우에는 개개의 도면을 그리지 않고 하나의 도면으로 나타내고 치수가 다른 것을 문자 기호로 표시하여 표시란을 만들어 기입할 수 있다.

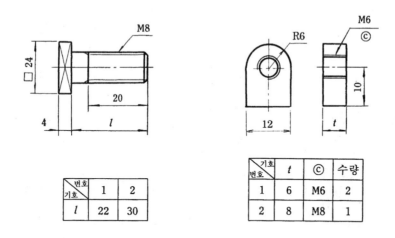

번호 기호	1	2
l	22	30

기호 번호	t	ⓒ	수량
1	6	M6	2
2	8	M8	1

〔문자에 의한 치수기입법〕

5-11 기준에서의 치수 기입 방법

가공이나 조립시 기준이 될 곳이 있는 경우 치수는 그곳을 기준으로 하여 기입한다. 특히 그곳을 나타낼 필요가 있을 때는 그 취지를 기입한다.

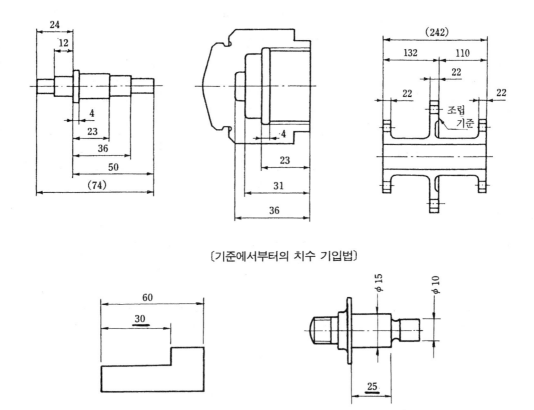

〔기준에서부터의 치수 기입법〕

〔치수와 도형이 비례하지 않을 때의 치수 기입법〕

5-12 참고치수 기입방법

중요한 치수가 아닌 치수를 구별해서 나타내거나 물품으로서 그 치수는 불필요하지만 가공상 기입해 놓는 편이 편리할 경우 그 치수에 괄호 (   )를 하여 나타낸다.

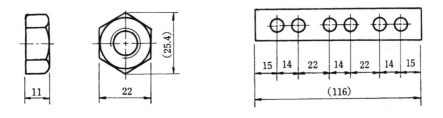

〔참고치수 기입법〕

치수기입 예

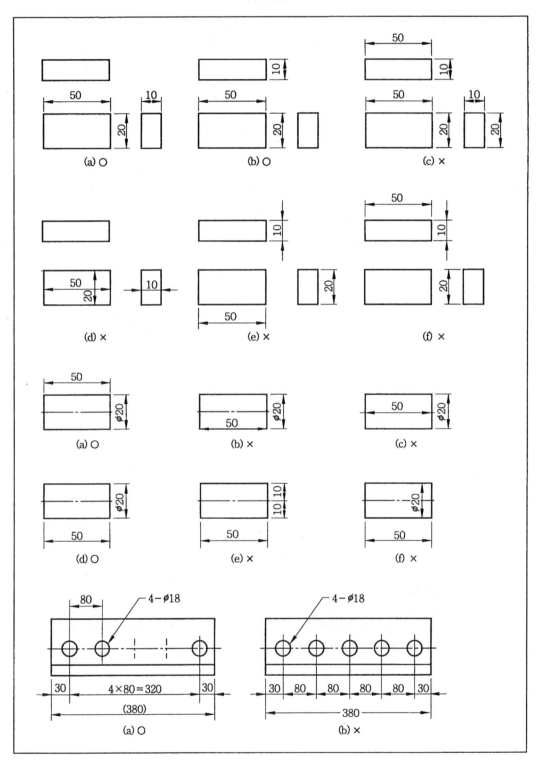

치수기입 예

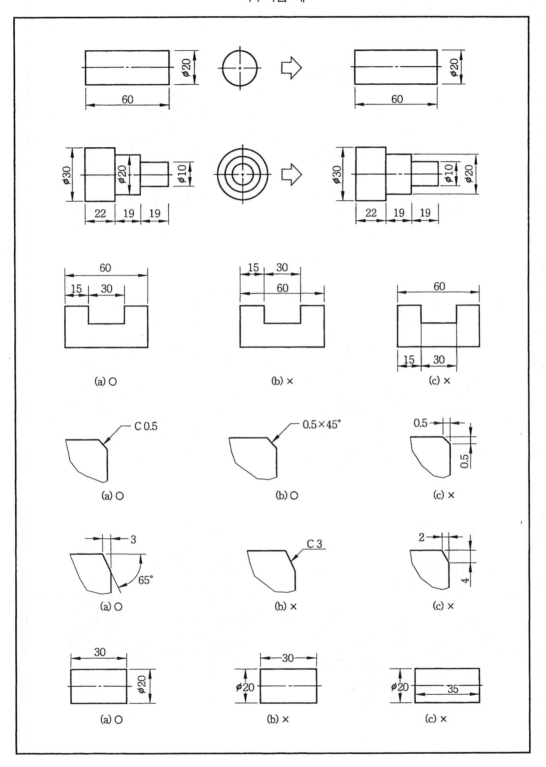

다음 실체도를 3각법으로 완성하고 치수를 기입하라.

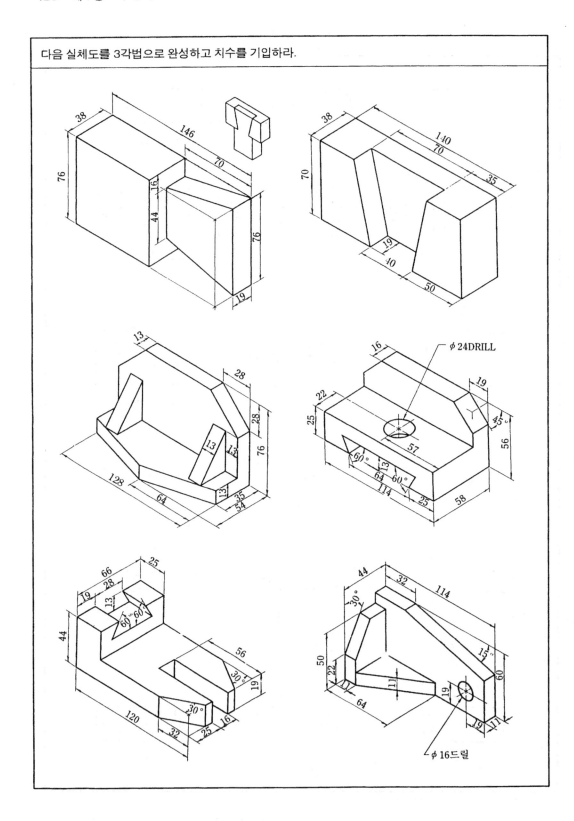

§ 6. 허용한계치수 기입방법

도면에 나타낸 치수에 허용한계 치수가 주어지지 않으면 기준치수대로 가공한다는 것은 불가능하다. 도면에 주어진 기준치수에 소요의 목적에 적합한 허용한계 치수(공차), 즉 최대 허용치수와 최소 허용치수를 주어 그 치수 범위 안에서 가공되어야 한다.

허용한계 치수의 크기는 제품의 특성, 정밀도 등을 고려하여 설계자가 기능상 하자가 없는 범위 내에서 공차를 결정한다.

아래에 허용한계 치수의 기입방법을 설명하였다.

6-1 길이치수의 허용한계 기입방법

(1) 치수의 허용한계를 수치에 의하여 지시하는 경우

치수의 허용한계를 수치에 의하여 지시하려면 다음의 어느 한 가지를 따른다.

① 기준치수 다음에 치수 허용차의 수치를 기입하여 표시한다. 이 경우 외측형체 내측형체에 관계없이 윗치수 허용차는 위의 위치에 아래치수 허용차는 아래의 위치에 쓴다.

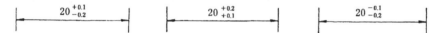

② 위, 아래 치수 허용차의 어느 한 쪽의 수치가 0일 때에는 숫자 0을 표시한다. 이때 0에는 + 기호나 − 기호를 붙이지 않는다.

③ 양쪽 공차에서 윗치수 허용차와 아래치수 허용차가 같을 때에는 치수 허용차의 수치를 하나로 하고 그 수치앞에 ±의 기호를 붙여서 표시한다.

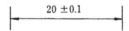

④ 허용 한계치수는 최대 허용치수와 최소 허용치수에 의하여 표시할 수 있다. 이때 외측형체와 내측형체에 관계 없이 최대 허용치수는 위의 위치에, 최소 허용치수는 아래의 위치에 쓴다. 예를 들면 30 ± 0.1은 최대 허용치수 30.1, 최소 허용치수 29.9로 $30^{+0.05}_{+0.02}$는 최대 허용치수 30.05, 최소 허용치수 30.02로 나타낼 수 있다.

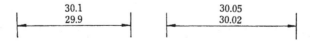

⑤ 최대 허용치수 또는 최소 허용치수의 어느 한쪽만을 지정할 필요가 있을 때에는 치수의 수치 앞에 최대 또는 최소라고 기입하든지 치수 뒤에 max 또는 min라고 기입한다.

(2) 허용한계치수 기입 예

$20^{+0.1}_{-0.2}$ (a) ○	20 ± 0.1 (b) ○	$20^{+0.2}_{+0.1}$ (c) ○	$20^{-0.1}_{-0.2}$ (d) ○
$20^{-0.1}_{+0.1}$ (a) ×	$20^{+0.1}_{-0.1}$ (b) ×	$20^{+0.1}_{+0.2}$ (c) ×	$20^{-0.2}_{-0.1}$ (d) ×
$20^{\ 0}_{-0.1}$ (a) ○	$20^{+0.05}_{\ 0}$ (b) ○	$\begin{matrix}20.2\\20.1\end{matrix}$ (c) ○	$\begin{matrix}19.9\\19.8\end{matrix}$ (d) ○
$20^{-0.1}_{\ 0}$ (a) ×	$20^{\ 0}_{+0.05}$ (b) ×	$\begin{matrix}20.1\\20.2\end{matrix}$ (c) ×	$\begin{matrix}19.8\\19.9\end{matrix}$ (d) ×

(3) 포락 조건의 기입방법

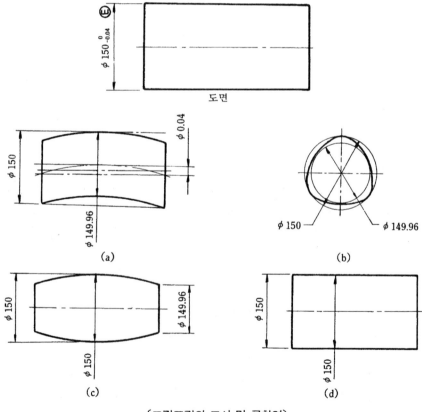

〔포락조건의 표시 및 공차역〕

원통으로 되어 있는 형상이나 평행 2평면으로 되어 있는 단독형체가 기능상 필요하기 때문에 최대치수일 때 완전 모양의 포락면을 넘어서는 안된다는 것을 지정할 필요가 있을 때에는 치수 뒤에 기호 Ⓔ를 표시한다. 즉, 주어진 치수 공차의 상한 허용치수와 하한 허용치수를 벗어날 수 없으며 상한 허용치수(∅150)일 때는 형상이 완전해야 하며(그림〔포락조건의 표시 및 공차역(d)〕), 상한 허용치수에서 하한 허용치수로 작아지면서 형상이 변동되어도 좋다〔그림 (a)(b)(c)〕.

6-2 각도치수의 허용한계 기입방법

각도의 치수 허용한계 기입방법은 길이치수의 허용한계를 지시하는 경우의 기입방법을 적용한다. 이때 치수 허용차에는 반드시 단위 기호를 붙인다.

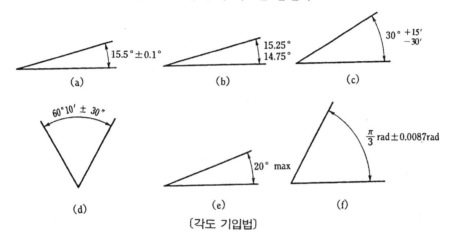

〔각도 기입법〕

6-3 조립한 상태에서의 허용한계치수 기입 방법

조립된 부품의 허용한계 치수를 기입할 때에는 치수앞에 부품명칭이나 대조번호를 부기하여 나타내거나(그림〔조립도의 허용한계치수 기입법(a)〕), 기준치수를 공통으로 하여 〔그림 (b)〕와 같이 나타내도 좋다.

어떤 경우에도 구멍의 치수는 축의 치수의 위쪽에 기입한다.

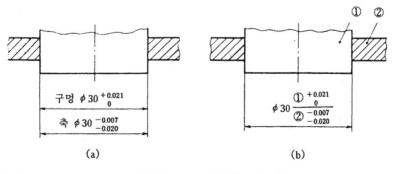

〔조립도의 허용한계치수 기입법〕

6-4 허용한계 치수기입의 일반사항

(1) 기능에 관련되는 치수와 허용한계는 그 기능을 요구하는 형체에 직접 기입하는 것이 좋다. 그림 (a)의 경우는 전체 치수를 참고치수(40)로 나타냈고 각각의 형체에 치수를 기입한 예이고 그림 (b)는 기능상 우측면이 기준이 되어 우측에서부터 치수를 기입한 예이며 그림 (c)는 좌측면에서부터 치수를 기입한 예이다.

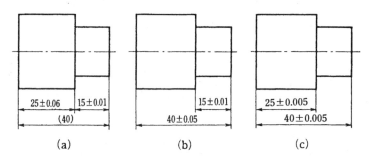

〔기능을 요구하는 형체에 직접 기입한 예〕

(2) 여러 개의 관련되는 치수에 허용한계를 지시하는 경우 직렬 치수 기입법으로 치수를 기입할 때에는 치수 공차가 누적되므로 이 방법은 공차의 누적이 기능에 관계가 없는 경우에만 사용하는 것이 좋다.

또 중요도가 작은 치수는 기입하지 않거나 괄호를 붙여 참고치수로 표시하는 것이 좋다 (그림〔직렬치수 기입법(c)〕).

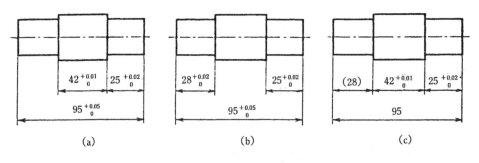

〔직렬치수 기입법〕

(3) 병렬치수 기입법 또는 누진치수 기입법에서는 기입하는 치수의 공차는 다른 치수의 공차에 영향을 주지 않는다. 이때 공통된 쪽의 치수보조선 위치 또는 치수 기점의 위치는 기능, 가공 등의 조건을 고려하여 적절히 선택한다.

(4) 치수공차를 기입할 때는 공차 누적이 생겨 가공이 곤란하게 해서는 안된다. 예를 들면 그림 〔누적공차를 고려한 치수기입 (a)〕에서는 15±0.1 치수에서 상한치수 15.1로 되고 10±0.1 치수에서 상한치수 10.1로 치수 8±0.1이 8.1로 가공되었으면 세 곳의 치수는 전부

공차 범위 내에서 가공되어 합격이나 전장 33.3이 되므로 전장치수 33±0.1의 공차를 벗어나게 된다. 이 경우에는 중요하지 않은 치수를 치수에 괄호를 하여 참고치수로 하면 된다.

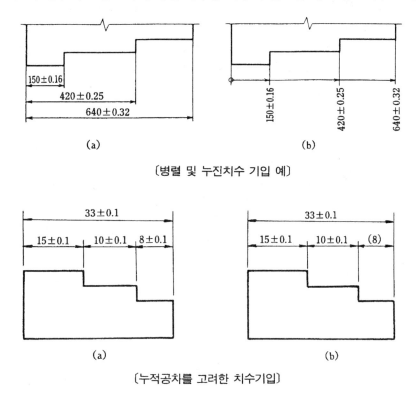

〔병렬 및 누진치수 기입 예〕

〔누적공차를 고려한 치수기입〕

§7. 보통치수 허용차 (일반공차)

공차가 같은 치수가 한 도면에 여러 개 있을 때나 도면 전체에 허용되는 공차가 공통으로 적용될 때에는 별도란에 보통치수 허용차 란을 만들어 표시한다. 이 경우 도면치수는 공차가 없이 기입한다.

공차가 기입되지 않은 치수는 보통치수 허용차를 적용시키면 된다. 보통치수 허용차를 도면에 일괄 표시하는 것은 결합되는 상대부품과 관계가 없는 치수 또는 구조상, 특히 다른 부품에 치수적 제한을 받지 않는 경우의 치수에 공차를 기입하는 것은 대단히 번잡하다.

그러므로 이들 치수 허용차를 도면에 일괄 표시하거나 공장 전체의 통일된 치수 허용차를 결정하여 개개의 도면치수에 치수 허용차를 표시하지 않는다.

치수의 크기에 따라서 같은 보통치수 허용차를 적용하면 치수와 공차의 비율이 커졌다 작아졌다 하므로 재료의 강도로 보거나 가공상의 난이도 등에서 무리가 생길 수 있다.

따라서, 치수의 크기에 따라 보통치수 허용차를 KS 산업규격으로 정하고 있다.

일반적으로 도면 용지에 가공자가 쉽게 알아볼 수 있도록 보통치수 허용차가 인쇄되어 있거나 도면여백에 주기 사항으로 나타낸다.

예를 들어 치수 15에 적용되는 보통치수 허용차는 정밀급이 ±0.1, 보통급이 ±0.2, 거친 급이 ±0.5에 적용된다.

도면에 일괄 지시하는 보통치수 허용차는 "일반공차±0.1" 또는 보통치수 허용차가 도면 에 인쇄되어 있는 경우에는 "보통치수 허용차 정밀급" 등으로 표시한다.

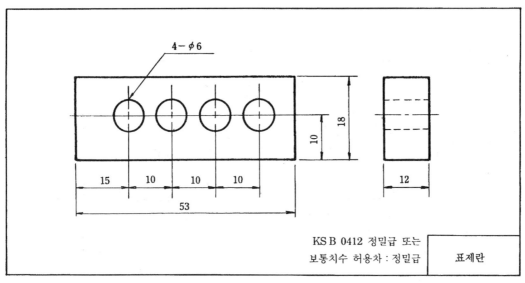

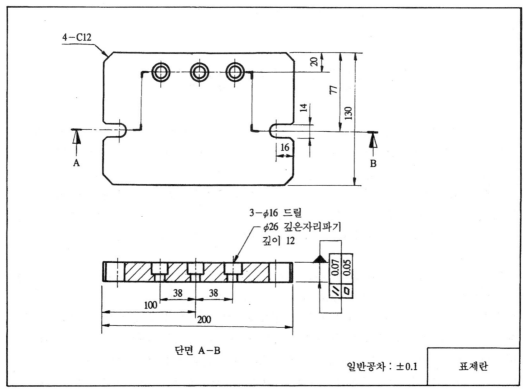

(1) 모떼기 부분을 제외한 길이치수의 보통치수차는 정밀급, 보통급, 거친급, 아주 거친급의 4등급으로 나누며 다음 표에 따른다.

〔길이치수의 보통치수차(KS B 0412)〕

(단위 : mm)

공차 등급		기 준 치 수 구 분							
기호	구 분	0.5(¹) 이상 3 이하	3 초과 6 이하	6 초과 30 이하	30 초과 120 이하	120 초과 400 이하	400 초과 1000 이하	1000 초과 2000 이하	2000 초과 4000 이하
		허 용 차							
f	정 밀 급	±0.05	±0.05	±0.1	±0.15	±0.2	±0.3	±0.5	–
m	보 통 급	±0.1	±0.1	±0.2	±0.3	±0.5	±0.8	±1.2	±2
c	거 친 급	±0.2	±0.3	±0.5	±0.8	±1.2	±2	±3	±4
v	아주 거친급	–	±0.5	±1	±1.5	±2.5	±4	±6	±8

(2) 주조가공의 보통 치수공차 : 주조에 의한 주철품의 길이, 두께 및 빼기 테이퍼의 보통치수 공차는 정밀급과 보통급이 있으며, 다음 표에 따른다.

〔길이의 치수차 (KS B 0411)〕

(단위 : mm)

가 공 치 수		100 이하	100 이상 200 이하	200 이상 400 이하	400 이상 800 이하	800 이상 1600 이하	1600 이상 3150 이하
치수차	정밀급 ±	1.0	1.5	2.0	3.0	4.0	—
	보통급 ±	1.5	2.0	3.0	4.0	5.0	7.0

〔두께의 치수차 (KS B 0411)〕

(단위 : mm)

가 공 치 수		5 이하	5 이상 10 이하	10 이상 20 이하	20 이상 30 이하	30 이상 40 이하
치수차	정밀급 ±	0.5	1.0	1.5	2.0	2.0
	보통급 ±	1.0	1.5	2.0	3.0	4.0

〔빼기 테이퍼의 허용값 (KS B 0411)〕

구 분	바 깥 쪽		안 쪽	
등 급	정 밀 급	보 통 급	정 밀 급	보 통 급
허 용 값	2/100	3/100	3/100	5/100

(3) 중심거리의 허용차는 기계부분에 뚫린 구멍간의 중심거리와 두 축의 중심거리 또는
두 홈의 중심거리와 구멍과 축, 구멍과 홈 또는 축과 홈의 중심거리에 대하여 공차지시
가 없는 치수에 다음 표 중심거리의 허용차를 적용시킨다.

〔중심거리의 허용차(KS B 0420)〕

(단위 : μm)

중심거리의 구분 (mm)		0급 (참고)	1급	2급	3급	4급 (mm)
초 과	이 하					
-	3	± 2	± 3	± 7	± 20	± 0.05
3	6	± 3	± 4	± 9	± 24	± 0.06
6	10	± 4	± 5	± 11	± 29	± 0.08
10	18	± 5	± 6	± 14	± 35	± 0.09
18	30	± 6	± 7	± 17	± 42	± 0.11
30	50	± 7	± 8	± 20	± 50	± 0.13
50	80	± 8	± 10	± 23	± 60	± 0.15
80	120	± 9	± 11	± 27	± 70	± 0.18
120	180	± 10	± 13	± 32	± 80	± 0.20
180	250	± 12	± 15	± 36	± 93	± 0.23
250	315	± 13	± 16	± 41	± 105	± 0.26
315	400	± 14	± 18	± 45	± 115	± 0.29
400	500	-	± 20	± 49	± 125	± 0.32
500	630	-	± 22	± 55	± 140	± 0.35
630	800	-	± 25	± 63	± 160	± 0.40
800	1000	-	± 28	± 70	± 180	± 0.45
1000	1250	-	± 33	± 83	± 210	± 0.53
1250	1600	-	± 39	± 98	± 250	± 0.63
1600	2000	-	± 46	± 120	± 300	± 0.75
2000	2500	-	± 55	± 140	± 350	± 0.88
2500	3150	-	± 68	± 170	± 430	± 1.05

§ 8. 조립도 및 부품표

8-1 조립도

여러 개의 부품으로 조합되어 있는 물품은 각 부품의 관련성과 어떻게 조립되어 있는지
를 나타내기 위하여 조립도가 사용된다.

조립도에는 일부분을 조립하여 나타낸 부분 조립도와 전 부품을 나타낸 전체 조립도가
있다. 이들 조립도에는 하나 하나의 부품에 각각 부품번호가 붙어 있고 이 부품 번호는 부

품을 나타내는 지시선을 사용하여 원 내에 아라비아 숫자로 부품번호를 나타낸다. 지시선 끝쪽에는 화살표를 붙이거나 점으로 표시하여 나타낸다.

8-2 부품표

부품표는 여러 개의 부품이 조립된 도면에 각각의 부품번호를 표시하고 표제란 위쪽에 부품표란을 만들어 부품번호, 부품명, 재질, 수량, 중량, 비고 등의 란을 만들어 나타낸다.

부품표에 기재할 사항에 대하여는 KS에 규격으로 되어 있지 않고 제품에 따라서 회사에 맞게 부품표를 만들면 된다.

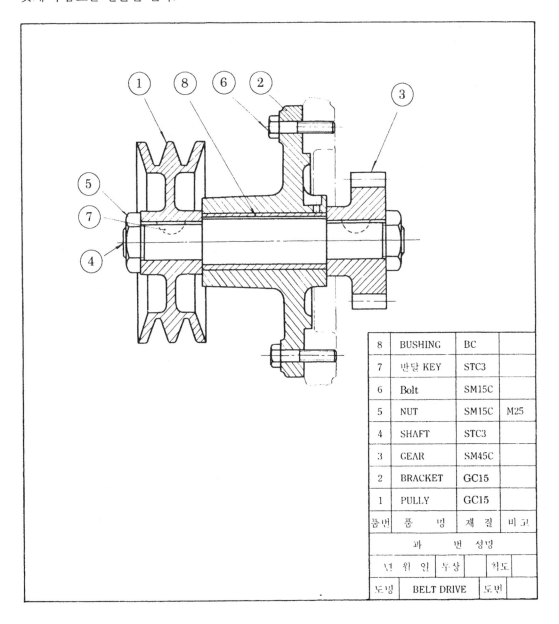

8	BUSHING	BC	
7	반달 KEY	STC3	
6	Bolt	SM15C	
5	NUT	SM15C	M25
4	SHAFT	STC3	
3	GEAR	SM45C	
2	BRACKET	GC15	
1	PULLY	GC15	
품번	품 명	재 질	비고
과	번	성명	
년 월 일 부상		척도	
도명	BELT DRIVE	도번	

도면작성 순서 및 치수기입법

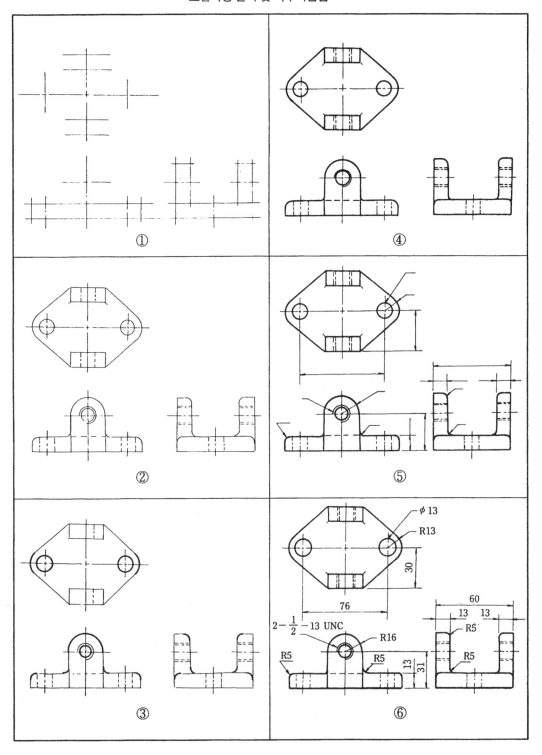

치수기입 연습

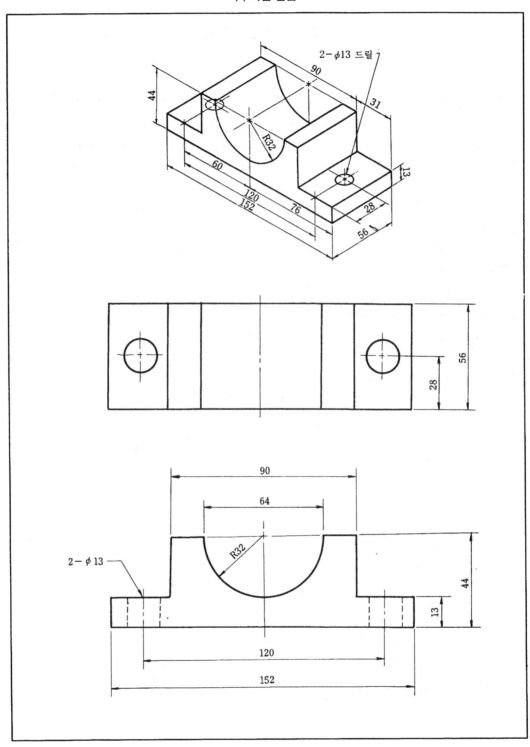

§ 9. 끼워 맞춤

기계 부품에는 2개 이상의 부품이 끼워 맞춤으로 결합되는 것이 많다. 이 결합되는 부품이 어떠한 상태로 결합되느냐에 따라 제품의 기능이 달라진다. 구멍에 축을 끼워 맞춤할 때 사용하는 목적에 따라 축과 구멍에 일정한 간격이 있어 헐거운 상태로 결합될 수도 있고, 축과 구멍이 틈새가 생길 수도 있고, 죔새가 생기도록 결합될 수도 있고, 축 보다 구멍이 작아서 때려 박아서 억지로 결합될 수도 있다.

이와 같이 제품의 기능에 따라서 어떠한 상태로 결합이 되느냐는 축과 구멍에 공차를 어떻게 주느냐에 따라 결합상태가 결정된다.

따라서 끼워맞춤이란 축과 구멍이 결합되는 상태를 말하며 끼워맞춤에 대한 규격이 KS B 0401에 규격으로 정해져 있다.

다음에 끼워맞춤에 관한 용어와 내용을 설명한다.

(1) 허용한계치수 : 형체의 실체치수가 그 사이에 들어가도록 정한 두개의 허용되는 치수의 한계를 표시한 치수. 즉, 최대허용치수와 최소허용치수와의 차.

(2) 최대허용치수 : 허용한계치수의 큰쪽의 치수

(3) 최소허용치수 : 허용한계치수의 작은쪽의 치수

〔예〕 $\phi 20 \pm 0.05$에서 최대허용치수 : 20.05

최소허용치수 : 19.95

(4) 기준치수 : 위치수허용차와 아래치수 허용차를 적용하는데 따라 허용한계치수가 주어지는 기준이 되는 치수

(5) 위치수허용차 : 최대허용 치수에서 기준치수를 뺀 값

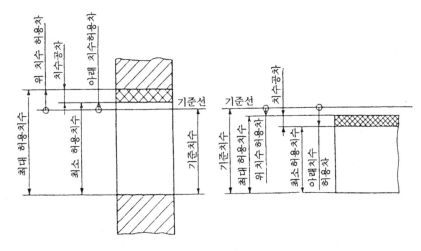

구멍(내측 형체)   축(외측 형체)

(6) 아래치수허용차 : 기준치수에서 최소허용치수를 뺀 값

(7) 기초가 되는 치수허용차 : 허용한계 치수와 기준치수와의 관계를 결정하는 기초가 되는 치수의 차이며 구멍, 축의 종류에 따라 위치수 허용차 또는 아래치수 허용차가 된다. 윗 치수 허용차와 아래치수 허용차 중에서 기준선에 가까운 쪽의 치수허용차이다.

9-1 구멍 기준식

구멍 기준식은 일정한 공차를 가진 기준 구멍을 정하여 여기에 결합되는 상대방 축을 구멍보다 작게도 하고 크게도 하여 제품의 기능에 맞도록 하나의 구멍에 여러 가지의 축을 결합시키는 것을 구멍 기준식이라 한다. 구멍 기준식은 가공하기 어려운 구멍을 먼저 기준으로 하여 여기에 가공하기 쉬운 축을 맞추는 것으로 현장에서는 주로 구멍 기준식이 적용된다.

9-2 축 기준식

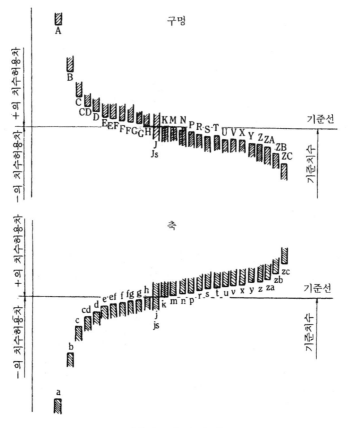

〔구멍과 축의 기호〕

축 기준식은 구멍 기준식과 반대로 하나의 축을 기준으로 여기에 여러 가지의 구멍을 끼워맞춤하는 것으로 전동축과 같이 한 개의 축에 여러 개의 구멍을 갖는 부품을 결합시킬 때에 적용된다.

구멍 기준식과 축 기준식은 기호로 규격화되어 있으며 도면에 표시하는 것은 공차를 숫자로 나타내지 않고 기호로 나타낸다.

구멍 기준식의 구멍의 기호는 A에서 Z까지 알파벳 대문자로 표시하고 축 기준식의 축의 기호는 a에서 z까지 알파벳 소문자로 표시한다.

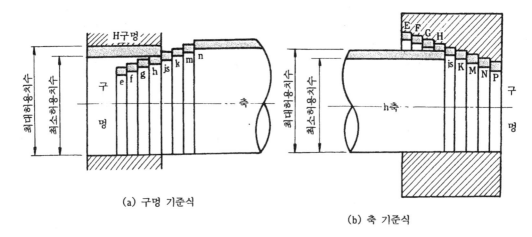

(a) 구멍 기준식

(b) 축 기준식

〔구멍 기준식과 축 기준식〕

구멍 기준식에서 A는 가장 큰 구멍이고 Z로 갈수록 구멍이 작아지며 축 기준식에서는 a가 가장 작은 축이고 z로 갈수록 축의 크기가 커진다.

알파벳 중에서 I, L, O, Q, W(i, l, o, q, w)의 문자는 다른 문자와 혼동하기 쉬우므로 사용하지 않는다.

9-3 틈새와 죔새

(1) 틈새 : 축 지름이 구멍의 지름보다 작을 때의 두 지름의 차이를 틈새라 한다.
(2) 죔새 : 축의 지름이 구멍의 지름보다 클 때의 두 지름의 차이를 죔새라 한다.

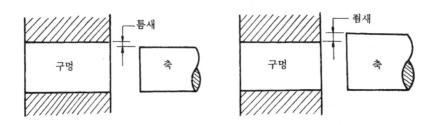

〔틈새와 죔새〕

9-4 헐거운 끼워맞춤

헐거운 끼워맞춤은 축지름이 구멍지름보다 작을 때 항상 틈새가 생기는 끼워맞춤으로 축과 구멍이 결합되어 기능상 헐거운 상태를 요할 때 적용된다.

헐거운 끼워맞춤에서는 구멍과 축의 허용한계 치수에 의하여 최대틈새와 최소틈새가 생길 수 있다.

(1) 최대틈새 : 구멍은 최대 허용치수로 되고 축은 최소 허용치수로 될 때의 치수차
(2) 최소틈새 : 구멍은 최소 허용치수로 되고 축은 최대 허용치수로 될 때의 치수차

예 구멍의 치수가 $50 \, ^{+0.025}_{0}$, 축의 치수가 $50 \, ^{-0.025}_{-0.050}$ 일 때

구 분	구 멍	축
기 준 치 수	50	50
최대 허용치수	50.025	49.975
최소 허용치수	50.000	49.950
최대틈새＝50.025－49.950＝0.075		
최소틈새＝50.000－49.975＝0.025		

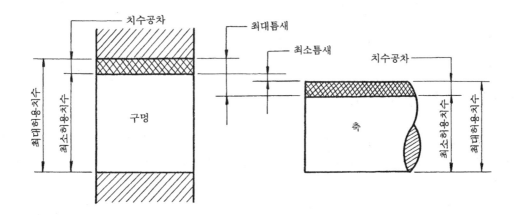

〔헐거운 끼워맞춤〕

9-5 중간 끼워맞춤

중간 끼워맞춤이란 구멍과 축이 끼워맞춤될 때 구멍과 축의 공차에 따라서 틈새가 생길 수도 있고 죔새가 생길 수도 있도록 구멍과 축에 공차를 준 끼워 맞춤을 말한다.

기준치수란 구멍과 축의 지름의 크기를 나타내는 기본이 되는 치수를 말하며 서로 끼워 맞추어지는 구멍과 축의 기준치수는 같아야 한다. 예를 들면 구멍 20, 축 19와 같이 기준치수가 다르면 끼워맞춤이 아니다.

예 축의 치수 $50^{+0.011}_{-0.005}$, 구멍의 치수 $50^{+0.025}_{0}$ 일 때

구　　분	축	구　　명
기 준 치 수	5C	50
최대 허용치수	50.011	50.025
최소 허용치수	49.995	50.000
틈새＝구멍의 최대 (50.025)－축의 최소 (49.995)＝0.030		
죔새＝구멍의 최소 (50.000)－축의 최대 (50.011)＝0.011		

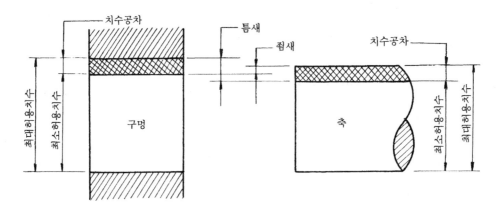

〔중간 끼워맞춤〕

9-6 억지 끼워맞춤

억지 끼워맞춤은 구멍의 최소 허용치수보다 축의 최대 허용치수가 크고 또는 구멍의 최대 허용치수보다 축의 최소 허용치수가 클 때의 끼워맞춤으로 어느 경우이든 항상 죔새가 생긴다.

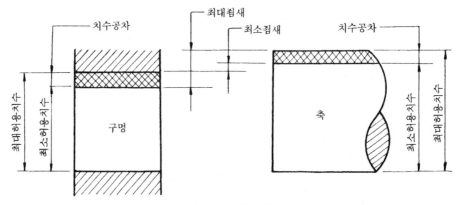

〔억지 끼워맞춤〕

예 구멍의 치수 50 $^{+0.025}_{0}$, 축의 치수 50 $^{+0.050}_{+0.034}$

구 분	구 명	축
기 준 치 수	50	50
최대 허용치수	50.025	50.050
최소 허용치수	50.000	50.034
최대 쬠새=구멍의 최소 (50.000)−축의 최대 (50.050)=0.050		
최소 쬠새=축의 최소 (50.034)−구멍의 최대 (50.025)=0.009		

9-7 IT 기본공차

IT 기본공차는 01, 0, 1, 2, ... 18 급의 20 등급으로 치수 구분에 따라 나누어져 있으며 이것은 국제적으로 통용되는 국제공차이다.

〔IT 기본 공차의 값(1)〕

(단위 : mm, μ =0.001mm)

치수의 구분(mm) 을초과 / 이하	IT 01	IT 0	IT 1	IT 2	IT 3	IT 4	IT 5	IT 6	IT 7	IT 8	IT 9	IT 10	IT 11	IT 12	IT 13	IT 14	IT 15	IT 16	IT 17	IT 18
− / 3	0.3	0.5	0.8	1.2	2	3	4	6	10	14	25	40	60	100	140	260	400	600	1.00	1.40
3 / 6	0.4	0.6	1	1.5	2.5	4	5	8	12	18	30	48	75	120	180	300	480	750	1.20	1.80
6 / 10	0.4	0.6	1	1.5	2.5	4	6	9	15	22	36	58	90	150	220	360	540	900	1.50	2.20
10 / 18	0.5	0.8	1.2	2	3	5	8	11	18	27	43	70	110	180	270	430	700	1100	1.80	2.70
18 / 30	0.6	1	1.5	2.5	4	6	9	13	21	33	52	84	130	210	330	520	840	1300	2.10	3.30
30 / 50	0.6	1	1.5	2.5	4	7	11	16	25	39	62	100	160	250	390	620	1000	1600	2.50	3.90
50 / 80	0.8	1.2	2	3	5	8	13	19	30	46	74	120	190	300	460	704	1200	1900	3.00	4.60
80 / 120	1	1.5	2.5	4	6	10	15	22	35	54	87	140	220	350	540	870	1400	2200	3.50	5.40
120 / 180	1.2	2	3.5	5	8	12	18	25	40	63	100	160	250	400	630	1000	1600	2500	4.00	6.30
180 / 250	2	3	4.5	7	10	14	20	29	46	72	115	185	290	460	720	1150	1850	2900	4.60	7.20
250 / 315	2.5	4	6	8	12	16	23	32	52	81	130	210	320	520	810	1300	2100	3200	5.20	8.10
315 / 400	3	5	7	9	13	18	25	36	57	89	140	230	360	570	890	1400	2300	3600	5.70	8.90
400 / 500	4	6	8	10	15	20	27	40	63	97	155	250	400	630	970	1550	2500	4000	6.30	9.70

[비고] IT 01~16의 단위는 μ, IT 17~18 단위는 mm이다.

끼워맞춤에 적용되는 IT 공차등급은 구멍의 경우에는 6급에서 10급까지, 축의 경우에는 5급에서 9급까지가 적용된다.

IT 기본공차값은 치수 3이하에서 500이하까지는 01급에서 18등급까지(표〔IT 기본 공차의 값(1)〕), 치수 500 이상 3150 이하까지는 6급에서 18급까지 나누어져 있다 (표〔IT 기본공차의 값(2)〕).

예를 들어 치수 25mm에 IT 공차 8급이면 표(1)에서 공차는 33 μ (0.033mm)이며, 치수 80mm에 IT 공차 6급이면 19 μ (0.019mm)이다(표〔〔IT 기본 공차의 값 (1)〕).

〔IT 기본 공차의 값(2)〕   (단위 : mm, =0.001m)

등급 / 치수의 구분		IT 6	IT 7	IT 8	IT 9	IT 10	IT 11	IT 12	IT 13	IT 14	IT 15	IT 16	IT 17	IT 18
이상	이하													
500	630	44	70	110	175	280	0.44	0.7	1.1	1.75	2.8	4.4	7.00	11.00
630	800	50	80	125	200	320	0.50	0.8	1.25	2.0	3.2	5.0	8.00	12.50
800	1000	56	90	140	230	360	0.56	0.9	1.4	2.3	3.6	5.6	9.00	14.00
1000	1250	66	105	165	260	420	0.66	1.05	1.65	2.6	4.2	6.6	10.50	16.50
1250	1600	78	125	195	310	500	0.78	1.25	1.95	3.1	5.0	7.8	12.50	19.50
1600	2000	92	150	230	370	600	0.92	1.5	2.3	3.7	6.0	9.2	15.00	23.00
2000	2500	110	175	280	440	700	1.10	1.75	2.8	4.4	7.0	11.0	17.50	28.00
2500	3150	135	210	330	540	800	1.35	2.1	3.3	5.4	8.6	13.5	21.00	33.00

[비고] IT 6~10의 단위는   , IT 11~18 단위는 mm이다.

9-8 상용하는 끼워맞춤

〔상용하는 구멍 기준 끼워맞춤〕

기준 구멍	축의 종류와 등급														
	헐거운 끼워맞춤					중간 끼워맞춤				억지 끼워맞춤					
H 6					g 5	h 5	js 5	k 5	m 5						
			f 6	g 6	h 6	js 6	k 6	m 6	n 6	p 6				
H 7			f 6	g 6	h 6	js 6	k 6	m 6	n 6	p 6	r 6	s 6	t 6	u 6	x 6
		e 7	f 7		h 7	js 7									
H 8				f 7	h 7										
		e 8	f 8	h 8											
	d 9	e 9													
H 9		d 8	e 8		h 8										
	c 9	d 9	e 9		h 9										
H 10	b 9	c 9	d 9												

[비고] 이들의 끼워맞춤은 치수 구분에 따라 예외가 생긴다.

〔상용하는 축 기준 끼워맞춤〕

기준 축	구멍의 종류와 등급															
	헐거운 끼워맞춤					중간 끼워맞춤				억지 끼워맞춤						
h 5						H 6	JS 6	K 6	M 6	N6[1]	P 6					
h 6				F 6	G 6	H 6	JS 6	K 6	M 6	N 6	P6[1]					
				F 7	G 7	H 7	JS 7	K 7	M 7	N 7	P7[1]	R 7	S 7	T 7	U 7	X 7
h 7			E 7	F 7		H 7										
				F 8		H 8										
h 8			D 8	E 8	F 8	H 8										
			D 9	E 9		H 9										
			D 8	E 8		H 8										
h 9		C 9	D 9	E 9		H 9										
	B 10	C 10	D 10													

〔비고〕 [1] 이들의 끼워맞춤은 치수의 구분에 따라 예외가 생긴다.

상용하는 끼워맞춤은 가장 많이 사용되는 끼워맞춤으로 구멍 기준식(H6-H10)과 축 기준식(h5-h9)으로 나누어 KS에 규격으로 정해져 있으며 현장에서 주로 구멍 기준식 H와 축 기준식 h를 기준으로 IT 공차 등급에 따라 헐거운 끼워맞춤, 중간 끼워맞춤, 억지 끼워맞춤으로 나누어 적용되고 있다.

9-9 끼워맞춤의 표시방법

도면에 나타내는 끼워맞춤은 공차를 수치로 나타내지 않고 구멍과 축을 나타내는 해당기호와 IT공차 등급으로 나타낸다.

囫 구멍의 경우   축의 경우

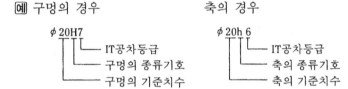

ϕ20H7에서 치수 20의 7등급의 IT공차는 표〔IT 기본 공차의 값(1)〕에서 공차는 21μ(0.021mm)이고, ϕ20H7에서 치수 20의 H7 등급은 표〔상용하는 끼워맞춤 구멍 치수 허용차〕에서 공차는 $^{+21}_{0}$ 이다. 즉 ϕ20 $^{+0.021}_{0}$ mm이다.

ϕ20 h6에서 치수 20의 6등급의 IT 공차는 표〔IT 기본 공차의 값(1)〕에서 공차는 13μ(0.013mm)이고, ϕ20 h6에서 치수 20의 h6 등급은 표〔상용하는 끼워맞춤 축 치수 허용차〕에서 공차는 $^{0}_{-13}$ 이다. 즉 ϕ20 $^{0}_{-0.013}$ mm이다.

〔기준치수와 공차등급이 같을 때의 치수공차〕

기준치수	구멍 등급	공차 (μ)	공차 (mm)	최대 허용치수와 최소 허용치수의 차
ϕ 35	E 7	+75 +50	+0.075 +0.050	25μ (0.025)
ϕ 35	F 7	+50 +25	+0.050 +0.025	25μ (0.025)
ϕ 35	G 7	+34 + 9	+0.034 +0.009	25μ (0.025)
ϕ 35	H 7	+25 0	+0.025 0	25μ (0.025)
ϕ 35	K 7	+ 7 −18	+0.007 −0.018	25μ (0.025)
ϕ 35	M 7	0 −25	0 −0.025	25μ (0.025)
ϕ 35	P 7	−17 −42	−0.017 −0.042	25μ (0.025)

기준치수가 같고 IT공차 등급이 같을 때 구멍이나 축을 나타내는 기호가 달라도 최소허용치수와 최대허용치수의 차(치수공차)는 동일하다 (표 〔기준치수와 공차 등급이 같을 때의 치수공차〕).

표에서 기준치수가 ϕ 35이고 IT공차등급이 7급으로 동일할 때 구멍의 종류를 나타내는 기호(E~P까지)가 다를 때 최대허용치수와 최소허용치수와의 차(치수공차)는 0.025로 동일하다.

구멍과 축을 조합한 경우에 끼워맞춤 표시법은 구멍기준식이나 축기준식 같이 구멍을 나타내는 기호는 앞에, 축을 나타내는 기호는 뒤에 나타낸다.

〔예〕 ϕ 20H7g6, ϕ 20H7/g6, ϕ 20$\frac{H7}{g6}$

예를 들면 ϕ 20H7g6라 표시되어 있으면 ϕ 20의 지름에 구멍 H7급과 g6급축이 헐겁게 결합되는 것을 표〔상용하는 구멍 기준 끼워맞춤〕에 의하여 알 수 있다.

또 ϕ 20H7g6로 표시된 끼워맞춤의 공차를 수치로 알아 보려면 ϕ 20H7은 ϕ 20$^{+0.021}_{0}$ (표 〔상용하는 끼워맞춤 구멍 치수 허용차〕) ϕ 20g6은 ϕ 20$^{-0.007}_{-0.020}$ (표 〔상용하는 끼워맞춤 축 치수 허용차〕)이다. 따라서 구멍과 축은 어떤 경우이든 틈새가 생겨 헐겁게 끼워맞춤된다.

구멍과 축이 결합된 상태의 끼워맞춤을 나타낼 때 기호로 나타내지 않고 치수공차를 수치로 나타낼 필요가 있을 경우에는 구멍을 치수선 위쪽에, 축은 치수선 아래쪽에 다음 그림과 같이 나타낸다(그림 〔결합부품의 끼워맞춤 표시법〕).

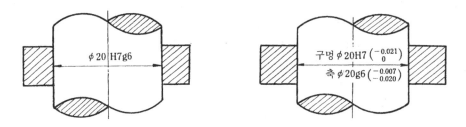

〔결합부품의 끼워맞춤 표시법〕

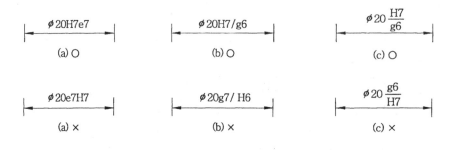

〔끼워맞춤 기입 예〕

[상용하는 끼워맞춤 구멍치수 허용차]   KS B 0401

(단위 $\mu = 0.001$ mm)

치수구분 (mm) 초과	이하	B10	C9	C10	D8	D9	D10	E7	E8	E9	F6	F7	F8	G6	G7	H6	H7	H8	H9	H10
−	3	+180 / +140	+85 / +60	+100 / +60	+34 / +20	+45 / +20	+60 / +20	+24 / +14	+28 / +14	+39 / +14	+12 / +6	+16 / +6	+20 / +6	+8 / +2	+12 / +2	+6 / 0	+10 / 0	+14 / 0	+25 / 0	+40 / 0
3	6	+188 / +140	+100 / +70	+118 / +70	+48 / +30	+60 / +30	+78 / +30	+32 / +20	+38 / +20	+50 / +20	+18 / +10	+22 / +10	+28 / +10	+12 / +4	+16 / +4	+8 / 0	+12 / 0	+18 / 0	+30 / 0	+48 / 0
6	10	+208 / +150	+116 / +80	+138 / +80	+62 / +40	+76 / +40	+98 / +40	+40 / +25	+47 / +25	+61 / +25	+22 / +13	+28 / +13	+35 / +13	+14 / +5	+20 / +5	+9 / 0	+15 / 0	+22 / 0	+36 / 0	+58 / 0
10	14	+220 / +150	+138 / +95	+165 / +95	+77 / +50	+93 / +50	+120 / +50	+50 / +32	+59 / +32	+75 / +32	+27 / +16	+34 / +16	+43 / +16	+17 / +6	+24 / +6	+11 / 0	+18 / 0	+27 / 0	+43 / 0	+70 / 0
14	18	+220 / +150	+138 / +95	+165 / +95	+77 / +50	+93 / +50	+120 / +50	+50 / +32	+59 / +32	+75 / +32	+27 / +16	+34 / +16	+43 / +16	+17 / +6	+24 / +6	+11 / 0	+18 / 0	+27 / 0	+43 / 0	+70 / 0
18	24	+224 / +160	+162 / +110	+194 / +110	+98 / +65	+117 / +65	+149 / +65	+61 / +40	+73 / +40	+92 / +40	+33 / +20	+41 / +20	+53 / +20	+20 / +7	+28 / +7	+13 / 0	+21 / 0	+33 / 0	+52 / 0	+84 / 0
24	30	+224 / +160	+162 / +110	+194 / +110	+98 / +65	+117 / +65	+149 / +65	+61 / +40	+73 / +40	+92 / +40	+33 / +20	+41 / +20	+53 / +20	+20 / +7	+28 / +7	+13 / 0	+21 / 0	+33 / 0	+52 / 0	+84 / 0
30	40	+270 / +170	+182 / +120	+220 / +120	+119 / +80	+142 / +80	+180 / +80	+75 / +50	+89 / +50	+112 / +50	+41 / +25	+50 / +25	+64 / +25	+25 / +9	+34 / +9	+16 / 0	+25 / 0	+39 / 0	+62 / 0	+100 / 0
40	50	+280 / +180	+192 / +130	+230 / +130	+119 / +80	+142 / +80	+180 / +80	+75 / +50	+89 / +50	+112 / +50	+41 / +25	+50 / +25	+64 / +25	+25 / +9	+34 / +9	+16 / 0	+25 / 0	+39 / 0	+62 / 0	+100 / 0
50	65	+310 / +190	+214 / +140	+260 / +140	+146 / +100	+174 / +100	+220 / +100	+90 / +60	+106 / +60	+134 / +60	+49 / +30	+60 / +30	+76 / +30	+29 / +10	+40 / +10	+19 / 0	+30 / 0	+46 / 0	+74 / 0	+120 / 0
65	80	+320 / +200	+224 / +150	+270 / +150	+146 / +100	+174 / +100	+220 / +100	+90 / +60	+106 / +60	+134 / +60	+49 / +30	+60 / +30	+76 / +30	+29 / +10	+40 / +10	+19 / 0	+30 / 0	+46 / 0	+74 / 0	+120 / 0
80	100	+360 / +220	+257 / +170	+310 / +170	+174 / +120	+207 / +120	+260 / +120	+107 / +72	+126 / +72	+159 / +72	+58 / +36	+71 / +36	+90 / +36	+34 / +12	+47 / +12	+22 / 0	+35 / 0	+54 / 0	+87 / 0	+140 / 0
100	120	+380 / +240	+267 / +180	+320 / +180	+174 / +120	+207 / +120	+260 / +120	+107 / +72	+126 / +72	+159 / +72	+58 / +36	+71 / +36	+90 / +36	+34 / +12	+47 / +12	+22 / 0	+35 / 0	+54 / 0	+87 / 0	+140 / 0
120	140	+420 / +260	+300 / +200	+360 / +200	+208 / +145	+245 / +145	+305 / +145	+125 / +85	+148 / +85	+185 / +85	+68 / +43	+83 / +43	+106 / +43	+39 / +14	+54 / +14	+25 / 0	+40 / 0	+63 / 0	+100 / 0	+160 / 0
140	160	+440 / +280	+310 / +210	+370 / +210	+208 / +145	+245 / +145	+305 / +145	+125 / +85	+148 / +85	+185 / +85	+68 / +43	+83 / +43	+106 / +43	+39 / +14	+54 / +14	+25 / 0	+40 / 0	+63 / 0	+100 / 0	+160 / 0
160	180	+470 / +310	+330 / +230	+390 / +230	+208 / +145	+245 / +145	+305 / +145	+125 / +85	+148 / +85	+185 / +85	+68 / +43	+83 / +43	+106 / +43	+39 / +14	+54 / +14	+25 / 0	+40 / 0	+63 / 0	+100 / 0	+160 / 0
180	200	+525 / +340	+355 / +40	+425 / +40	+242 / +170	+285 / +170	+355 / +170	+146 / +100	+172 / +100	+215 / +100	+79 / +50	+96 / +50	+122 / +50	+44 / +15	+61 / +15	+29 / 0	+46 / 0	+72 / 0	+115 / 0	+185 / 0
200	225	+565 / +380	+375 / +260	+445 / +260	+242 / +170	+285 / +170	+355 / +170	+146 / +100	+172 / +100	+215 / +100	+79 / +50	+96 / +50	+122 / +50	+44 / +15	+61 / +15	+29 / 0	+46 / 0	+72 / 0	+115 / 0	+185 / 0
225	250	+605 / +420	+395 / +280	+465 / +280	+242 / +170	+285 / +170	+355 / +170	+146 / +100	+172 / +100	+215 / +100	+79 / +50	+96 / +50	+122 / +50	+44 / +15	+61 / +15	+29 / 0	+46 / 0	+72 / 0	+115 / 0	+185 / 0
250	280	+690 / +480	+430 / +300	+510 / +300	+270 / +190	+320 / +190	+400 / +190	+162 / +110	+191 / +110	+240 / +110	+88 / +56	+108 / +56	+137 / +56	+49 / +17	+69 / +17	+32 / 0	+52 / 0	+81 / 0	+130 / 0	+210 / 0
280	315	+750 / +540	+460 / +330	+540 / +330	+270 / +190	+320 / +190	+400 / +190	+162 / +110	+191 / +110	+240 / +110	+88 / +56	+108 / +56	+137 / +56	+49 / +17	+69 / +17	+32 / 0	+52 / 0	+81 / 0	+130 / 0	+210 / 0
315	355	+830 / +600	+500 / +340	+590 / +340	+299 / +210	+350 / +210	+440 / +210	+182 / +125	+214 / +125	+265 / +125	+98 / +62	+119 / +62	+151 / +62	+54 / +18	+75 / +18	+36 / 0	+57 / 0	+89 / 0	+140 / 0	+230 / 0
355	400	+910 / +680	+540 / +400	+630 / +400	+299 / +210	+350 / +210	+440 / +210	+182 / +125	+214 / +125	+265 / +125	+98 / +62	+119 / +62	+151 / +62	+54 / +18	+75 / +18	+36 / 0	+57 / 0	+89 / 0	+140 / 0	+230 / 0
400	450	+1010 / +760	+595 / +440	+690 / +440	+327 / +230	+385 / +230	+480 / +230	+198 / +135	+232 / +135	+290 / +135	+108 / +68	+131 / +68	+165 / +68	+60 / +20	+83 / +20	+40 / 0	+63 / 0	+97 / 0	+155 / 0	+250 / 0
450	500	+1090 / +840	+635 / +480	+730 / +480	+327 / +230	+385 / +230	+480 / +230	+198 / +135	+232 / +135	+290 / +135	+108 / +68	+131 / +68	+165 / +68	+60 / +20	+83 / +20	+40 / 0	+63 / 0	+97 / 0	+155 / 0	+250 / 0

[상용하는 끼워맞춤 구멍치수 허용차]

(단위 μ = 0.001mm)

치수구분 (mm) 초과	이하	Js6	Js7	K6	K7	M6	M7	N6	N7	P6	P7	R7	S7	T7	U7	X7
−	3	±3	±5	0 / −6	0 / −10	−2 / −8	−2 / −12	−4 / −10	−4 / −14	−6 / −12	−6 / −16	−10 / −20	−14 / −24	−	−18 / −28	−20 / −30
3	6	±4	±6	+2 / −6	+3 / −9	−1 / −9	0 / −12	−5 / −13	−4 / −16	−9 / −17	−8 / −20	−11 / −23	−15 / −27	−	−19 / −31	−24 / −36
6	10	±4.5	±7.5	+2 / −7	+5 / −10	−3 / −12	0 / −15	−7 / −16	−7 / −19	−12 / −21	−9 / −24	−13 / −28	−17 / −32	−	−22 / −37	−28 / −43
10	14	±5.5	±9	+2 / −9	+6 / −12	−4 / −15	0 / −18	−9 / −20	−5 / −23	−15 / −26	−11 / −29	−16 / −34	−21 / −39		−26 / −44	−33 / −51
14	18	±5.5	±9	+2 / −9	+6 / −12	−4 / −15	0 / −18	−9 / −20	−5 / −23	−15 / −26	−11 / −29	−16 / −34	−21 / −39		−26 / −44	−38 / −56
18	24	±6.5	±10.5	+2 / −11	+6 / −15	−4 / −17	0 / −21	−11 / −24	−7 / −28	−18 / −31	−14 / −35	−20 / −41	−27 / −48	−	−33 / −54	−46 / −67
24	30	±6.5	±10.5	+2 / −11	+6 / −15	−4 / −17	0 / −21	−11 / −24	−7 / −28	−18 / −31	−14 / −35	−20 / −41	−27 / −48	−33 / −54	−40 / −61	−56 / −77
30	40	±8	±12.5	+3 / −13	+7 / −18	−4 / −20	0 / −25	−12 / −28	−8 / −33	−21 / −37	−17 / −42	−25 / −50	−34 / −59	−39 / −64	−51 / −76	
40	50	±8	±12.5	+3 / −13	+7 / −18	−4 / −20	0 / −25	−12 / −28	−8 / −33	−21 / −37	−17 / −42	−25 / −50	−34 / −59	−45 / −70	−61 / −86	
50	65	±9.5	±15	+4 / −15	+9 / −21	−5 / −24	0 / −30	−14 / −33	−9 / −39	−26 / −45	−21 / −51	−30 / −60	−42 / −72	−55 / −85	−76 / −106	
65	80	±9.5	±15	+4 / −15	+9 / −21	−5 / −24	0 / −30	−14 / −33	−9 / −39	−26 / −45	−21 / −51	−32 / −62	−48 / −78	−64 / −94	−91 / −121	
80	100	±11	±11.5	+4 / −18	+10 / −25	−6 / −28	0 / −35	−16 / −38	−10 / −45	−30 / −52	−24 / −59	−38 / −73	−58 / −93	−78 / −113	−111 / −146	
100	120	±11	±11.5	+4 / −18	+10 / −25	−6 / −28	0 / −35	−16 / −38	−10 / −45	−30 / −52	−24 / −59	−41 / −76	−66 / −101	−91 / −126	−131 / −166	
120	140	±12.5	±20	+4 / −21	+12 / −28	−8 / −33	0 / −40	−20 / −45	−12 / −52	−36 / −61	−28 / −68	−48 / −88	−77 / −117	−107 / −147	−	−
140	160	±12.5	±20	+4 / −21	+12 / −28	−8 / −33	0 / −40	−20 / −45	−12 / −52	−36 / −61	−28 / −68	−50 / −90	−85 / −125	−119 / −159	−	−
160	180	±12.5	±20	+4 / −21	+12 / −28	−8 / −33	0 / −40	−20 / −45	−12 / −52	−36 / −61	−28 / −68	−53 / −93	−93 / −133	−131 / −171	−	−
180	200	±14.5	±23	+5 / −24	+13 / −33	−8 / −37	0 / −46	−22 / −51	−14 / −60	−41 / −70	−33 / −79	−60 / −106	−105 / −151	−	−	−
200	225	±14.5	±23	+5 / −24	+13 / −33	−8 / −37	0 / −46	−22 / −51	−14 / −60	−41 / −70	−33 / −79	−63 / −109	−113 / −159	−	−	−
225	250	±14.5	±23	+5 / −24	+13 / −33	−8 / −37	0 / −46	−22 / −51	−14 / −60	−41 / −70	−33 / −79	−67 / −113	−123 / −169	−	−	−
250	280	±16	±26	+5 / −27	+16 / −36	−9 / −41	0 / −52	−25 / −57	−14 / −66	−47 / −79	−36 / −88	−74 / −126				
280	315	±16	±26	+5 / −27	+16 / −36	−9 / −41	0 / −52	−25 / −57	−14 / −66	−47 / −79	−36 / −88	−78 / −130				
315	355	±18	±28.5	+7 / −29	+17 / −40	−10 / −46	0 / −57	−26 / −62	−16 / −73	−51 / −81	−41 / −98	−87 / −144				
355	400	±18	±28.5	+7 / −29	+17 / −40	−10 / −46	0 / −57	−26 / −62	−16 / −73	−51 / −81	−41 / −98	−93 / −150				
400	450	±20	±31.5	+8 / −32	+18 / −45	−10 / −50	0 / −63	−27 / −67	−17 / −80	−55 / −95	−45 / −108	−103 / −166				
450	500	±20	±31.5	+8 / −32	+18 / −45	−10 / −50	0 / −63	−27 / −67	−17 / −80	−55 / −95	−45 / −108	−109 / −172				

[상용하는 끼워맞춤 축 허용차]

(단위 $\mu = 0.001\,\text{mm}$)

치수구분 (mm) 초과	이하	b / b9	c / c9	d / d8	d9	e / e7	e8	e9	f / f6	f7	f8	g / g5	g6	h / h5	h6	h7	h8	h9
—	3	−140 / −165	−60 / −85	−20 / −34	−45	−14 / −24	−28	−39	−6 / −12	−16	−20	−2 / −6	−8	0 / −4	−6	−10	−14	−25
3	6	−140 / −170	−70 / −100	−30 / −48	−60	−20 / −32	−38	−50	−10 / −18	−22	−28	−4 / −9	−12	0 / −5	−8	−12	−18	−30
6	10	−150 / −186	−80 / −116	−40 / −62	−76	−25 / −40	−47	−61	−13 / −22	−28	−35	−5 / −11	−14	0 / −6	−9	−15	−22	−36
10	14	−150 / −193	−95 / −138	−50 / −77	−93	−32 / −50	−59	−75	−16 / −27	−34	−43	−6 / −14	−17	0 / −8	−11	−18	−27	−43
14	18	−150 / −193	−95 / −138															
18	24	−160 / −212	−110 / −162	−65 / −98	−117	−40 / −61	−73	−92	−20 / −33	−41	−53	−7 / −16	−20	0 / −9	−13	−21	−33	−52
24	30	−160 / −212	−110 / −162															
30	40	−170 / −232	−120 / −182	−80 / −119	−142	−50 / −75	−89	−112	−25 / −41	−50	−64	−9 / −20	−25	0 / −11	−16	−25	−39	−62
40	50	−180 / −242	−130 / −192															
50	65	−190 / −264	−140 / −214	−100 / −146	−174	−60 / −90	−106	−134	−30 / −49	−60	−76	−10 / −23	−29	0 / −13	−19	−30	−46	−74
65	80	−200 / −274	−150 / −224															
80	100	−220 / −307	−170 / −257	−120 / −174	−207	−72 / −107	−126	−159	−36 / −58	−71	−90	−12 / −27	−34	0 / −15	−22	−35	−54	−87
100	120	−240 / −327	−180 / −267															
120	140	−260 / −360	−200 / −300	−145 / −208	−245	−85 / −125	−148	−185	−43 / −68	−83	−106	−14 / −32	−39	0 / −18	−25	−40	−63	−100
140	160	−280 / −380	−210 / −310															
160	180	−310 / −410	−230 / −330															
180	200	−340 / −455	−240 / −355	−170 / −242	−285	−100 / −146	−172	−215	−50 / −79	−96	−122	−15 / −35	−44	0 / −20	−29	−46	−72	−115
200	225	−380 / −495	−260 / −375															
225	250	−420 / −535	−280 / −395															
250	280	−480 / −610	−300 / −430	−190 / −271	−320	−110 / −162	−191	−240	−56 / −88	−108	−137	−17 / −40	−49	0 / −23	−32	−52	−81	−130
280	315	−540 / −670	−330 / −460															
315	355	−600 / −740	−360 / −500	−210 / −299	−350	−125 / −185	−214	−265	−62 / −98	−119	−151	−18 / −43	−54	0 / −25	−36	−57	−89	−140
355	400	−680 / −820	−400 / −540															
400	450	−760 / −915	−440 / −595	−230 / −327	−385	−135 / −198	−232	−290	−68 / −108	−131	−165	−20 / −47	−60	0 / −27	−40	−63	−97	−155
450	500	−840 / −995	−480 / −635															

[상용하는 끼워맞춤 축치수 허용차]

(단위 μ = 0.001mm)

치수구분 (mm)		js			k		m		n	p	r	s	t	u	x
초과	이하	js5	js6	js7	k5	k6	m5	m6	n6	p6	r6	s6	t6	u6	x6
—	3	±2	±3	±5	+4/0	+6/+6	+6/+2	+8	+10/+4	+12/+6	+16/+10	+20/+14	—	+24/+18	+26/+20
3	6	±2.5	±4	±6	+6/+1	+9	+9/+4	+12	+16/+8	+20/+12	+23/+15	+27/+19	—	+31/+23	+36/+28
6	10	±3	±4.5	±7.5	+7/+1	+10	+12/+6	+15	+19/+10	+24/+15	+28/+19	+32/+23	—	+37/+28	+43/+34
10	14	±4	±5.5	±9	+9/+1	+12	+15/+7	+18	+23/+12	+29/+18	+34/+23	+39/+28	—	+44/+33	+51/+40
14	18	±4	±5.5	±9	+9/+1	+12	+15/+7	+18	+23/+12	+29/+18	+34/+23	+39/+28	—	+44/+33	+56/+45
18	24	±4.5	±6.5	±10.5	+11/+2	+15	+17/+8	+21	+28/+15	+35/+22	+41/+28	+48/+35	—	+54/+41	+67/+54
24	30	±4.5	±6.5	±10.5	+11/+2	+15	+17/+8	+21	+28/+15	+35/+22	+41/+28	+48/+35	+54/+41	+64/+48	+77/+64
30	40	±5.5	±8	±12.5	+13/+2	+18	+20/+9	+25	+33/+17	+42/+26	+50/+34	+59/+43	+64/+48	+76/+60	—
40	50	±5.5	±8	±12.5	+13/+2	+18	+20/+9	+25	+33/+17	+42/+26	+50/+34	+59/+43	+70/+54	+86/+70	—
50	65	±6.5	±9.5	±15	+15/+2	+21	+24/+11	+30	+39/+20	+51/+32	+60/+41	+72/+53	+85/+66	+106/+87	—
65	80	±6.5	±9.5	±15	+15/+2	+21	+24/+11	+30	+39/+20	+51/+32	+62/+43	+78/+59	+94/+75	+121/+102	—
80	100	±7.5	±11	±17.5	+18/+3	+25	+28/+13	+35	+45/+23	+59/+37	+73/+51	+93/+71	+113/+91	+146/+124	—
100	120	±7.5	±11	±17.5	+18/+3	+25	+28/+13	+35	+45/+23	+59/+37	+76/+54	+101/+79	+126/+104	+166/+144	—
120	140	±9	±12.5	±20	+21/+3	+28	+33/+15	+40	+52/+27	+68/+43	+88/+63	+117/+92	+147/+122	—	—
140	160	±9	±12.5	±20	+21/+3	+28	+33/+15	+40	+52/+27	+68/+43	+90/+65	+125/+100	+159/+134	—	—
160	180	±9	±12.5	±20	+21/+3	+28	+33/+15	+40	+52/+27	+68/+43	+93/+68	+133/+108	+171/+146	—	—
180	200	±10	±14.5	±23	+24/+4	+33	+37/+17	+46	+60/+31	+79/+50	+106/+77	+151/+122	—	—	—
200	225	±10	±14.5	±23	+24/+4	+33	+37/+17	+46	+60/+31	+79/+50	+109/+80	+159/+130	—	—	—
225	250	±10	±14.5	±23	+24/+4	+33	+37/+17	+46	+60/+31	+79/+50	+113/+84	+169/+140	—	—	—
250	280	±11.5	±16	±26	+27/+4	+36	+43/+20	+52	+66/+34	+88/+50	+126/+94		—	—	—
280	315	±11.5	±16	±26	+27/+4	+36	+43/+20	+52	+66/+34	+88/+50	+130/+98		—	—	—
315	355	±12.5	±18	±28.5	+29/+4	+40	+46/+21	+57	+73/+37	+98/+62	+144/+108		—	—	—
355	400	±12.5	±18	±28.5	+29/+4	+40	+46/+21	+57	+73/+37	+98/+62	+150/+114		—	—	—
400	450	±13.5	±20	±31.5	+32/+5	+45	+50/+23	+63	+80/+40	+108/+68	+166/+126		—	—	—
450	500	±13.5	±20	±31.5	+32/+5	+45	+50/+23	+63	+80/+40	+108/+68	+172/+132		—	—	—

[구멍기준식 상용하는 끼워맞춤 적용 보기]

기준 구멍	축	적 용 장 소	기준 구멍	축	적 용 장 소
H 6	m 5	전동축 (롤러 베어링)	f 6		베어링
	k 5	전동축·크랭크 축상 밸브·기어·부시	e 6		밸브·베어링·샤프트
	j 5	전동축·피스톤 핀·스핀들·측정기	j 7		기어축·리머·볼트
	h 5	사진기·측정기·공기 척	h 7		기어축·이동축·피스톤·키· 축이음·커플링·사진기
	p 6	전동축 (롤러 베어링)			
	n 6	미션·크랭크·전동축	(g)		베어링
	m 6	사진기	f 7		베어링·밸브 시트·사진기· 부시·캠축
	k 6	사진기			
	j 6	사진기	e 7		베어링·사진기·실린더·크랭크축
H 7	x 6	실린더	H 8	h 7	일반 접합부
	u 6	샤프트·실린더		f 7	기어축
	t 6	슬리브·스핀들·가버너축		h 8	유압부·일반 접합부
	s 6	변속기		f 8	유압부·피스톤부·기어 펌프축· 순환 펌프축
	r 6	캠축·플랜지·핀 압입부			
	p 6	록핀·체인·실린더·크랭크· 부시·캠축		e 8	밸브·크랭크축·오일 펌프 링
				e 9	웜·슬리브·피스톤 링
	n 6	부시·미션·크랭크· 기어·가버너축		d 9	고정핀·사진기용 작은 축받침
			H 9	h 8	베어링·조작축 받침
	m 6	부시·기어·커플링·피스톤 축·커플링		e 8	피스톤 링·스프링 안내홈
				d 9	웜·슬리브
	j 6	지그 공구·전동축	H 10	d 9	고정핀·사진기용 작은 베어링
	h 6	기어축·이동축·실린더·캠		c 9	키 부분
	g 6	회전부·스러스트 칼라·부시		h 9	차륜 축

§10. 표면거칠기

10-1 표면거칠기의 정의

모든 표면은 기하학적이고 이상적인 표면으로 만들어질 수는 없다. 기계가공된 표면은 절삭공구와 날이나 연삭숫돌의 입자 등의 가공방법과 가공조건, 공작기계의 정밀도, 공작물의 재질 등에 따라 표면에 오목·볼록한 기복의 차가 생긴다.

표면은 거칠기(roughness), 파상도 (waviness), 형상 (form) 의 3가지로 구성되며, 이 중에 거칠기와 파상도가 표면의 중요한 구성요소가 된다.

(1) 거칠기 : 주로 표면가공 기구 (공구) 에 의한 표면에 남겨진 혼적이다.

(2) 파상도 : 거칠기 간격보다 큰 간격으로 나타나는 표면의 굴곡으로 연삭숫돌차의 불평형 공작기계의 진동 재료의 열처리 불균일 등 주로 기계의 특성과 정밀도에 의해서 만들어지는 형상이다.

(3) 형상 : 거칠기와 파상도를 무시한 표면의 일반적인 형상이다.

위의 3개 요소 중에서 거칠기는 기능이나 성능에 미치는 영향이 크므로 표면거칠기가 중요시된다.

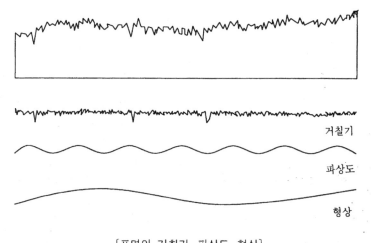

[표면의 거칠기, 파상도, 형상]

10-2 적용 범위

표면거칠기는 KS B-0161에 규정되어 있다. KS 규격의 표면거칠기의 정의 및 표시에는 중심선평균거칠기(R_a), 최대높이(R_{max}), 10점 평균거칠기(R_z)의 3종류가 규정되어 있으나 국제적으로 중심선 평균거칠기에 의한 표시법을 가장 많이 사용하고 있다.

　표면거칠기는 모든 표면에 지시하는 것은 아니다. 경제적이고 합리적으로 기능을 충족하는 제작이 가능한 경우에는 지시하지 않고 표면거칠기에 따라 정밀도, 기능, 결합 상태 등에 영향을 미치는 표면에 지시한다.

10-3　표면거칠기의 종류

(1) 최대높이 (기호 : R_{max})

　최대높이는 채취부분의 최대높이 단면곡선에서 기준길이 만큼 채취한 부분의 평균선에 평행한 두 직선 사이에 채취부분을 끼울 때, 이 두 직선의 간격을 단면곡선의 세로배율 방향으로 측정하여 이 값을 미크론 단위로 표시한 것을 말한다. 여기서, 단면곡선을 피측정면의 평균표면에 직각인 평면으로 피측정면을 절단하였을 때, 그 단면에 나타나는 윤곽을 말한다.

[비고]　1. 피측정면이 곡면인 경우에는 단면에 나타나야 할 곡선에 따라 최대높이를 구한다.
　　　　 2. 최대높이를 구하는 경우 흠으로 간주될 수 있는 보통 이상의 높은 봉우리나 깊은 골이 없는 부분에서 기준길이 만큼 채취한다.

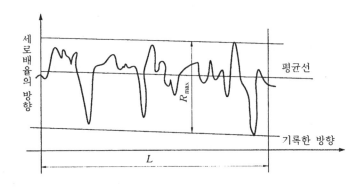

여기서, L : 기준길이
R_{max} : 기준길이 L 에 대응하는 채취부분의 최대높이

[최대높이 구하는 방법의 예]

(2) 중심선 평균거칠기 (기호 : R_a)

　중심선 평균거칠기는 거칠기 곡선에서 그 중심선의 방향으로 측정길이 l 의 부분을 취하고 이 채취부분의 중심선을 X 축, 세로배율의 방향을 Y 축으로 하고 거칠기 곡선을 $y = f(x)$ 로 표시하였을 때, 다음 식으로 구해지는 값을 마이크로미터(μm) 로 나타낸 것을 중심선 평균거칠기라 한다.

$$R_a = \frac{1}{l} \int_0^l |f(x)| \, dx$$

다음 그림에서 중심선으로부터 아래쪽 면적의 합과 위쪽 면적의 합이 같게 되도록 그은선을 중심선이라 하고, 중심선 이하의 부분을 중심선 위로 올리면 점선부분과 같이 된다. 이들 위, 아래 면적을 구하여 그 값을 측정길이 l 로 나눈 값이 중심선 평균거칠기가 되며, 이 같은 계산을 측정기에서 하게 되며 결과값만을 지시계에서 읽을 수 있게 되어 있다.

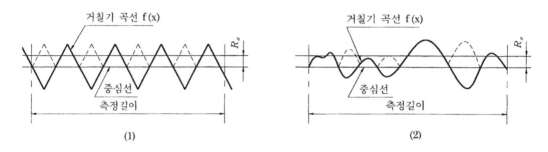

[중심선 평균거칠기 구하는 방법의 예]

(3) 10점 평균거칠기 (기호 : R_Z)

10점 평균거칠기는 단면곡선에서 기준길이 L 만큼 채취한 부분에서 평균선에 평행한 직선 가운데 가장 높은 쪽에서 5번째의 봉우리를 지나는 것과 가장 깊은 쪽에서 5번째 골 밑을 지나는 것을 택하여 이 두 개의 직선 간격을 단면곡선의 종배율의 방향으로 측정하여 그 값을 마이크로미터(μm) 로 나타낸 것을 10점 평균거칠기라 한다.

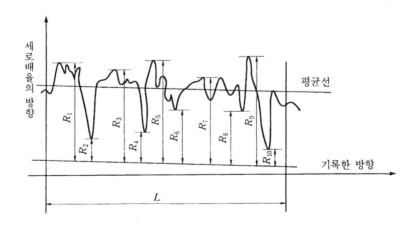

여기서, L : 기준길이

R_1, R_3, R_5, R_7, R_9 : 기준길이 L 에 대응하는 채취부분의 가장 높은 곳으로부터 5번째

까지의 봉우리 표고

R_2, R_4, R_6, R_8, R_{10} : 기준길이 L 에 대응하는 채취부분의 가장 깊은 골에서 5번째까지

골 밑 표고

$$R_Z = \frac{(R_1 + R_3 + R_5 + R_7 + R_9) \quad (R_2 + R_4 + R_6 + R_8 + R_{10})}{5}$$

[10점 평균거칠기를 구하는 방법의 예]

(4) 표면거칠기의 지시방법

① 표면거칠기를 지시하는 기호 : 표면의 결을 지시하는 기호는 60°로 벌린 길이가 다른 선으로 지시하는 면을 나타내는 선의 바깥쪽에 붙여 나타낸다 (면의 지시기호 그림 (a)).

② 제거가공의 지시기호 : 지시기호의 짧은쪽 끝에서 가로선을 연결하여 나타낸다 (면의 지시기호 그림 (b)).

③ 제거가공을 허용하지 않을 때 지시방법 : 면의 지시기호에 내접하는 원으로 나타낸다 (면의 지시기호 그림 (c)).

④ 제거가공 여부를 문제 삼지 않을 때 지시방법 : 면의 지시기호에 표면거칠기의 지시값 등을 붙여 나타낸다 (면의 지시기호 그림 (d)).

⑤ 가공방법을 지시하는 기호 : 면의 지시기호의 긴쪽을 가로선으로 긋고 가공방법을 나타낸다 (면의 지시기호 그림 (e)).

⑥ 표면거칠기의 상한, 하한 표시방법 : 표면거칠기 상한은 면의 지시기호 위쪽, 하한은 아래쪽에 나타낸다 (면의 지시기호 그림 (f)).

⑦ 허용할 수 있는 최대값만을 지시하는 방법 : 면의 지시기호 위쪽이나 아래에 거칠기값을 기입한다 (면의 지시기호 그림 (g)).

⑧ 표면거칠기 기호를 여러 곳에 반복해서 기입하는 경우 또는 기입하는 여지가 한정되어 있는 경우에는 면의 지시기호에 알파벳 소문자 부호를 기입하고, 그 뜻을 주 투상도 옆에 또는 부품번호 옆이나 주기란, 표제란에 기입한다 (면의 지시기호 그림 (h)).

(a)   (b)   (c)   (d)

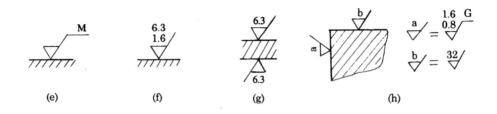

[면의 지시기호]

⑨ 표면거칠기값을 지시할 경우에는 면의 지시기호 그림 중 어느 하나에 따르고 면의 지시기호에 대한 각 지시사항의 기입위치는 다음 그림에 따른다.

여기서, a : 중심선 평균거칠기의 값,　b : 가공방법,　c : 컷 오프 값
c' : 기준길이,　d : 줄무늬 방향의 기호,　e : 다듬질 여유
f : 중심선 평균거칠기 이외의 표면거칠기값,　g : 표면파상도

[거칠기를 지시하는 위치]

⑩ 표면거칠기를 도면에 지시하여 기입할 때 기호는 그림의 아래쪽 또는 오른쪽부터 읽을 수 있도록 다음 그림과 같이 기입한다.

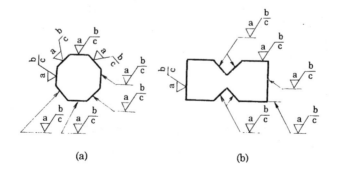

(a)　　　　　　　　　　(b)

⑪ 중심선 평균거칠기 값만을 지시하는 경우에는 ⑩ 에 따르지 않고 다음 그림과 같이 기입한다.

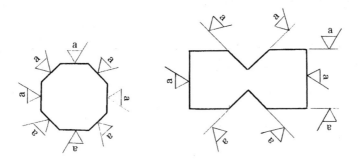

⑫ 둥근 구멍의 지름치수 또는 호칭을 지시선을 사용하여 표시하는 경우에는 지름치수 다음에 표면기호를 기입한다.

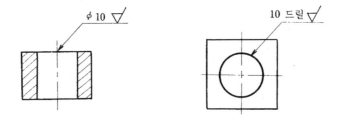

⑬ 부품 전체면을 동일한 표면거칠기로 지시하는 경우에는 주 투영도 근처나 부품번호 근처 또는 주기란에 기입한다. 부품 대부분의 면이 동일하고 일부가 다른 표면거칠기를 지시할 경우에는 공통이 아닌 일부는 괄호 안에 기입하고 괄호 안에 기입된 일부의 거칠기 표시는 도면상에 기입한다.

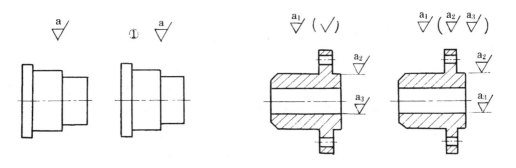

10-4 다듬질 기호(▽)에 의한 표시방법

표면거칠기를 도면에 표시할 때는 표면기호와 다듬질기호의 두 가지가 KS 규격에 규정되어 적용되어 왔다. 표면기호는 KS 규격이 ISO 규격과 일치하게 개정되었으나 다듬질 기호 (▽ 또는 ~) 에 의한 도시방법은 지금까지 널리 사용되어 왔으나 이 규격을 바로 폐지할 수 없으므로 KS B 0617 에 당분간 부속서 형식으로 남겨두었다. 따라서, 그 적용범위가 ISO 규격과 일치하지 않으므로 되도록 **빠른** 시일 내에 면의 지시기호에 따르는 것이 좋다라고 비고를 덧붙였다. KS 규격 부속서에 따른 다듬질 기호에 대한 내용을 간추려 설명한다.

(1) 다듬질 기호의 종류

다듬질 기호는 삼각기호 (▽) 와 파형기호 (∼) 의 두 가지로 한다. 삼각기호는 제거가공을 요하는 면을 지시하고 삼각기호의 개수로 표면거칠기의 정도를 나타낸다. 파형기호는 제거가공을 필요로 하지 않는 면에 표시한다.

[삼각기호와 파형기호의 적용 예]

다듬질 기호	가공법 및 거칠기	적 용 예
	주조, 압연, 단조를 한 채로 두고 일체의 가공을 하지 않은 거친 재료의 자연면	
∼	매끈한 자연면, 샌드 블라스트 한 주물표면	스패너 자루, 핸들 횔의 바퀴, 주조한 플랜지의 측면
▽	줄가공, 플레이너, 셰이퍼, 선반 등에 의한 가공으로서 가공의 흔적이 나타나 있을 정도로 거친 가공면	패킹을 넣는 접합면, 볼트, 축 (shaft) 등의 끝면, 피스톤 링의 내면
▽▽	터닝, 그라인딩 등에 의한 가공으로서 가공의 흔적이 남지 않을 정도의 보통 가공면	접촉하여 고정되는 면, 기어, 크랭크의 측면 등
▽▽▽	터닝, 그라인딩, 래핑 등의 가공으로서 가공의 흔적이 전혀 남지 않는 극히 정밀한 가공면	정밀을 요하는 활동면, 공작 기계의 활동면, 밸브의 접촉면, 게이지의 측정면
▽▽▽▽	래핑, 버핑 등의 가공으로 광택이 나는 고급 가공면	피스톤 핀, 연료 펌프의 플랜지, 실린더 내면, 고속 베어링면

(2) 다듬질 기호의 표시법

다듬질 기호는 정3각형으로 프리핸드 (free hand) 또는 형판으로 필요한 부분에 다음과 같이 표시한다.

① 가공면에 3각형의 꼭지점이 접하게끔 외형선상에 기입한다.

② 외형선상에 기입하기 곤란할 때는 마무리면에서 연장한 가는 실선상에 표시하거나 **지시선** 또는 치수 보조선상에 기입한다 (그림 [다듬질 기호의 표시법 (c)]).

③ 전체면을 다듬질할 경우 부품번호가 있을 때는 부품번호 옆에, 부품번호가 없을 경우에는 부품도면 위에 기입하고 다듬질할 면에는 기입하지 않는다 [그림 (a)].

④ 부품 중 다듬질면이 대부분 같은 면이고 일부분만 다듬질면이 다를 경우 그 다른 면만 다듬질 기호를 도면에 기입하고 같은 다듬질 기호 옆에 괄호를 하여 다른 다듬질 기호를 기입한다 [그림 (b)].

⑤ 필요에 따라 가공방법을 지정해서 나타낼 수도 있다. 이 때는 3각기호의 경사면이나 파형기호를 연장하고 가공면에 평행하게 그은 선 위에 가공법을 기입한다. 또, 3각기호 위에 표면거칠기의 정도를 수치로 나타낼 수도 있다 [그림 (e), (f)].

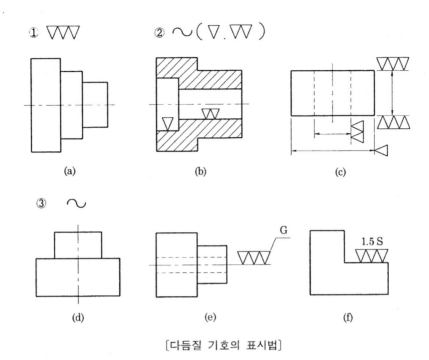

[다듬질 기호의 표시법]

[다듬질 기호의 표면거칠기 구분]

다듬질 기호	$R_{\max}$	R_z	R_a
∼	특히 규정하지 않는다		
▽	100 S	100 Z	25 a
▽▽	25 S	25 Z	6.3 a
▽▽▽	6.3 S	6.3 Z	1.6 a
▽▽▽▽	0.8 S	0.8 Z	0.2 a

[비고] 1. 다듬질 기호의 삼각형은 정삼각형으로 한다.
  2. 표의 구분값 이외의 값을 특히 지시할 필요가 있을 경우는 다듬질 기호로 그 값을 부기한다.

[표면정도와 삼각기호의 관계]

표면의 정도 표시	0.1-S	0.2-S	0.4-S	0.8-S	1.5-S	3-S	6-S	12-S	18-S	25-S
정도의 범위(단위 μ = 1/1000 mm)	0.1 이하	0.2 이하	0.4 이하	0.8 이하	1.5 이하	3 이하	6 이하	12 이하	18 이하	25 이하
삼각기호	▽▽▽▽				▽▽▽			▽▽		
기준면의 넓이 (mm 평방)	0.3				1			3		
표면의 정도 표시	35-S	50-S	70-S	100-S	140-S	200-S	280-S	400-S	560-S	560-S
정도의 범위(단위 μ = 1/1000 mm)	35 이하	50 이하	70 이하	100 이하	140 이하	200 이하	280 이하	400 이하	560 이하	560 이하
삼각기호	▽									
기준면의 넓이 (mm 평방)	5				10					

10-5 가공방법의 약호

가공방법을 도면에 지정할 필요가 있을 경우에는 그림[다듬질 기호의 표시법](e)와 같이 3각 기호의 경사면을 연장한 언더라인 위에 가공방법의 약호를 표시한다. 가공방법의 약호는 다음 표와 같다.

[가공방법의 약호]

가공 방법	약 호 I	약 호 II	가공 방법	약 호 I	약 호 II
선반 가공	L	선반	벨트 연마	SPBL	벨트 샌드
드릴 가공	D	드릴	호닝반 가공	GH	호닝
보링 머신 가공	B	보링	액체 호닝 다듬질	SPLH	액체 호닝
밀링 가공	M	밀링	배럴 연마 가공	SPBR	배럴
평삭반 가공	P	평삭	버프 다듬질	SPBF	버프
형삭반 가공	SH	형삭	블라스트 다듬질	SB	블라스트
브로치 가공	BR	브로치	랩 다듬질	FL	래프
리머 가공	DR	리머	줄 다듬질	FF	줄
연삭 가공	G	연삭	스크레이퍼 다듬질	FS	스크레이퍼
페이퍼 다듬질	FCA	페이퍼	주조	C	주조

10-6 가공모양의 기호

가공된 표면은 가공방법에 따라 표면의 가공모양이 다르다. 같은 가공방법이라도 절삭날의 종류와 사용방법에 따라 가공모양의 변화가 생기며, 따라서 가공모양의 기호를 규제할 필요가 있을 때는 그 가공모양을 기호로 나타낸다.

[가공모양의 기호]

=	⊥	×	M	C	R
가공으로 생긴 앞 줄의 방향이 기호를 기입한 그림의 투상면에 평행	가공으로 생긴 앞 줄의 방향이 기호를 기입한 그림의 투상면에 직각	가공으로 생긴 선이 2방향으로 교차	가공으로 생긴 선이 다방면으로 로교차 또는 무방향	가공으로 생긴 선이 거의 동심원	가공으로 생긴 선이 거의 방사상

〔가공법과 정밀도〕

1μ(미크론)＝0.001mm

표면정밀도의 표시		0.1-S	0.2-S	0.4-S	0.8-S	1.5-S	3-S	6-S	12-S	18-S	25-S	35-S	50-S	70-S	100-S	140-S	200-S	280-S	400-S	580-S
정밀도의 범위		0.1 이하	0.2 이하	0.4 이하	0.8 이하	1.5 이하	3 이하	6 이하	12 이하	18 이하	25 이하	35 이하	50 이하	70 이하	100 이하	140 이하	200 이하	280 이하	400 이하	580 이하
가공법 μ	기호								무기호 또는 ～											
단 조	F								◄──── 정밀 ─────────────────►											
주 조	C								◄─── 정밀 ────────────────────►											
다이캐스트	CD								◄────►											
열간압연	RH								◄──────────►											
냉간압연	RC			◄────────────────────►																
인 발	D						◄────────────►													
압 출	E						◄────────────►													
3각기호		▽▽▽▽				▽▽▽			▽▽						▽					
평 삭	P								◄──────────►											
형 삭	S								◄──────────►											
밀링절삭	M					정밀 ◄──────────►														
정면밀링커터	EM					정밀 ◄──────────►														
줄 작 업	F					정밀 ◄──────────────►														
환 삭	T			◄─ 정밀 ──────── 상 ──── 중 ──────── 거침 ─────────────────────────────►																
보 링	B					정밀 ◄──────────►														
정밀보링	FB			◄────────────►																
드 릴 링	D								◄──────────►											
리 밍	R					정밀 ◄────────►														
블로치절삭	BR					정밀 ◄────────►														
세 이 빙	SV						◄─ 상 ── 중 ──────── 거침 ───────►													
연 삭	G			◄─ 정밀 ── 상 ── 중 ──────── 거침 ──────────►																
혼마무리	H				정밀 ◄────────►															
초마무리	SF	정밀 ◄──►																		
버프마무리	BF			정밀 ◄────────────►																
텀 블 링	TU			◄──────────►																
페이퍼마무리	SP				정밀 ◄────────►															
래프마무리	LP	정밀 ◄────►																		
분 사	SB								◄──────────►											
액체호닝	LH				정밀 ◄────────►															
버니시마무리	BN				◄────────►															
롤러마무리	RE				◄────────►															
전 조	RL				◄────────►															
화학연마	CD					정밀 ◄────►														
전해연마	EP	정밀 ◄──────────►																		

제2장 기계요소

§1. 나　사

　나사는 기계요소들 중에 가장 많이 사용되는 것으로 주로 부품과 부품을 결합시키는데 사용하고, 동력을 전달하기 위한 전동용으로 사용하며, 관과 관을 연결하기 위해 사용한다.

　나사를 내려는 원통의 원둘레와 같은 밑면을 가지는 직각 삼각형의 종이를 원통에 감을 때 직각 삼각형의 사변(斜邊)은 원통면 상에 하나의 곡선으로 감긴다. 이때의 곡선을 나선(helix)이라 하고, 나선의 경사각을 나선각이라 한다.

　나사는 이 나선을 따라 원통면에 골을 판 것을 말하며 원통 외면에 골을 판 것을 수나사, 원통 내면에 골을 판 것을 암나사라 하고, 나사에 골을 파는 방향에 따라 오른쪽으로 골을 판 오른 나사와 왼쪽으로 골을 판 왼 나사가 있다. 또 한줄로 골을 판 한 줄 나사와 여러 줄로 골을 판 여러 줄 나사가 있다.

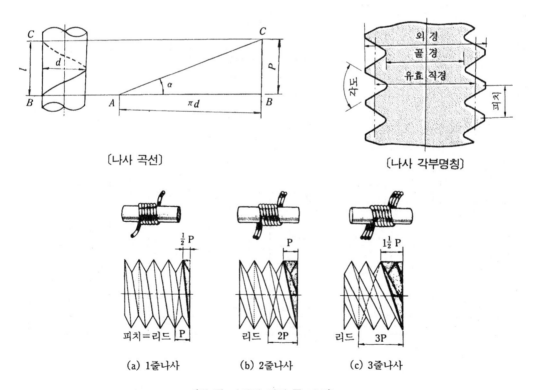

〔나사 곡선〕　　　　　　　　〔나사 각부명칭〕

(a) 1줄나사　　　　(b) 2줄나사　　　　(c) 3줄나사

〔한 줄 나사와 여러 줄 나사〕

　　나사를 오른쪽으로 돌릴 때 조여지는 나사가 오른 나사이며 왼쪽으로 돌릴 때 조여지는 나사가 왼 나사이다. 일반적으로 대부분이 오른 나사이며, 왼 나사는 특수한 경우에만 사용하고 "좌"라는 문자를 나사의 표시기호 앞에 붙인다.

1-1 나사 각부의 명칭

(1) 피치(pitch) : 나사산 끝에서 여기에 인접한 나사산 끝까지의 거리를 피치라고 한다.
(2) 유효직경(pitch diameter) : 나사산의 폭과 골의 폭이 같아지는 가상원의 직경을 유효직경이라 한다.
(3) 리드(lead) : 나사를 1회전시켰을 때 축방향으로 이동한 거리를 리드라 하며, 한 줄 나사에서는 리드와 피치는 같다. 즉, 나사를 1회전시키면 피치만큼 이동한다.
　　2줄 나사에서는 나사를 1회전시켰을 때 피치의 두배만큼 이동한다. 리드와 피치의 관계는 리드=줄수×피치이다.

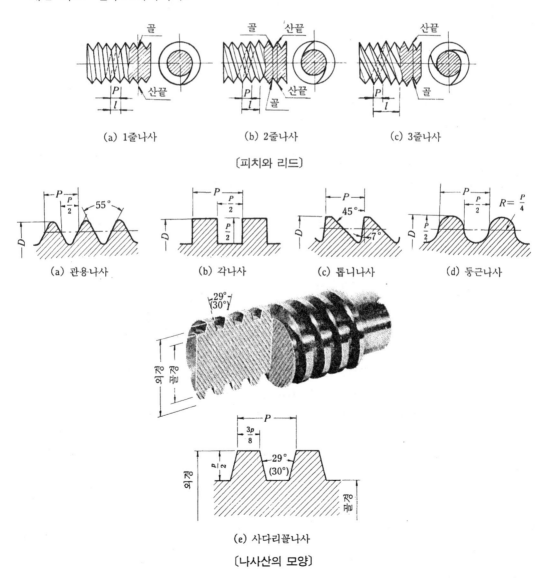

(a) 1줄나사　　　　　(b) 2줄나사　　　　　(c) 3줄나사

〔피치와 리드〕

(a) 관용나사　　　(b) 각나사　　　(c) 톱니나사　　　(d) 둥근나사

(e) 사다리꼴나사

〔나사산의 모양〕

1-2 나사의 종류

(1) 미터나사(metric thread) : 직경과 피치를 mm로 표시하고 나사의 크기를 피치로 나타 낸다. 나사산의 각도는 60°이며, 나사의 생긴 형상은 산끝이 평편하게 깎여 있으며 골밑 은 둥글게 되어 있다.

(2) 유니파이 나사(unified thread) : 인치계 나사로 직경을 in로 표시하며 나사의 크기는 1 인치 사이 들어있는 나사산의 수로 표시한다. 나사산의 각도는 60°이며 미터 나사와 생긴 형상이 비슷하다.

(3) 미니어처 나사(miniature screw thread) : 이 규격의 나사는 기계, 광학기기, 전기기기, 계측기 등에 사용되는 호칭지름 0.3~1.4mm의 직경이 작은 나사로 시계공업 등에서 특히 필요한 경우에 한하여 사용하는 것으로 그밖의 일반적인 경우는 미터 보통나사에 따른다.

(4) 사다리꼴 나사(trapezoidal thread) : 나사산이 사다리꼴 형상으로 되어 있으며 마찰이 작고 정확하게 물리므로 선반의 리드 스크루(Lead screw) 등 동력 전달용으로 사용되며, 다음 2가지 종류가 있다.

　① 30° 사다리꼴 나사 : 나사산의 각도가 30°이며 mm나사이다. 나사의 크기는 피치로 표 시한다.

　② 29° 사다리꼴 나사 : 나사산의 각도가 29°이며 직경은 in로 표시하고 피치는 1인치 사 이에 들어 있는 나사산의 수로 표시하며 점차 30° 사다리꼴 나사를 많이 사용해가고 있다.

(5) 관용 나사(pipe thread) : 배관용 강관을 이을 때 사용하는 나사로 테이퍼 나사와 평행 나사의 2종류가 있고, 테이퍼 나사는 보통 1/16의 테이퍼로 되어 있다. 나사산의 각도는 55°이며, 호칭법은 가스관의 호칭법(근사내경)에 따른다.

(6) 규격외 나사

　① 둥근나사(round thread) : 사다리꼴 나사의 산끝과 골밑을 큰 라운드로 만든 나사이며 규격으로 되어 있지 않다.

　② 각나사(square thread) : 단면형의 정방형에 가까운 나사산을 가지고 있는 나사로 프레 스 및 큰 힘을 전달하는데 적당하다.

　③ 톱니나사(buttress thread) : 바이스와 같이 축방향으로 힘을 받는 경우에 사용되며 나 사산의 단면은 대칭이 아니다. 기타 전선관나사, 자전거나사, 미싱용나사 등이 있다.

(7) 보통나사와 가는나사 : 3각나사는 나사의 용도에 따라 보통나사와 가는나사로 나누고 보 통나사는 지름과 피치가 일반적으로 정해져 있어서 볼트나 작은 나사에 널리 사용되고 가는나사는 보통나사보다 지름에 비해 피치의 비율이 작은 나사이다.

(8) 인치계 나사와 미터계 나사 : 나사는 치수의 단위에 따라 인치계와 미터계로 나눈다. 　인치계는 나사의 지름을 인치(inch)로 표시한 나사로 유니파이 나사가 여기에 속하고, 미터계 나사는 나사의 지름 및 피치를 밀리미터(mm)로 나타낸 것으로 미터나사가 여기 에 속한다.

1-3 나사의 호칭법

　나사는 생긴 형상을 그대로 그림으로 그리고 여기에 각부의 치수를 기입하지 않고 나사의 간략도로 그리고 나사의 호칭법에 의해 간략하게 나타낸다.

　나사의 호칭법은 나사를 나타내는 기호, 나사의 직경, 피치 또는 1인치 안에 들어 있는 나사산의 수, 나사의 길이로 나타낸다.

(1) 미터나사의 호칭법

　　　[나사를 나타내는 기호] − [나사의 직경] × [피치] − [나사의 길이] − [나사의 등급]

(2) 인치나사의 호칭법(유니파이 나사 제외)

　　　[나사를 나타내는 기호] − [나사의 직경][1인치 안에 들어있는 나사산의 수] − [나사의 길이]

⑶ 유니파이 나사의 호칭법

　　　[나사의 직경 또는 직경을 나타내는번호] − [1인치 안에 들어 있는 나사산의 수] − [나사를 나타내는 기호]

　나사를 호칭법에 의해 표시할 때 일반적으로 나사의 종류, 직경, 크기(피치 또는 1인치 안에 들어 있는 나사산수, 길이 등으로 표시하나 필요에 따라 나사의 감긴 방향, 감긴줄 수, 나사머리부의 생긴 형상(6각, 4각, 홈(6각, 4각, +, −)), 나사의 길이, 재질 등을 나타낼 수 있다.

　① 나사산의 감긴 방향은 왼 나사일 경우에만 "좌"로 표시하여 나타내고 오른 나사일 경우에는 "오른"자를 생략한다.

　② 나사산의 줄 수는 여러 줄 나사일 경우에만 "2줄" "3줄" 등으로 표시하고 1줄 나사일 경우에는 이를 생략한다.

　③ 나사를 나타내는 길이는 일반적으로 머리 부분을 제외한 나머지 몸통부분의 길이를 호칭 길이로 하나 접시머리일 경우에는 머리부까지 전체의 길이로 나타내고 둥근 접시머리일 경우에는 둥근 부분을 제외한 접시머리 부분까지만을 길이로 표시한다.

〔나사의 표시 예〕

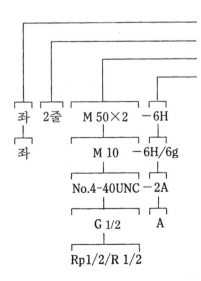

　　나사산의 감는 방향
　　나사산의 줄의 수
　　나사의 호칭
　　나사의 등급

좌	2줄	M 50×2	−6H	: 좌 2줄 미터 가는 나사 (M50×2) 암나사 등급 6, 공차위치 H
	좌	M 10	−6H/6g	: 좌 1줄 미터 보통 나사 (M10) 암나사 6H와 수나사 6g의 조합
		No.4-40UNC	−2A	: 우 1줄 유나파이 보통 나사 (No.4-40 UNC) 2A급
		G 1/2	A	: 관용 평행 수나사 (G1/2) A급
		Rp1/2/R 1/2		: 관용 평행 암나사 (Rp 1/2)와 관용 테이퍼 수나사 (R 1/2)의 조합

〔나사의 종류를 표시하는 기호 및 나사의 호칭에 대한 표시 방법〕

구 분	나 사 의 종 류		나사의 종류를 표시 하는 기호	나사의 호칭에 대한 표시 방법의 보기
일반용	ISO 규격에 있는 것	미터 보통 나사[1]	M	M 8
		미터 가는 나사[2]		M 8×1
		미니어처 나사	S	S 0.5
		유니파이 보통 나사	UNC	3/8−16UNC
		유니파이 가는 나사	UNF	No.8−36UNF
		미터 사다리꼴 나사	Tr	Tr 10×2
		관용 테이퍼 나사 — 테이퍼 수나사	R	R 3/4
		관용 테이퍼 나사 — 테이퍼 암나사	Rc	Rc 3/4
		관용 테이퍼 나사 — 평행 암나사[3]	Rp	Rp 3/4
	ISO 규격에 없는 것	관용 평행나사	G	G 1/2
		30도 사다리꼴 나사	TM	TM18
		29도 사다리꼴 나사	TW	TW20
		관용 테이퍼 나사 — 테이퍼 나사	PT	PT7
		관용 테이퍼 나사 — 평행 암나사[4]	PS	PS7
		관용 평행 나사	PF	PF7
특 수 용		후강 전선관 나사	CTG	CTG16
		박강 전선관 나사	CTC	CTC19
		자전거 나사 — 일 반 용	BC	BC3/4
		자전거 나사 — 스포크용		BC2.6
		미싱 나사	SM	SM 1/4 산40
		전구 나사	E	E10
		자동차용 타이어 밸브 나사	TV	TV 8
		자전거용 타이어 밸브 나사	CTV	CTV8 산30

주 (1) 미터 보통 나사 중 M1.7, M 2.3 및 M 2.6은 ISO 규격에 규정되어 있지 않다.

(2) 가는 나사임을 특별히 명확하게 나타낼 필요가 있을 때에는 피치 다음에 "가는 눈"의 글자를 ( ) 안에 넣어서 기입할 수 있다. **보기** M8×1 (가는 눈)

(3) 이 평행 암나사 Rp는 테이퍼 수나사 R에 대해서만 사용한다.

(4) 이 평행 암나사 PS는 데이퍼 수나사 PT에 대해서만 사용한다.

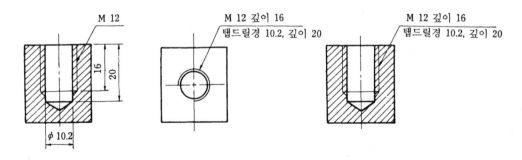

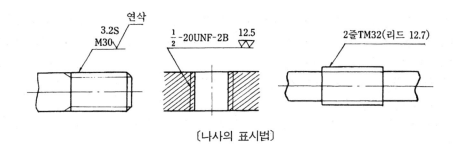

〔나사의 표시법〕

1-4 나사의 등급

나사는 정밀도에 따라 다음 표와 같이 등급이 정해져 있다. 필요에 따라 나사의 등급을 나타내는 숫자 또는 숫자와 암나사와 수나사를 나타내는 기호(수나사 : A, 암나사 : B)의 조합으로 나타낼 수 있다.

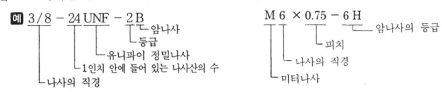

미터나사는 수치가 적을수록 정밀급이고 유니파이 나사는 수치가 클수록 정밀급에 속한다.

〔나사의 등급〕

나사의 종류	미 터 나 사			유니파이 나사		
등 급	정밀급	보통급	거친급	3급이 정밀급		
암나사	4 H, 5 H	6 H	7 H	3 B	2 B	1 B
수나사	4 h	6 h, 6 g	8 g	3 A	2 A	1 A

1-5 나사의 제도

나사는 생긴 형상 그대로를 그림으로 그리지 않고 다음과 같이 간략도로 나타내고 호칭법에 의해 나사 표시를 한다.

(1) 나사의 산 끝(수나사의 외경, 암나사의 내경)을 나타내는 선은 굵은 실선으로 나타낸다〔그림〔나사의 제도법 (a)(b)(e)(f)〕〕.

(2) 나사의 골 밑(수나사 골경, 암나사 골경)을 나타내는 선은 가는 실선으로 나타낸다〔그림 (a)(b)(e)(f)〕.

(3) 완전나사 부분과 불완전 나사부분의 경계와 모떼기 부분은 굵은 실선으로 나타낸다〔그림 (a)(g)〕.

(4) 불완전 나사부의 골을 나타내는 선은 30° 경사로 가는 실선으로 나타낸다〔그림 (a)〕.

(5) 보이지 않는 부분의 나사를 표시할 때는 선의 굵기를 구분하여 숨은선으로 나타낸다〔그림 (c)〕.

(6) 암나사와 수나사가 결합된 부분을 나타낼 때는 수나사를 기준으로 그린다〔그림 (i)〕.

(7) 나사를 단면으로 나타낼 경우에는 수나사는 나사산 끝까지 암나사는 나사의 내경까지 해칭하여 나타낸다〔그림 (d)(e)(f)〕.

(8) 수나사의 외경과 암나사의 내경에서 골경까지의 폭(나사산 높이)은 나사직경은 1/8~ 1/10로 그린다〔그림 (j)〕.

(9) 암나사와 수나사의 골경은 가는 실선으로 원을 3/4만 그린다〔그림 (g)(h)〕.

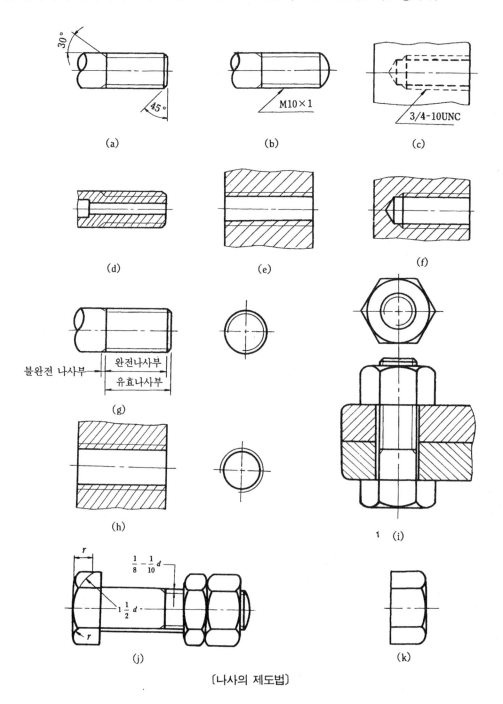

〔나사의 제도법〕

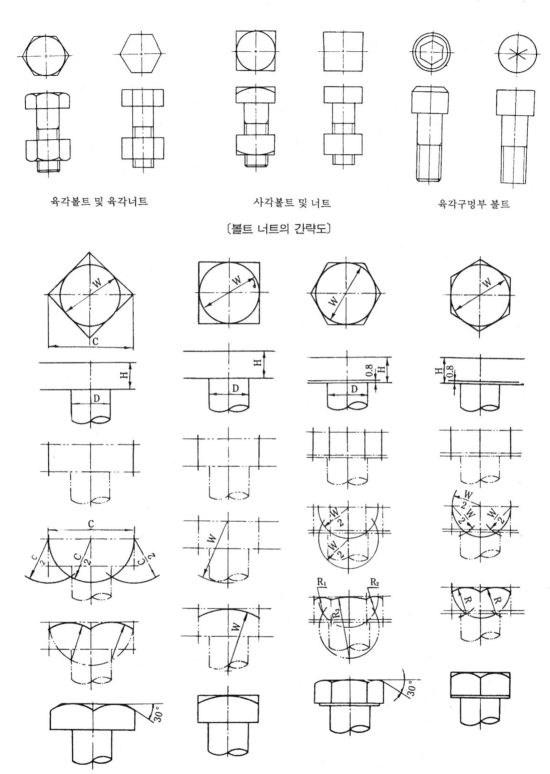

육각볼트 및 육각너트   사각볼트 및 너트   육각구멍부 볼트

〔볼트 너트의 간략도〕

〔볼트의 상세도법〕

1-6 작은 나사(machine screw)

작은 나사는 비교적 축 직경이 작은(8mm 이하) 나사로 머리모양에 따라 둥근머리, 납짝머리, 둥근 납짝머리, 접시머리, 둥근 접시머리, 냄비머리, 작은 나사가 있고 머리홈에 따라 −홈붙이 작은 나사(−홈), 십자머리 작은 나사(+홈)의 2종류가 있다.

작은 나사의 제도법은 −홈붙이(−홈)작은 나사는 머리의 홈을 평면도에서 45° 방향으로 하나의 굵은 실선으로 그리고, 정면도에서는 중심에 일치하게 굵은 실선을 그리어 나타낸다. 십자홈(+홈)의 경우에는 평면도에서 그림과 같이 ×를 그리고 정면도에서는 나타내지 않는다. 또 불완전 나사부와 모떼기는 생략한다.

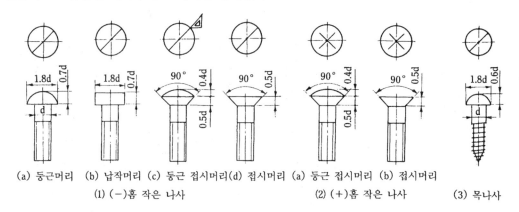

(a) 둥근머리 (b) 납작머리 (c) 둥근 접시머리(d) 접시머리 (a) 둥근 접시머리 (b) 접시머리

(1) (−)홈 작은 나사   (2) (+)홈 작은 나사   (3) 목나사

〔작은 나사와 나사못〕

1-7 세트 스크루(set screw)

나사의 끝을 이용하여 기계부품을 고정하거나 회전을 막기 위해 사용하는 것으로 홈의 형상에 따라 −홈과 6각, 4각이 있고 끝의 생긴 형상에 따라 납짝끝, 둥근끝, 줄임끝, 볼록끝, 오목끝으로 나눈다.

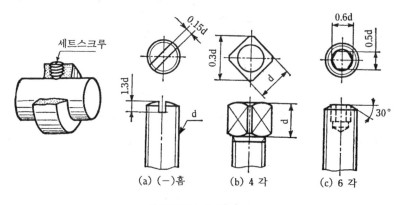

(a) (−)홈   (b) 4 각   (c) 6 각

〔머리부의 형상〕

다음 그림에서 나사를 올바르게 나타낸 것은?

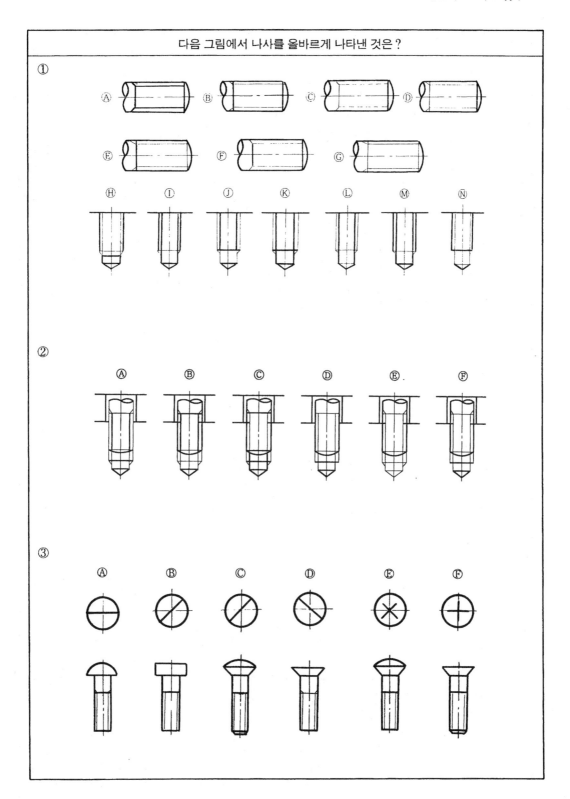

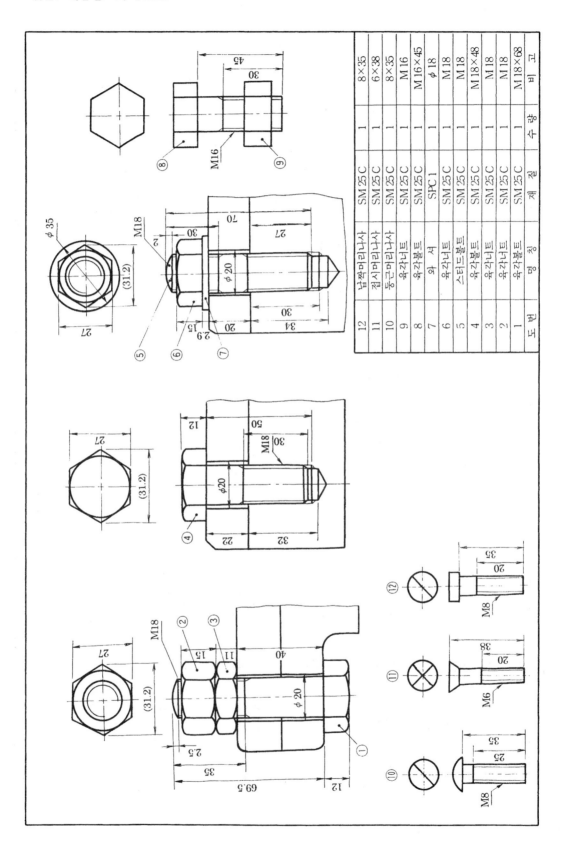

도 번	명 칭	재 질	수 량	비 고
12	납작머리나사	SM 25 C	1	8×35
11	접시머리나사	SM 25 C	1	6×38
10	둥근머리나사	SM 25 C	1	8×35
9	육각너트	SM 25 C	1	M 16
8	육각볼트	SM 25 C	1	M 16×45
7	와 셔	SPC 1	1	φ 18
6	육각너트	SM 25 C	1	M 18
5	스터드볼트	SM 25 C	1	M 18
4	육각볼트	SM 25 C	1	M 18×48
3	육각너트	SM 25 C	1	M 18
2	육각너트	SM 25 C	1	M 18
1	육각볼트	SM 25 C	1	M 18×68

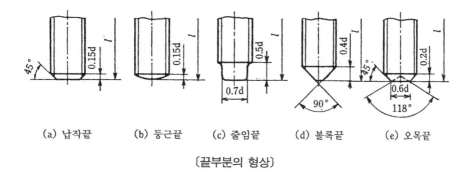

(a) 납작끝　　(b) 둥근끝　　(c) 줄임끝　　(d) 볼록끝　　(e) 오목끝

〔끝부분의 형상〕

§ 2. 키, 핀, 리벳

2-1 키 (key)

키는 회전축에 벨트풀리, 기어 등을 고정시키는 축에 키 홈을 파서 키를 박아 고정시키는
것으로 키의 재료는 축 재료보다 약간 단단한 강으로 만든다.

(1) 키의 종류

　① 묻힘 키(sunk key) : 축과 보스(boss) 양쪽에 키 홈을 파고 키를 고정하는 것으로 평행
　　키, 경사키, 머리붙이 경사키 3가지 종류가 있다.

　② 페더 키(feather key) : 기어 벨트차의 보스가 축방향으로 이동 가능할 때 사용하는 키
　　로 키에는 구배를 주지 않고 작은 나사 등으로 축에 키를 고정한다.

　③ 반달 키(woodruff key) : 반달 모양으로 된 키이며 축과 보스를 끼워 맞출 때 자동적
　　으로 위치를 조정하며 키 홈 가공이 용이하며 비교적 작은 직경의 축과 경하중 축에
　　사용된다.

　④ 플랫 키(flat key) : 보스에 키 홈을 파고 축에는 키의 폭만큼 평편하게 깎아내고 키를
　　고정하는 것으로 비교적 경하중용 축에 사용되며 축 직경이 작을 때 사용된다.

　⑤ 새들 키(saddle key) : 보스쪽에만 키 홈을 파고 축에는 파지 않고 마음대로의 장소에
　　때려 박아 마찰력으로 고정하는 키이다.

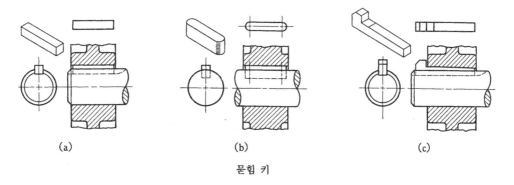

(a)　　　　　　　　(b)　　　　　　　　(c)

묻힘 키

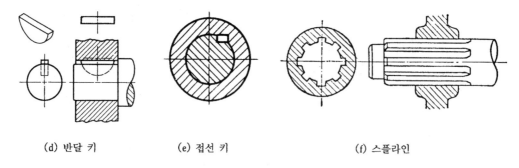

(d) 반달 키   (e) 접선 키   (f) 스플라인

〔키의 종류〕

⑥ 접선 키(tangential key) : 가장 고정력이 큰 키로 구배가 진 2개의 키를 양쪽에서 때려 박아 고정하는 키로 비교적 큰 동력을 전달하는데 사용된다.

⑦ 스플라인 축(spline shaft) : 축에 여러 개의 키를 만들어 붙인 형상의 축으로 보스에는 축과 같은 홈을 만든 것으로 큰 하중이 작용하는 곳에 사용된다.

(2) 키 홈의 치수 기입법

키 홈의 치수는 축에는 키 홈의 아래쪽에서 축 직경까지의 치수를 기입하고 보스에 있어서는 키 홈의 위쪽에서 보스 직경 위의 다른 끝까지의 치수를 기입한다.

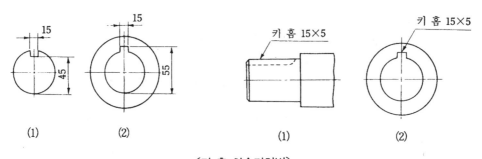

(1)   (2)   (1)   (2)

〔키 홈 치수기입법〕

(3) 키의 호칭법

| 규격번호 | 종류 | 폭×높이×길이 | 재질 |

예 평행 키 25×14×80 SM20C

〔묻힘 키의 치수(KS B 1311)〕

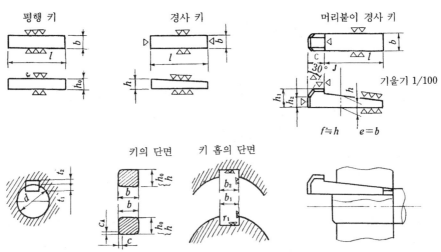

| 평행 키 | 경사 키 | 머리붙이 경사 키 |

키의 단면   키 홈의 단면

키 의 호칭치수 $b \times h_0$	해당축 지름 d		키 의 치 수							키 홈 의 치 수			
		b	h_0	h	h_1	h_2	r, c	c	b_1, b_2	r_1, r_2	t_1	t_1
4×4	10이상 13이하	4	4	4.2	7	4	0.5	10~45	4	0.4	2.5	1.5
5×5	13초과 20이하	5	5	5.2	8	5	0.5	10~56	5	0.4	3	2
7×7	20 30	7	7	7.2	10	7	0.5	14~90	7	0.4	4	3
10×8	30 40	10	8	8.2	12	8	0.8	18~112	10	0.6	4.5	3.5
12×8	40 50	12	8	8.2	12	8	0.8	22.4~140	12	0.6	4.5	3.5
15×10	50초과 60이하	15	10	10.2	15	10	0.8	28~160	15	0.6	5	5
18×12	60 70	18	12	12.2	18	12	1.2	35.5~200	18	1.0	6	6
20×13	70 80	20	13	13.2	20	13	1.2	45~224	20	1.0	7	6
24×16	80 95	24	16	16.2	24	16	1.2	56~250	24	1.0	8	8
28×18	95 110	28	18	18.2	28	18	1.2	63~315	28	1.0	9	9
32×20	110초과 125이하	32	20	20.2	30	20	2	80~355	32	1.6	10	10
35×22	125 140	35	22	22.2	32	22	2	100~400	35	1.6	11	11
38×24	140 160	38	24	24.3	36	24	2	112~400	38	1.6	12	12
42×26	160 180	42	26	26.3	40	26	2	140~450	41	1.6	13	13
45×28	180 200	45	28	28.3	42	28	2	160~450	45	1.6	14	14
50×31.5	200초과 224이하	50	31.5	31.8	47	32	2	180~450	50	1.6	16	15.5
56×35.5	224 250	56	35.5	35.8	51	36	2	200~450	1.6	18	17.5	
63×40	250 280	63	40	40.3	56	38	3	224~450	63	2.5	20	20
71×45	280 315	71	45	45.4	63	42	3	250~450	2.5	22.5	22.5	22.5
80×50	315 355	80	50	50.4	70	45	3	280~450	80	2.5	25	25
90×56	355초과 400이하	90	56	56.4	76	48	3	315~450	90	2.5	28	28
100×63	400 450	100	63	63.4	83	50	3	355~450	100	2.5	31.5	31.5
112×71	450 500	112	71	71.4	91	53	3	400~450	2.5	35.5	35.5	

〔비고〕 1. l : 10, 11.2, 12.5, 14, 16, 18, 20, 22.4, 25, 28, 31.5, 35.5, 40, 45, 50, 56, 63, 71, 80, 90, 100, 112, 125, 140, 160, 180, 200, 224, 250, 280, 315, 355, 400, 450.

2. 보스의 홈에는 1/100의 기울기를 두는 것으로 한다.

2-2 핀(pin)

핸들을 축에 고정하거나 너트의 풀어짐을 방지하기 위해서 핀을 사용하며 다음과 같은 종류가 있다.

(1) 평행 핀

직경이 같은 둥근 막대이며 핀의 외경에 같은 간격으로 3개의 자국을 내서 구멍내면에 견고하게 고정시켜 충격이나 진동이 생기는 곳에 사용되는 핀도 있다. 재료는 탄소강을 쓰고 직경에 의해 m 6과 h 7의 축기준 공차에 따른다.

(2) 테이퍼 핀(taper pin)

주로 경강으로 만들고 1/50의 테이퍼를 가지고 있으며 간단한 부품을 고정하는데 사용한다.

핀의 가는 쪽을 쪼개놓은 것과 쪼개지 않은 것의 2가지가 있으며 호칭경은 작은 쪽의 직경으로 표시한다.

(3) 분할 핀(split pin)

홈이 파져 있는 너트나 축에 끼워 끝을 벌려 빠져나오는 것을 방지하기 위하여 사용되며, 끝부분은 구부리기 쉽게 길이가 다르게 만들어져 있으며 호칭경은 핀구멍의 직경으로 표시한다.

호칭길이는 짧은 쪽에서 둥근부분의 교점까지의 길이로 표시한다.

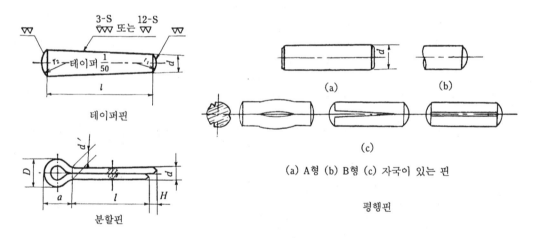

테이퍼핀

분할핀

(a) A형 (b) B형 (c) 자국이 있는 핀

평행핀

〔핀의 종류〕

(4) 핀의 호칭법(呼稱法)

① 평행 핀

| 규격번호 또는 명칭 | 종류 | 형식 | 호칭직경×길이 | 재질 |

例 KS B 1320 m 6 A 6×40 SM 45C

평행 핀 h 7 B 8×60 SB 41

② 테이퍼 핀

| 규격번호 또는 명칭 | 등급 | 호칭직경×길이 | 재질 |

例 KS B 1322   1급 6 ×50 SM 45C

테이퍼 핀 2급 6 ×50 SM 20C

③ 분할 핀

| 규격번호 또는 명칭 | 호칭직경×길이 | 재질 |

例 KS B 1321   2 × 20 RBsW 10

분할 핀   2 × 20 황동

〔분할 핀의 치수〕

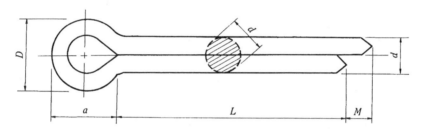

호칭지름		0.6	0.8	1	1.2	1.6	2	2.5	3	4	5	6	7	8	10	13	16
d	기본치수	0.5	0.7	0.9	1.0	1.4	1.8	2.3	2.7	3.6	4.6	5.6	6.5	7.6	9.5	12.6	15.5
	치 수 차	±0.05							±0.1								
D	기본치수	1	1.4	1.8	2	2.7	3.5	4.5	5.5	7	9	11	13	14.5	18.5	24	29.5
	치 수 차	±0.3				±0.5				±1							
a	약	1.5	2	2.3	2.5	3.3	4	5	6	8	10	12	14	16	20	25	30
H	약	1.6	1.6	1.6	2.5	2.5	2.5	2.5	3.2	3.2	3.2	3.2	3.2	3.2	3.2	5	5
핀구멍지름	참 고	0.6	0.8	1	1.2	1.6	2	2.5	3	4	5	6	7	8	8	13	16
L		4															
		5	5														
		6	6	6													
		8	8	8	8	8											
			10	10	10	10	10										
			12	12	12	12	12	12									
				15	15	15	15	15	15								
					18	18	18	18	18								
						20	20	20	20	20							
						22	22	22	22	22	22						
						25	25	25	25	25	25	25					
						28	28	28	28	28	28	8					

〔평행핀의 치수〕

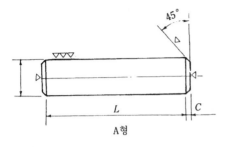

A형

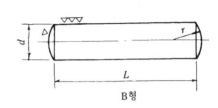

B형

호칭지름	1	1.2	1.6	2	2.5	3	4	5	6	8	10	13	16	20	25	30	40	50
기본치수	1	1.2	1.6	2	2.5	3	4	5	6	8	10	13	16	20	25	30	40	50
d 치수차 m6	+0.009						+0.012			+0.015		+0.018		+0.021			+0.025	
	+0.002						+0.004			+0.005		+0.007		+0.008			+0.009	
h7	+0						−0.012			0		0		0			+0	
	−0.009						0			−0.015		−0.018		−0.021			−0.025	
표면거칠기	3 - s											6 - s						
C 약	0.2				0.4		1					1.5		3				
L	3	3																
	4	4	4															
	5	5	5	5	5													
	6	6	6	6	6	6												
	8	8	8	8	8	8	8											
	10	10	10	10	10	10	10	10										
	12	12	12	12	12	12	12	12	12									
		14	14	14	14	14	14	14	14	14								
		16	16	16	16	16	16	16	16	16								
			18	18	18	18	18	18	18	18	18							
			20	20	20	20	20	20	20	20	20							
			22	22	22	22	22	22	22	22	22	22						
				25	25	25	25	25	25	25	25	25	25					
					28	28	28	28	28	28	28	28	28					
					32	32	32	32	32	32	32	32	32	32				
						36	36	36	36	36	36	36	36	36				
						40	40	40	40	40	40	40	40	40	40			
							45	45	45	45	45	45	45	45	45			
								50	50	50	50	50	50	50	50	50		
									56	56	56	56	56	56	56	56		
									63	63	63	63	63	63	63	63	63	
										70	70	70	70	70	70	70	70	
										80	80	80	80	80	80	80	80	80
										90	90	90	90	90	90	90	90	90
											100	100	100	100	100	100	100	100
												110	110	110	110	110	110	110
												125	125	125	125	125	125	125
														140	140	140	140	140
														160	160	160	160	160
															180	180	180	180
															200	200	200	200
																225	225	225
																250	250	250

〔테이퍼 핀의 치수〕

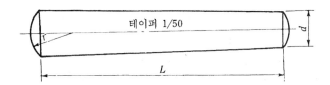

테이퍼 1/50

호칭지름	0.6	0.8	1	1.2	1.5	2	2.5	3	4	5	6	7	8	10	13	16	20	25	30	45	50
기본치수	0.6	0.8	1	1.2	1.6	2	2.5	3	4	5	6	7	8	10	13	16	20	25	30	45	50
d 치수차	+0.018 −0		+0.025 −0						+0.03 0			+0.035 0			+0.043 0		+0.052 0		+0.062 0		
L 기본치수	4																				
	5	5																			
	6	6	6																		
	8	8	8	8																	
	10	10	10	10	10																
		12	12	12	12	12															
		14	14	14	14	14	14														
			16	16	16	16	16	16													
				18	18	18	18	18	18												
					20	20	20	20	20												
					22	22	22	22	22												
					25	25	25	25	25	25											
						28	28	28	28	28	28										
						32	32	32	32	32	32	32									
						36	36	36	36	36	36	36									
							40	40	40	40	40	40									
							45	45	45	45	45	45	45								
							50	50	50	50	50	50	50								
								56	56	56	56	56	56	56							
								63	63	63	63	63	63	63							
									70	70	70	70	70	70	70						
										80	80	80	80	80	80	80					
											90	90	90	90	90	90					
												100	100	100	100	100	100	100	100	100	100
													110	110	110	110	110	110	110	110	110
													125	125	125	125	125	125	125	125	125
														140	140	140	140	140	140	140	140
															160	160	160	160	160	160	160
															180	180	180	180	180	180	180
																200	200	200	200	200	200
																	225	225	225	225	225
																		250	250	250	250
																			280	280	280

치수차
25 이하 …… ±0.25
25 초과 50 이하 …… ±0.5
50 초과 …… ±1.0

2-3　리벳(rivet)

　보일러나 건축물, 탱크, 교량 등을 영구적으로 결합하는데 사용되며 리벳에 의한 결합부를 리벳이음(riveted joint)이라 한다.
　리베팅을 하기 위해서는 구멍을 뚫고 스냅(snap)을 대고 리벳을 박는다.
　리벳의 호칭경은 리벳 몸통의 직경으로 표시하며 호칭 길이는 리벳 머리부를 제외한 몸통의 길이를 호칭 길이로 한다.
　단, 접시머리 리벳의 경우는 작은 나사의 접시머리와 같이 머리부를 포함한 길이를 호칭 길이로 표시한다.

〔리벳의 치수표〕

(단위 mm)

리 벳 지 름 d		10	13	16	19	22	25	28	32	36	40	44
리벳구멍의 지 름 d_1	구 조 용	11	14	17	20.5	23.5	26.5	29.5	34	38	42	-
	보일러용	10.8	13.8	16.8	20.2	23.2	26.2	29.2	33.6	37.6	41.6	45.6
접 시 꼴 각 도		75°	75°	60°	60°	60°	60°	45°	45°	45°	45°	45°
리벳의 길이		10~ 50	14~ 65	18~ 80	22~ 100	28~ 120	36~ 130	38~ 140	45~ 160	50~ 180	60~ 190	70~ 200

〔비고〕리벳의 호칭은 리벳의 종류, 호칭직경×길이로 표시한다.

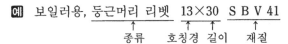

예　보일러용, 둥근머리 리벳 13×30 S B V 41
　　　　　　↑　　　↑　↑　　↑
　　　종류　호칭경 길이 재질

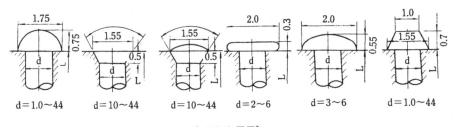

d=1.0~44　　d=10~44　　d=10~44　　d=2~6　　d=3~6　　d=1.0~44

〔리벳의 종류〕

(1) 리벳 조임(riveting)

　강판을 겹쳐서 펀치로 찍어 뚫거나 드릴로 구멍을 뚫어 리벳을 고온으로 가열하여 끼우고 리벳 머리를 스냅(snap)으로 받쳐 하단을 때려 눌러서 머리 모양으로 만든다.
　리벳의 구멍을 보통 리벳의 직경보다 1~1.5mm 크게 뚫는다.
　기밀을 요할 경우에는 강판의 가장자리를 때려 기밀을 유지하게 만든다. 이 작업을 코킹(caulking)이라 한다.

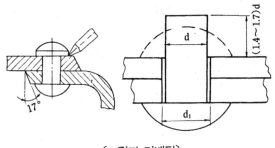

〔코킹과 리베팅〕

(2) 리벳 이음(rivet joint)

리벳의 길이는 판재의 두께를 제외한 판재에서부터 나온 길이가 $(1.4\sim1.7)d$ 정도 나오게 하여야 스냅을 대고 성형시켰을 때 정확하게 리베팅이 된다.

① 겹치기 이음(lap joint) : 판을 겹쳐 이은 것으로 보일러 등의 원주 접합에 사용된다.

② 맞대기 이음(butt joint) : 판의 끝부분을 서로 맞대어 이은 것으로 주로 구조물과 보일러의 세로 방향의 접합에 사용된다.

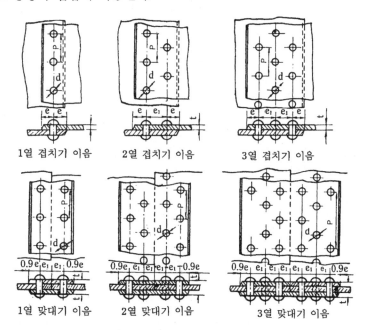

| 1열 겹치기 이음 | 2열 겹치기 이음 | 3열 겹치기 이음 |

| 1열 맞대기 이음 | 2열 맞대기 이음 | 3열 맞대기 이음 |

〔각종 리벳 이음의 종류〕

(3) 리벳의 검사

① 리벳 머리에 타격을 가해서 호칭 직경의 2.5배가 되도록 때려서 가장자리가 터지면 안된다.

② 몸통을 상온에서 180° 구부려 붙여도 터지거나 부러지지 않을 것.

③ 30° 경사진 면에 리벳을 끼워 타격을 가해 경사면에 밀착될 때 머리 밑 부분이 터지거나 떨어져 나가면 안된다.

(4) 리벳 이음의 용어

① 피치(pitch) : 같은 중심선 상에 위치하고 있는 리벳구멍과 여기에 인접하고 있는 리벳 구멍간의 중심 거리
② 뒤피치(back pitch) : 인접하고 있는 리벳 열의 중심선간의 거리
③ 마진(margin) : 외측의 리벳 열의 중심선에서 판 끝과의 거리
④ 코킹(caulking) : 판 끝 부분과 리벳 머리 부분으로부터 가스나 물이 새어 나오지 않도록 하는 작업
⑤ 풀러링 (fullering) : 판 끝의 경사와 같은 나비의 공구로 때려 붙이는 작업

(5) 리벳 이음에 대한 치수기입은 다음 같이 나타내는 것을 원칙으로 한다.

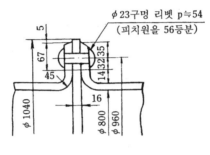

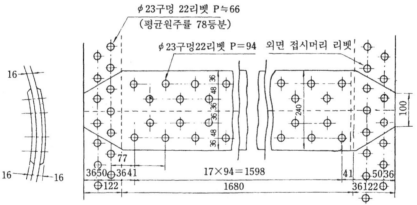

〔리벳의 치수기입법〕

(6) 철골 구조물에 사용되는 리벳의 기호는 다음과 같이 나타낸다.

종별	둥근머리	접 시 머 리					납작머리			둥근접시머리		
약도 공장리벳	○	◎	◌	⊘	◎	◌	⊘	○	⊘	⊘	⊗	⊗
도 현장리벳	●	◉	◉	◉	◉	◉	◉	◉	◉	◉	◉	◉

〔리벳의 기호〕

〔열간 성형 리벳 (KS B 1102)〕

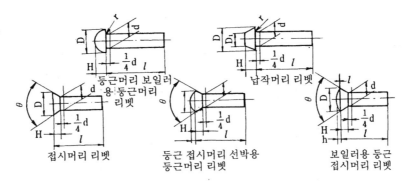

접시머리 리벳 둥근 접시머리 선박용 둥근머리 리벳 보일러용 둥근 접시머리 리벳

단위 (mm)

호칭지름 (축지름 d)	1 란	10	12		16		20		24			30		36			
	2 란			14		18		22			27			33		40	44
	3 란		13			19			25	28		32					
일반용	둥근 납작	D	16	19	21	22	26	29	30	32	35	38	40	43	45	48	51	54	58	64	
		D_1	10	12	13	14	16	18	19	20	22	24	25	27	28	30	32	33	36	40	
		H	7	8	9	10	11	12.5	13.5	14	15.5	17	17.5	19	19.5	21	22.5	23	25	28	
		r(최대)	0.5	0.6	0.65	0.7	0.8	0.9	0.95	1.0	1.1	1.2	1.25	1.35	1.4	1.5	1.6	1.65	1.8	2.0	
	접시·둥근접시	D	16	19	21	22	25	29	30	32	35	38	39.5	39.5	42.5	45	47	51	51	57	
		H	4	5	5	6	8	9	9.5	10	11	12	12.5	13.5	14	15	16	16.5	18	20	
		h	1.5	2	2	2	2.5	2.5	3	3	3.5	3.5	4	4	4	4.5	5	5	5.5	6	
		θ (약)	75°				60°						45°								
		구멍지름(d_1)	11	13	14	15	17	19.5	20.5	21.5	23.5	25.5	26.5	28.5	29.5	32	34	35	38	42	
보일러용	둥근	D	17	20	22	24	27	30	32	34	37	41	42	46	48	51	54	56	61	68	75
		H	7	8	9	10	11	12.5	13.5	14	15.5	17	17.5	19	19.5	21	22.5	23	25	28	31
		r(최대)	0.5	0.6	0.7	0.7	0.8	0.9	0.9	1.0	1.1	1.2	1.3	1.4	1.5	1.5	1.6	1.7	1.8	2.0	2.2
	둥근접시	D	15.5	18	21	22	25	29	30	32	35	38	39.5	39.5	39.5	42.5	45	47	51	57	62
		H	3.5	5	5	6	8	9	9.5	10	11	12	12.5	13.5	14	15	16	16.5	18	20	22
		h	1.5	2	2	2	2.5	2.5	3	3	3.5	3.5	4	4	4	4.5	5	5	5.5	6	7
		t(약)	0				1.5						2								
		θ (약)	75°				60°						45°								
		구멍지름(d_1)	10.8	12.8	13.8	14.8	16.8	19.2	20.2	21.2	23.2	25.2	26.2	28.2	29.2	31.6	33.6	34.6	37.6	41.6	45.6
선박용	둥근접시	D	16	19	21	22	22.5	29	29.5	32	35	38	38	43	43	45	47.5	50	54	61	
		H	5.5	6.5	7.5	8	9	10.5	12	13	15	17	18	20	21	22.5	24	26	28	32	
		h	1.5	2							3										
		θ (약)	56°				48°				40°				36°						

길이	일반용 둥근 납작 둥근접시 보일러 용 둥근 둥근접시	10 ∫ 50	12 ∫ 60	14 ∫ 65	16 ∫ 70	18 ∫ 80	20 ∫ 90	22 ∫ 100	24 ∫ 110	28 ∫ 120	32 ∫ 130	36 ∫ 130	38 ∫ 140	38 ∫ 140	40 ∫ 150	45 ∫ 160	45 ∫ 160	50 ∫ 180	60 ∫ 190	70 ∫ 200
	일반용 접시 (박용 둥근 접시)	14 (12) ∫ 50	16 (14) ∫ 60 (58)	18 (16) ∫ 65	20 (18) ∫ 70 (72)	22 (20) ∫ 80	24 (22) ∫ 90	26 (24) ∫ 100	28 (26) ∫ 110	30 ∫ 120	32 (34) ∫ 125	34 (36) ∫ 130	36 (38) ∫ 135 (140)	38 ∫ 140	40 ∫ 150	42 (45) ∫ 160	45 (48) ∫ 170	48 (50) ∫ 180	55 (60) ∫ 190	
l	기 준 치 수	10 50 120	12 52 125	14 55 130	16 58 135	18 60 140	20 62 145	22 65 150	24 68 155	26 70 160	28 72 165	30 75 170	32 80 175	34 85 180	36 90 185	38 95 190	40 100 195	42 105 200	45 110	48 115

〔비고〕 1. 1란을 우선적으로 필요에 따라 2란을 택한다.

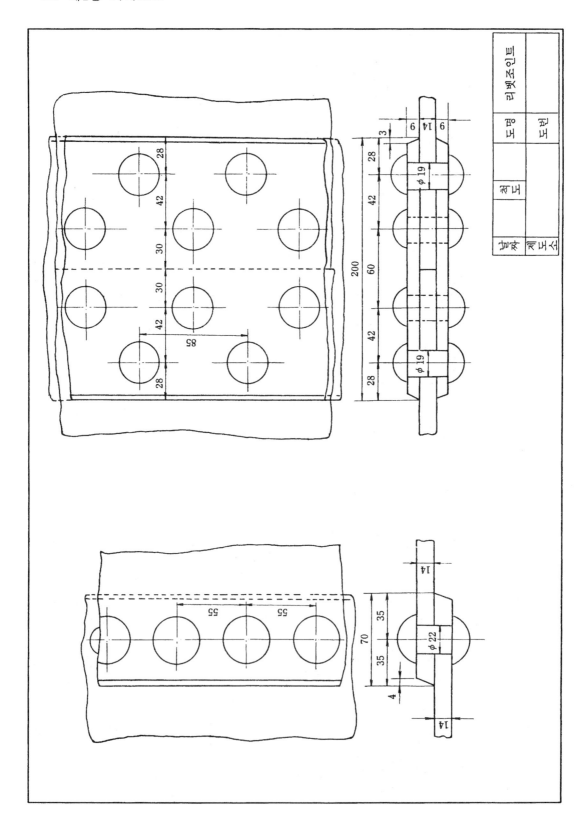

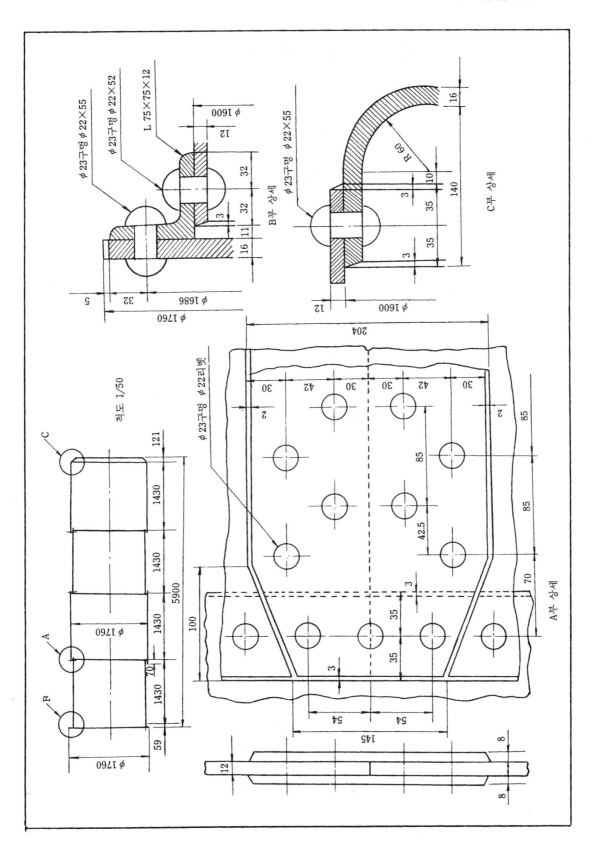

§ 3. 스프링(spring)

스프링은 압력억제, 진동과 충격완화, 에너지의 축적 등에 사용되며 단면형상은 둥글거나 각형 또는 장방형으로 되어 있고 재료는 주로 강(鋼)을 사용하며 피아노선, 스테인리스강, 인청동 등도 사용된다.

스프링은 형상에 따라 다음과 같은 종류가 있다.

① 코일 스프링(coil spring)

② 겹판 스프링(leaf spring)

③ 원뿔 스프링(spiral spring)

④ 벌류트 스프링(volute spring)

3-1 스프링의 용어

(1) 직경 : 스프링 재료의 직경

(2) 피치 : 코일과 인접해 있는 코일의 중심 거리

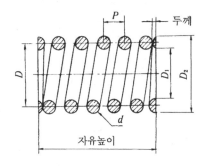

d : 재료의 직경 D : 코일의 평균경

D_1 : 코일 내경 p : 피치

D_2 : 코일 외경

〔코일 스프링의 각부 명칭〕

3-2 스프링의 제도

(1) 코일 스프링(coil spring) 및 벌류트 스프링(volute spring), 스파이럴 스프링(spiral spring)은 무하중시의 상태로서 그리며 겹판 스프링은 상용하중시의 상태에서 그리는 것을 표준으로 한다. 하중시의 상태를 그려 치수를 기입하는 경우는 하중을 명기한다.

(2) 하중과 높이(또는 길이) 또는 휨과의 관계를 표시할 필요가 있는 경우는 선도 또는 표

로 표시한다. 이 선도는 편의상 직선으로 표시해도 좋다. 선도를 표시하는 경우는 하중과 높이(또는 길이) 또는 휨을 표시하는 좌표축과 그 관계를 표시하는 선은 스프링의 형상 을 표시하는 선과 같은 굵기의 선으로 한다.

(3) 코일 부분의 정확한 투상은 곡선이지만 간단하게 경사진 직선으로 나타낸다.

(4) 코일 스프링에서 전체의 형상을 그리지 않고 약식으로 그릴 때는 2점 쇄선으로 그림과 같이 양단을 제외한 동일형상 부분을 나타낸다.

(5) 스프링의 형상 및 종류만을 도시하여도 되는 경우에는 간략하게 스프링 재료의 중심선 을 굵은 실선으로 그린다. 겹판 코일 스프링은 상용하중의 상태에서 그리며 무하중의 경 우의 모양은 가상선으로 표시하여 둔다.

(6) 그림에 설명이 없는 코일 스프링 및 벌류트 스프링은 통상 오른쪽으로 감은 것을 표시 한다. 왼쪽으로 감을 경우는 "감긴방향 왼쪽"이라고 표시한다.

(7) 그림 안에 기입하고자 하는 사항은 일괄하여 요목표에 표시한다.

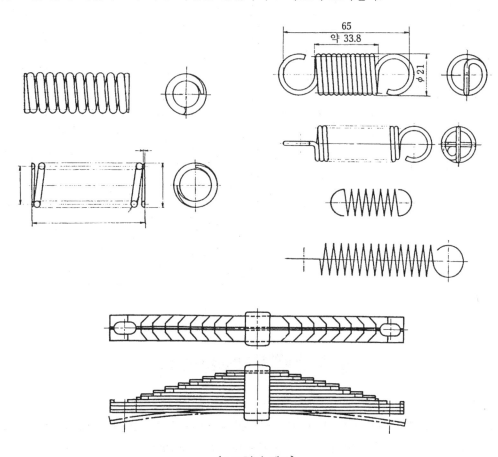

〔스프링의 제도〕

3-3 스프링의 요목표

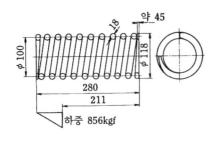

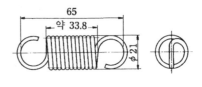

〔요 목 표〕

재　　　　료	SPS 6
재료의 지름 (mm)	18
코일 평균 지름 (mm)	100
코일 바깥 지름 (mm)	118±1.5
유효 감김 수	8.5
총 감김 수	10.5
감김 방향	오른쪽
자유 높이 (mm)	280
상　용　하 중 (kgf) {N}	856 {8395}
상　용　하중시 높이 (mm)	211±2
시험 하중 (kgf) {kN}	1240 {12.16}
표면 처리　재료의 표면 가공	연 삭
표면 처리　성형 후의 표면 가공	쇼트 피닝
표면 처리　방청 처리	흑색 에나멜 도장

〔요 목 표〕

재　　　　료	PWR
재료의 지름 (mm)	2.6
코일 평균 지름 (mm)	18.4
코일 바깥 지름 (mm)	21±0.3
총 감김 수	12
감김 방향	오른쪽
자유 길이 (mm)	65±1.6
초, 장력 (kgf) {N}	약 4 {39}
스프링 특성 지정　지정 길이 (mm)	87
스프링 특성 지정　지정 길이일 때의 하중(kgf) {N}	17.3 {169.7}
스프링 특성 지정　길이 75~87 사이의 스프링 상수 (kgf/mm) {N/mm}	0.61 {5.98}
지정 길이일 때의 응력(kgf/mm²) {N/mm²}※	57 {559}
시험 하중 (kgf) {N}	22.5 {220.7}
시험 하중일 때의 응력 (kgf/mm²) {N/mm²}	72.6 {712}
최대 허용 인장 길이 (mm)	95
고리의 모양	둥근 고리
방청 처리	방청유 도포

§ 4. 베어링(bearing)

　베어링은 전동체의 종류에 따라 볼 베어링(ball bearing), 롤러 베어링(roller bearing)으로 나누고 하중의 작용 방향에 따라 레이디얼 베어링(radial bearing)과 스러스트 베어링(thrust bearing)으로 구분한다.

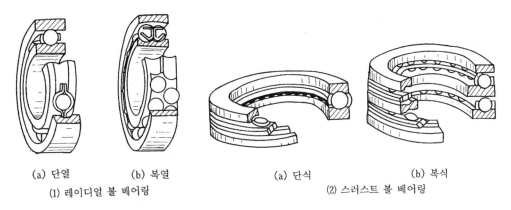

(a) 단열　　(b) 복열
(1) 레이디얼 볼 베어링

(a) 단식　　(b) 복식
(2) 스러스트 볼 베어링

〔볼 베어링〕

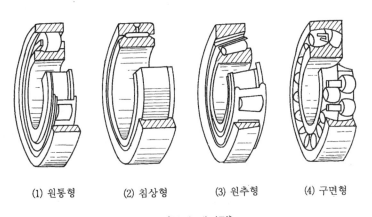

(1) 원통형　　(2) 침상형　　(3) 원추형　　(4) 구면형

〔롤러 베어링〕

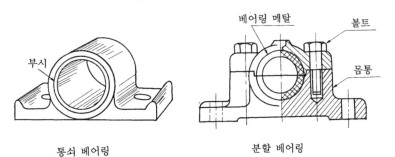

통쇠 베어링　　　　　　　분할 베어링

〔통쇠 베어링 및 분할 베어링〕

〔베어링의 일반적 특성〕

항 목 ＼ 종류	볼 베 어 링	롤 러 베 어 링
하　　　중	비교적 작은 하중에 사용	비교적 큰 자응에 사용
회 전 수	고속 회전에 사용	비교적 저속하중에 사용
마　　　찰	적　　다	비교적 크다
내 충 격 성	적　　다	볼 베어링보다 크다

4-1 베어링의 종류

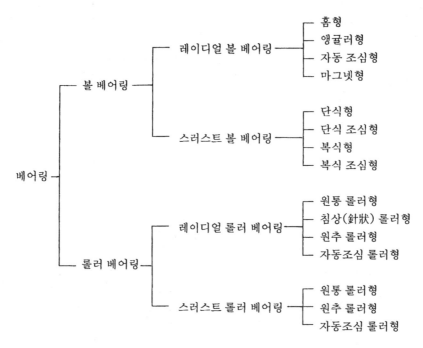

4-2 베어링의 치수 및 호칭 번호

베어링은 여러 종류가 있으나 국제적으로 표준화되어 있다. 주요치수는 베어링 내경, 외경, 폭 또는 높이, 모떼기 치수와 윤곽을 표시하는 치수 등이며 다음의 3계열로 나타낸다.

(1) 직경 계열 : 내경을 기준으로 외경을 단계적으로 정하고 1자리 숫자로 표시한다.

(2) 폭(높이) 계열 : 내경 및 외경을 기준으로 폭(높이)을 단계적으로 정하여 1자리 숫자로 표시한다.

(3) 치수 계열 : 내경을 기준으로 외경 및 폭(높이)을 단계적으로 정하여 치수의 계열과 폭(높이) 직경을 표시하는 숫자의 순으로 조합하여 2자리 숫자로 표시한다.

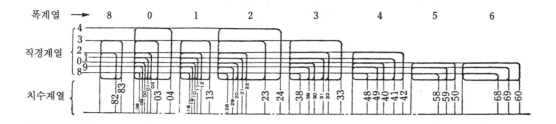

〔레이디얼 베어링의 치수계열〕

4-3 롤링 베어링의 제도

롤링 베어링은 특수한 경우를 제외하고 지장이 없는 한 그림〔각종 베어링의 약도, 간략도 기호도의 표시방법〕(1.1~1.16, 2.1~2.16, 3.1~3.16)에 표시된 방법으로 간략하게 표시함을 원칙으로 한다.

또 베어링의 호칭 번호만으로 표기하는 수도 있다.

(1) 롤링 베어링의 윤곽을 그리고 기타는 베어링 종류 및 형식이 이해될 정도로 그린다. 그림〔각종 베어링의 약도, 간략도 기호도의 표시방법〕의 1.1~1.16의 표기법에 따른다.

   그러나 그림이 회전축 방향으로 투상한 모양을 표시하는 경우에는 그림〔각종 베어링의 약도, 간략도 기호도의 표시방법〕의 1.21의 그림과 같이 그린다.

(2) 롤링 베어링의 윤곽을 그리고 베어링의 종류 및 형식을 간략하게 표시할 경우에는 그림〔각종 베어링의 약도, 간략도 기호도의 표시방법〕의 2.1~2.16의 그림과 같이 그린다. 기호는 한쪽에만 그리고 윤곽은 1.1~1.16와 같다.

   이때 그림이 회전축 방향으로 투상된 모양을 표시할 경우에는 그림〔각종 베어링의 약도, 간략도 기호도의 표시방법〕의 2.21과 같이 그린다.

(3) 베어링을 단지 기호로 나타낼 경우에는 그림〔각종 베어링의 약도, 간략도 기호도의 표시방법〕의 3.1~3.16의 표기법에 따르고 축은 굵은 실선 기호는 축의 양쪽에 그리고 스러스트 베어링의 회전륜은 축과 교차하는 직선으로 그린다.

(4) 롤링 베어링인 것을 간단히 나타낼 경우에는 윤곽을 그리고 그림〔각종 베어링의 약도, 간략도 기호도의 표시방법〕의 2.1과 같이 그린다. 또 롤링 베어링인 것을 간단히 기호로 나타낼 경우에는 그림〔각종 베어링의 약도, 간략도 기호도의 표시방법〕의 3.1에 따른다.

(5) 롤링 베어링은 어느 경우나 베어링의 호칭 번호 및 등급기호를 인출선을 사용하여 기록할 수 있다. 인출선의 화살표는 롤링 베어링의 윤곽에 대고 다른 끝의 수평선 위에 호칭 번호 및 등급 기호를 기입한다(그림〔베어링의 호칭 기입 예〕).

(6) 베어링의 호칭법은 베어링의 형식 및 주요 치수를 나타내는 기호로 기본 기호와 보조 기호로 이루어져 있고 접촉각 기호와 보조기호는 해당되지 않는 곳에는 생략한다.

(7) 계획도나 설명도 등에서 계통을 표시하기 위해서 나타내는 그림은 그림〔각종 베어링의 약도, 간략도 기호도의 표시방법〕의 3.1~3.16에 의한 기초에 의해 그림〔베어링 계통도〕과 같이 나타낸다.

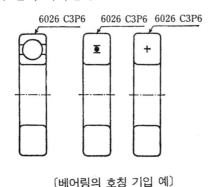

〔베어링의 호칭 기입 예〕

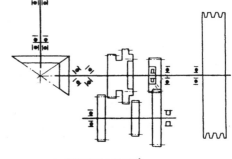

〔베어링 계통도〕

베어링	단열깊은홈형	단열 앵귤러콘택터형	복열자동조심형	원 통 롤 러 베 어 링					니들베어링
				NJ	NU	NF	N	NN	NA
표 시	1.2	1.3	1.4	1.5	1.6	1.7	1.8	1.9	1.10
2.1	2.2	2.3	2.4	2.5	2.6	2.7	2.8	2.9	2.10
3.1	3.2	3.3	3.4	3.5	3.6	3.7	3.8	3.9	3.10

니들베어링	원추롤러	자동조심형	평면 좌 스러스트 베어링			스러스트자동조심형	깊은 홈형 볼 베어링	
RNA	베어링	롤러베어링	단식	복식		롤러베어링		
1.11	1.12	1.13	1.14	1.15		1.16	1.21	
2.11	2.12	2.13	2.14	2.15		2.16	2.21	
3.11	3.12	3.13	3.14	3.15		3.16		

〔각종 베어링의 약도, 간략도 기호도의 표시방법〕

(8) 베어링의 표시는 기본기호 및 보조기호를 나타내고 접촉각 기호와 보조기호는 해당되지 않는 것에 대하여는 생략한다.

베어링의 안지름 번호는 1에서부터 9까지는 그 숫자가 베어링의 안지름이며 00은 10, 01은 12, 02는 15, 03은 17이고 04에서부터는 5를 곱하여 나온 숫자가 안지름이다.

예 05 × 5 = 25 (베어링 안지름은 25mm)

〔베어링 호칭번호의 배열〕

기 본 기 호			보 조 기 호						
베 어 링 계열기호	안 지 름 번 호	접 촉 각 기 호	리테이너 기 호	밀 기 호	봉	레 이 스 형상기호	복합표시 기 호	틈 기 호	등 급 기 호

예 608C₂P₆

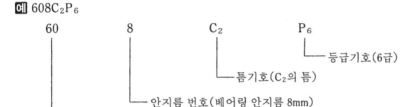

60 — 베어링 계열기호 (단열홈 볼 베어링 치수기호 10, 계열번호 60)

8 — 안지름 번호(베어링 안지름 8mm)

C₂ — 틈기호(C₂의 틈)

P₆ — 등급기호(6급)

〔안지름 번호의 치수〕

안지름 번 호	안지름 치 수 (mm)	안지름 번 호	안지름 치 수 (mm)	안지름 번 호	안지름 치 수 (mm)	안지름 번 호	안지름 치 수 (mm)	안지름 번 호	안지름 치 수 (mm)
1	1	06	30	22	110	72	360	/ 900	900
2	2	/ 32	32	24	120	76	380	/ 950	950
3	3	07	35	26	130	80	400	/1000	1000
4	4	08	40	28	140	84	420	/1060	1060
5	5	09	45	30	150	88	440	/1120	1120
6	6	10	50	32	160	92	460	/1180	1180
7	7	11	55	34	170	96	480	/1250	1250
8	8	12	60	36	180	/ 500	500	/1320	1320
9	9	13	65	38	190	/ 530	530	/1400	1400
00	10	14	70	40	200	/ 560	560	/1500	1500
01	12	15	75	44	220	/ 600	600	/1600	1600
02	15	16	80	48	240	/ 630	630	/1700	1700
03	17	17	85	52	260	/ 670	670	/1800	1800
04	20	18	90	56	280	/ 710	710	/1900	1900
/ 22	22	19	95	60	300	/ 750	750	/2000	2000
05	25	20	100	64	320	/ 800	800	-	-
/ 28	28	21	105	68	340	/ 850	850	-	-

§ 5. 벨트와 벨트 풀리

5-1 벨트(belt)

벨트에는 평벨트와 V벨트가 있으며 비교적 축간거리가 먼 두 개의 축에 동력을 전달시키기 위해서 벨트 풀리에 벨트를 걸어 동력을 전달한다.

벨트의 재질은 가죽벨트, 고무벨트, 직물벨트, 강철벨트 등이 있다.

V벨트는 단면이 사다리꼴로 되어 있으며 면의 크기에 따라서 M, A, B, C, D, E형의 6종으로 표준치수가 규격화되어 있고 사다리꼴의 각도는 40°±10′로 되어 있다.

V벨트의 호칭은 V벨트 단면의 중앙을 지나는 가상원의 원둘레를 호칭으로 표시한다.

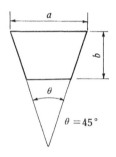

〔V벨트 단면의 치수〕

(단위 : mm)

종 류	a	b
M	10	5.5
A	12.5	9
B	16.5	11
C	22	14
D	31.5	19
E	38	25.5

5-2 벨트 풀리(belt pulley)

(1) 평벨트 풀리 : 평벨트 풀리는 림의 형상에 따라 가, 나, 다, 라의 4가지 형상으로 나누고 구조에 따라 일체형과 분할형으로 나눈다.

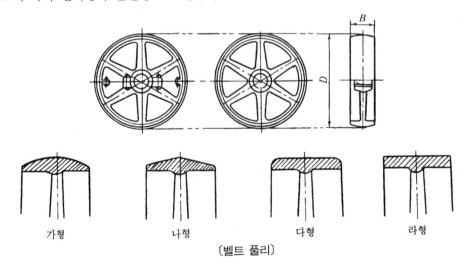

| 가형 | 나형 | 다형 | 라형 |

〔벨트 풀리〕

〔평벨트 풀리의 치수〕

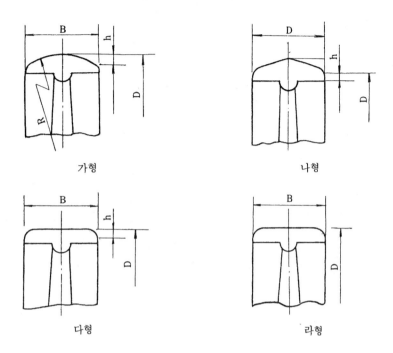

가형   나형

다형   라형

호칭지름 (in)	직 경 D	D의 치수차	호칭지름 (in)	직 경 D	D의 치수차	호칭폭 (in)	폭 B	B의 치수차	둥글기의 높이 h(약)
2	50		14	355		1	25		
2 1/4	55	±0.1	16	405		1 1/2	38		1
2 1/2	65		18	455	±0.3	2	50	± 2	
2 3/4	70		20	510		2 1/2	65		
3	75		22	560		3	75		1.5
3 1/2	90		24	610		3 1/2	90		
4	100		26	660		4	100		
4 1/2	115		28	710		5	125	± 3	
5	125	±0.2	30	760	±0.4	6	150		2
5 1/2	140		32	810		8	205		
6	150		34	865		10	255		
7	180		36	915		12	305	± 4	3
8	205		38	965		14	355		
9	230		40	1015					
10	255		44	1120	±0.6				
11	280	±0.3	50	1270					
12	305		60	1525					

(2) V벨트 풀리 : V벨트 풀리는 림이 V형으로 되어 있으며 호칭경은 V벨트를 걸었을 때 V벨트 단면의 중앙을 지나는 가상원의 직경으로 나타낸다.

(3) 벨트 풀리의 호칭법

| 명칭 | | 종류 | | 호칭직경×폭 | | 재질 |

〔V벨트 풀리의 홈형상과 치수〕

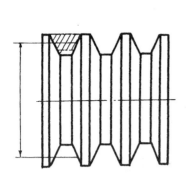
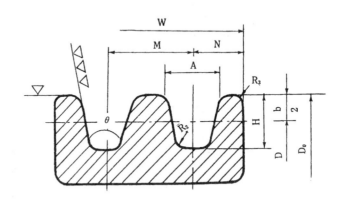

형 별	D	$\theta°$	A	H	M	N	r_2	r_3	V벨트의 두께 b
A 형	이상 이하 75~140	35	12.1	12.5	16	10	0.5~1	1~2	9
	140~190	37	12.3						
	190~	39	12.5						
B 형	125~190	35	16.0	15	20	12	0.5~1	1~2	11
	190~225	37	16.2						
	225~	39	16.4						
C 형	200~240	35	21.4	19	26	16	1~1.5	2~3	14
	240~355	37	21.6						
	355~	39	21.9						
D 형	350~380	35	30.6	25	37	24	1.5~2	3~4	19
	380~510	37	31.0						
	510~610	38	31.2						
	610~	39	31.4						
E 형	510~610	37	37.3	32	44	29	1.5~2	4~5	25.5
	610~710	38	37.5						
	710~	39	37.8						

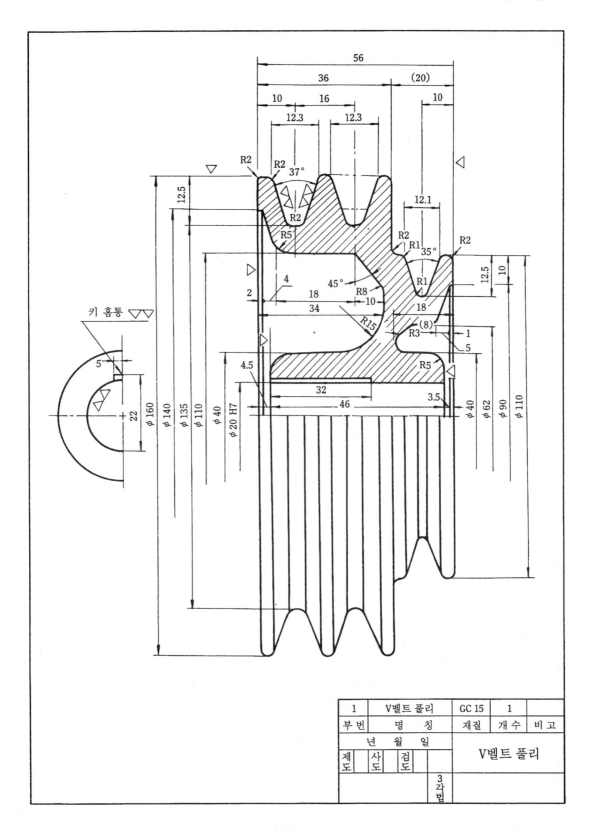

1	V벨트 풀리	GC 15	1	
부번	명 칭	재질	개수	비고

년 월 일		V벨트 풀리
제도	사도	검도	

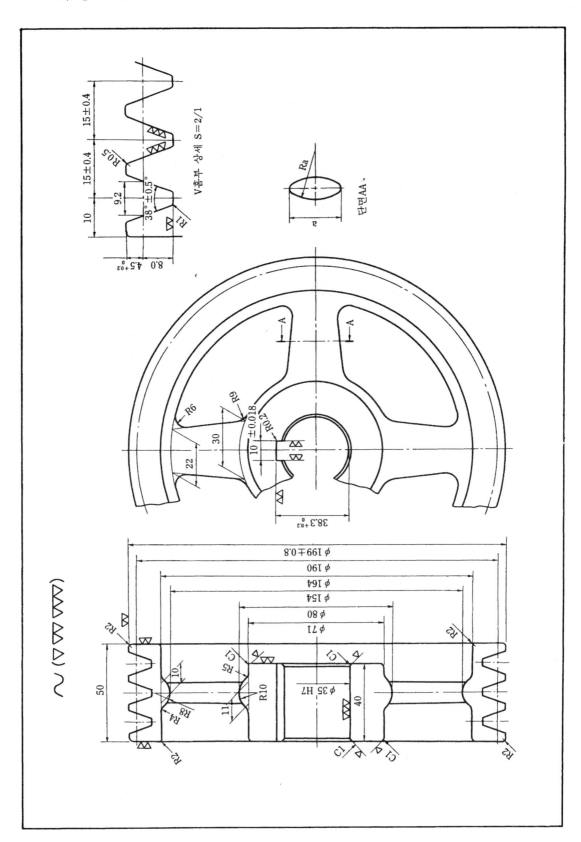

§ 6. 기어(gear)

　기어는 축간 거리가 짧고 확실한 회전을 전달시킬 때나, 하나의 축에서 다른 축에 일정한 속도비로 동력을 전달하는 경우에 사용하며 미끄럼 없이 확실한 전동을 할 수 있다.

6-1 기어 각부의 명칭

(1) 피치원(pitch circle) : 축에 수직인 평면과 피치면과 교차하여 이루는 면
(2) 원주피치(circular pitch) : 피치원상의 하나의 이빨면에서 여기에 대응하는 상대이빨간의 원호의 길이
(3) 이두께(tooth thickness) : 피치원상의 이빨의 폭
(4) 이끝원(addendum circle) : 이의 끝을 통과하는 원. 즉, 기어의 외경
(5) 이뿌리원(root circle) : 이뿌리를 통과하는 원
(6) 이끝높이(addendum) : 피치원에서 이끝가지의 수직거리
(7) 이뿌리 높이(dedendum) : 피치원에서 이뿌리원까지의 수직거리
(8) 유효 이높이(working depth) : 서로 물려 있는 한 쌍의 기어에서 물리고 있는 이높이 부분의 길이. 즉, 한 쌍의 기어의 어덴덤을 합한 길이
(9) 총이높이(whole depth) : 이의 전체 높이
(10) 클리어런스(clearance) : 이뿌리원에서 상대 기어의 이끝원까지의 거리
(11) 뒤틈(back lash) : 한 쌍의 기어가 물렸을 때 이빨면간의 간격
(12) 이폭(face width) : 이의 축단면의 길이

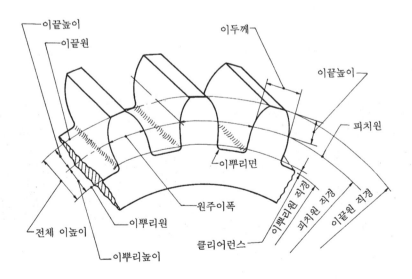

〔기어 각부의 명칭〕

6-2 기어의 크기

(1) 모듈(module, 기호 : m)

$$m = \frac{d}{z} \quad (m : 모듈, \; d : 피치원직경, \; z : 잇수)$$

모듈은 KS 규격에 0.2~25mm까지 있고 모듈값이 클수록 치형은 크다.

(2) 원주피치(circular pitch, 기호 : CP)

$$CP = \frac{\pi d}{z} \quad (피치원의 둘레를 잇수로 나눈 값)$$

원주피치는 서로 물리고 있는 두 개의 이의 중심간의 거리를 피치원의 원호에 따라 잰 길이이다.

(3) 지름피치(diametral pitch, 기호 : DP)

$$DP = \frac{z}{d} \quad (잇수를 피치원의 직경으로 나눈값)$$

지름피치는 모듈의 역수로 인치에 의한 치형의 크기를 표시하는 것이다.

6-3 기어의 종류

(1) 두 축이 평행할 때 사용되는 기어

두 축이 평행할 경우에 사용되는 기어는 다음과 같다.

① 평 기어(spur gear)

② 헬리컬 기어(helical gear)

③ 더블 헬리컬 기어(double helical gear)

④ 내접 기어(internal gear)

⑤ 랙 기어(rack gear)

한 쌍의 기어에서 이빨수가 많은 기어를 큰 기어, 이빨수가 적은 기어를 피니언(pinion)이라 한다.

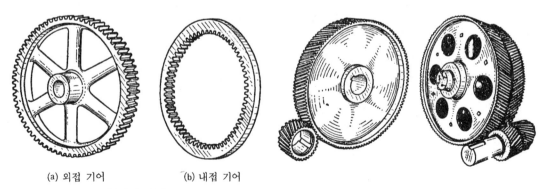

(a) 외접 기어 　　　(b) 내접 기어

(1) 스퍼 기어 　　　　　　(2) 헬리컬 기어 　　　(3) 더블 헬리컬 기어

〔평행축 기어〕

① 평 기어(super gear) : 평행한 두 축 사이에 회전운동을 전하고 이끝이 직선이며 축에
   평행한 이빨을 가진 기어를 평 기어라 한다. 평 기어는 다음 3종으로 나눈다.
   ⑺ 외접 기어(external gear) : 원통의 바깥쪽에 이빨을 만든 것을 말하며 두 축의 회전
      방향이 서로 반대이며 가장 많이 사용된다.
   ⑷ 내접 기어(internal gear) : 원통의 안쪽에 이빨을 붙인 것이며 두 축의 회전방향이
      서로 같다.
   ⑸ 랙(rack) : 이빨은 직선으로 되고 있고 피치원이 무한대로 된 직선형 기어로 회전운
      동을 직선 운동으로 변환시키는데 사용된다.

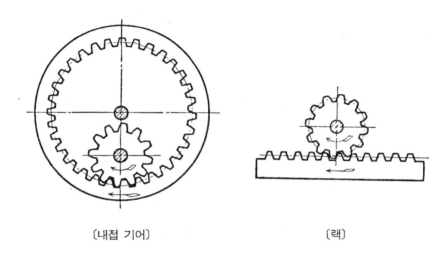

〔내접 기어〕   〔랙〕

② 평 기어의 제도
   ⑺ 기어의 부품도에는 그림 및 표를 병용한다. 표에는 원칙적으로 이 절삭, 조립 및 검
      사 등에 필요한 사항을 기입하고 그림에는 기어를 제작함에 필요한 치수를 기입한
      다.
   ⑷ 기어를 그릴 때는 다음과 같이 표시한다.
      • 이끝원－굵은 실선
      • 피치원－일점 쇄선
      • 이뿌리원－가는 실선
         단, 정면도를 단면도로 나타낼 때는 이뿌리원의 선은 굵은 실선으로 나타낸다. 이
      뿌리원은 생략해도 좋고, 특히 베벨기어 및 웜 휠의 축방향에 본 그림에서는 생략하
      는 것이 보통이다.
   ⑸ 맞물린 한 쌍의 기어는 물림부의 이끝원을 쌍방 모두 굵은 실선으로 그린다. 정면도
      를 단면으로 표시할 경우에는 물림부의 한쪽의 이끝원은 은선으로 그린다.
   ⑺ 기어는 축방향에서 본 그림을 측면도로 그리고 축과 직각 방향에서 본 그림을 정면
      도로 그리는 것을 원칙으로 한다.
   ⑼ 치형의 상세 및 치수 측정법을 명시할 필요가 있을 때는 도면 중에 도시한다.

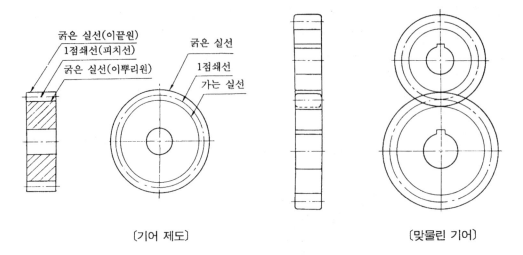

〔기어 제도〕   〔맞물린 기어〕

(ⅵ) 맞물린 한 쌍의 기어의 정면도는 이뿌리를 나타내는 선은 생략하고 측면도에서 피
치원만 나타낸다.

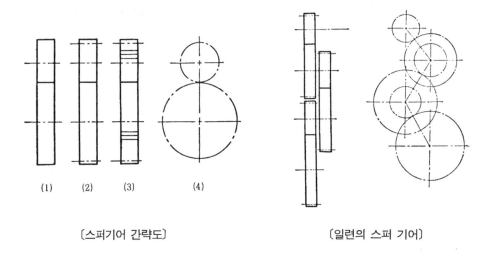

  (1)   (2)   (3)   (4)

〔스퍼기어 간략도〕   〔일련의 스퍼 기어〕

(ⅶ) 일련의 기어의 맞물림을 나타낼 때는 정면도는 그림〔일련의 스퍼 기어〕와 같이 전
개하여 중심 사이의 실제거리를 니타내도록 하는 수가 있다.

(ⅷ) 치수 및 요목의 기입 : 기어의 제작도에는 그림과 요목표를 같이 나타낸다. 그림에
서 주로 기어 소재를 제작하는데 필요한 치수만 기입하고 기타 이 절삭, 조립검사
등의 필요한 사항은 요목표에 기입하는 것을 원칙으로 한다.

  요목표에는 다음과 같은 사항을 기입한다.

  ㉮ 이모양란 : 표준 기어, 전위 기어 등을 구별 기입한다.

  ㉯ 공구의 이모양란 : 보통 이와 낮은 이를 기입하고 모듈과 압력각란에 각각 모듈과
  압력각을 기입한다.

  ㉰ 기준 피치원 지름란 : 기준 피치원 지름을 기입한다. 그림에 기준 피치원 지름을

기입할 경우에는 치수의 앞에 P. C. D라 기입한다.

㉣ 이두께란 : 이두께 측정방법(걸치기법, 캘리퍼법)에 의한 표준치수와 허용치수차
를 기입한다

다음 그림은 스퍼 기어 제작도 보기이다.

〔스퍼 기어〕

구 분			스 퍼 기 어		
이 모 양			전 위	정 도	5 급
공구	이 모 양		보 통 이	비	
	모 듈		6		전위계수 +0.55
	압 력 각		14.5°		상대기어 전위계수 0
잇 수			18		상대기어 잇수 50
기 준 피 치 원 지 름			108		중심거리 207
이두께	걸 치 기		(걸치기 이빨수)		물림압력각 17.42°
	이모양캘리퍼		(캘리퍼 어덴덤)	고	맞물림 피치원지름 109.59
	오 버 핀 지 름		핀의 지름=123.68 −0.25		표준깎기 깊이 13.20
			볼의 지름=9.525 −0.37		
완 성 방 법			호 브 깎 기		백래시(범선방향) 0.2−0.3

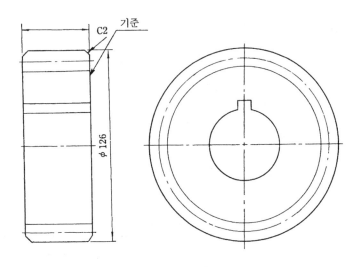

〔스퍼 기어〕

③ **헬리컬 기어(helical gear)와 더블 헬리컬 기어(double helical gear)** : 두 축이 평행할
경우에 사용되며 이빨을 나선으로 만든 것을 헬리컬 기어라 하고 이빨 방향을 반대로
한 두 개의 헬리컬 기어를 조합한 것과 같이 이빨을 가공한 기어를 더블 헬리컬 기어
라 한다. 고속 중하중의 전동용으로 사용되며 큰 감속을 얻을 수 있다. 치형의 크기는
축직각 방식과 치직각 방식이 있다.

㈎ 축직각 방식 : 축의 직각 방향에서 측정한 이의 크기를 말하며 치직각 원주피치와
축직각 모듈로서 이의 크기를 표시한다.

(a) 헬리컬 기어   (b) 헤링본 기어

〔헬리컬 기어〕

(나) 치직각 방식 : 이의 직각 방향에서 측정한 이의 크기를 말하며 칙직각 원주피치와
축직각 모듈로서 이의 크기를 표시한다.
④ 헬리컬 기어의 제도 : 헬리컬 기어도 스퍼 기어와 동일하게 나타내며 잇줄 방향을 나
타내는 선은 3개의 가는 실선을 사용하여 나타낸다.

비틀림각 및 비틀림 방향을 나타낼 경우에는 3선중 가운데 선을 연장하여 방향 및
각도(도,분, 초)를 기입한다.

다음 그림은 헬리컬 기어의 제작도의 보기이다.

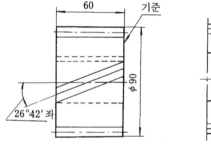

〔헬리컬 기어〕

스 퍼 기 어					
이 모 양	표 준	이 두 께	걸 치 기 (잇줄직각)	30.99 $^{-0.18}_{-0.16}$ (걸치기 이빨수=3)	
이모양기준단면	잇 줄 직 각		치형캘리퍼(잇줄직각)	(캘리퍼 어덴덤=)	
공구	이 모 양	보 통 이		오 버 핀 지 름	(핀지름=볼지름=)	
	모 듈	4	완 성 방 법	호 빙 가 공	
	압 력 각	20°	정 밀 도	4 급	
잇 수	19				
비틀림각 및 방향	26° 42′ 왼				
리 드	531.385				
기준피치원지름	85.071				

(2) 두 축이 교차하는 경우에 사용되는 기어

　① 베벨 기어(bevel gear) : 서로 교차하는 두 축 사이에 동력전달용으로 사용되는 기어를 베벨 기어라 한다. 베벨 기어에는 스큐 베벨 기어(skew bevel gear)와 스파이럴 베벨 기어(spiral beve gear)가 있으며 맞물리는 각도가 여러 가지가 있으나 일반적으로 90°인 경우가 많이 사용된다.

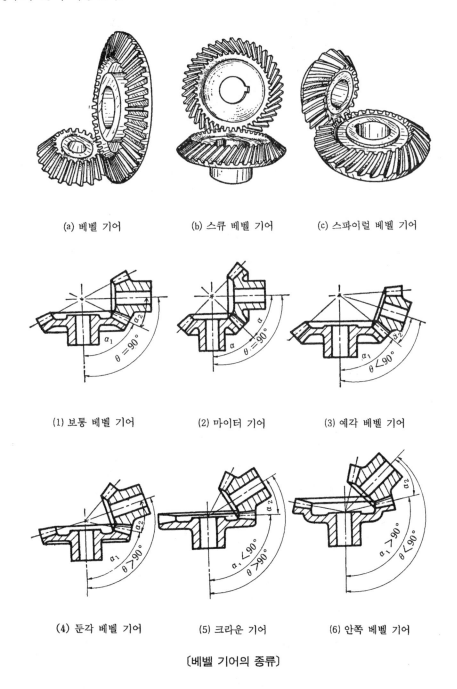

(a) 베벨 기어　　　　(b) 스큐 베벨 기어　　　　(c) 스파이럴 베벨 기어

(1) 보통 베벨 기어　　　(2) 마이터 기어　　　(3) 예각 베벨 기어

(4) 둔각 베벨 기어　　　(5) 크라운 기어　　　(6) 안쪽 베벨 기어

〔베벨 기어의 종류〕

② **베벨 기어의 제도**: 정면도(축과 직각방향에서 본 그림)에서 보통 단면으로 나타낸다.
이때 이 끝은 굵은 실선, 피치선은 일점쇄선으로 그리고, 이뿌리선은 굵은 실선으로 그
리며, 측면도(축방향에서 본 그림)에서는 이뿌리원은 생략한다.

스파이럴 베벨 기어에서 비틀림을 표시하는 선은 1개의 굵은 실선으로 나타낸다.

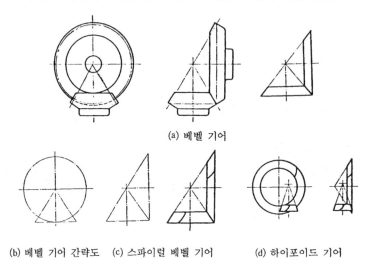

(a) 베벨 기어

(b) 베벨 기어 간략도   (c) 스파이럴 베벨 기어   (d) 하이포이드 기어

〔베벨 기어의 약도〕

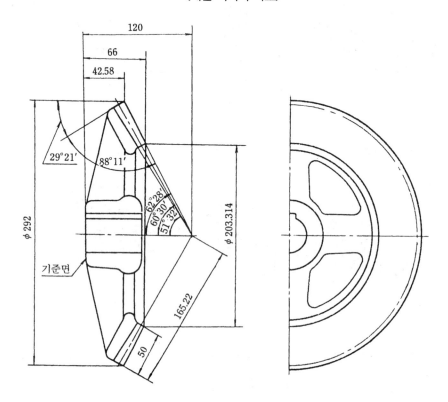

〔직선 베벨 기어〕

〔직선 베벨 기어 요목표〕

이모양 및 커팅 머신	직선 베벨 기어 치절반 (그리슨형)	이 두께	치형캘리퍼(잇줄직각)	$0.85{}^{-0.1}_{-0.15}$ (캘리퍼어덴덤 -4.14)
모　　　　듈	6		원　추　거　리	165.22
압　력　　각	20°		피　치　원　추	60° 39′
잇　　　　수	48			
상 대 기 어 잇 수	27			
축　　　　각	90°			
피　치　원　지　름	288			
전 이 빨 어 덴 덤	13.13		정　밀　도	급
이 끝 의 어 덴 덤	4.11	비고	백래시(피치원주방향) 0.20~0.30	
이 뿌 리 어 덴 덤	9.02			

⑶ 두 축이 평행하지도 않고 교차하지도 않는 경우의 기어

　두 축이 평행도 교차도 하지 않을 경우에 동력전달용으로 사용되는 기어로 하이포이드 기어(Hypoid gear), 나사 기어(screw gear), 웜 기어(worm gear) 등이 있다.

- 하이포이드 기어 : 스파이럴 베벨 기어와 비슷한 기어로서 자동차 등에 응용된다.
- 나사 기어 : 이빨을 나선형으로 만든 기어
- 웜 기어 : 나사 기어의 피니언의 이빨수가 1~4개 정도로 하면 기어가 나사형상으로 된다. 이 나사형상의 기어를 웜(worm)이라 하고 여기에 물리는 상대기어를 웜 휠 (worm wheel)이라 하며 이 한쌍의 기어를 웜 기어라 한다. 운전이 원활하고 감속비가 커서 주로 감속장치용으로 사용된다.

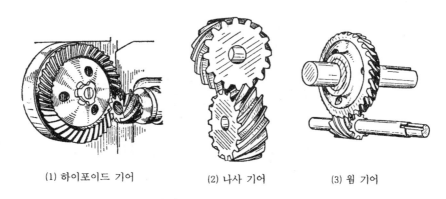

(1) 하이포이드 기어　　　(2) 나사 기어　　　(3) 웜 기어

〔평행하지도 교차하지도 않는 기어〕

□ 웜 기어, 하이포이드 기어, 나사 기어의 제도

　㈎ 하이포이드 기어 : 이빨의 방향을 표시하는 선은 1개의 굵은 곡선으로 표시한다.

　㈏ 나사 기어 : 헬리컬 기어와 같이 나타내고 이빨의 방향은 3개의 가는 실선으로 나타 낸다.

　㈐ 웜 기어 : 요목표에 치직각식과 축직각식을 구별하여 기입하고 웜 및 웜 휠의 줄수

및 방향을 기입한다.

스퍼 기어와 그리는 방법은 동일한다.

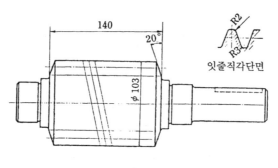

잇줄직각단면

〔웜 기어〕

〔웜 기어 요목표〕

치 형 기 준 단 면	잇줄직각	이	치형캘리퍼(잇줄직각)	12.57$_{-0.28}^{-0.14}$(캘리퍼어덴덤＝)
모　　　　듈	8	두	오 버 핀 지 름	핀지름＝
피　　　　치	25.240	께	완 성 방 법	나사밀링깎기
줄 수 및 방 향	1줄바른		정　　밀　　도	급
압 력 각	20°			
피 치 원 지 름	87.00	비		
리　　　드	25° 240		백래시(상대기어 피치원주방향) 0.28～0.56	
경 사 각	5° 16′ 34″	고		
전 어 덴 덤	18.00			

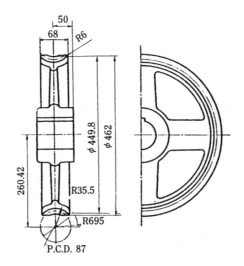

〔웜 휠〕

〔직선 베벨 기어 요목표〕

치 형 기 준 단 면		잇 줄 직 각	전 어 덴 덤		18.00
모	듈	8	이 두께	치형캘리퍼 (잇줄직각)	$12.56\,^{-0.14}_{-0.20}$
원 피 치		25.240			캘리퍼어덴덤 =8.09
압 력 각		20°	완 성 방 법		커 터 깎 기
치 수		54	정 밀 도		급
피 치 원 지 름		433.84	비 고	백래시(피치원주방향) 0.28~0.56	
상 대 웜	줄 수 및 방 향	1줄 바른			
	피 치 원 지 름	87			
	피 치	25.240			
	경 사	5° 16′ 34″			

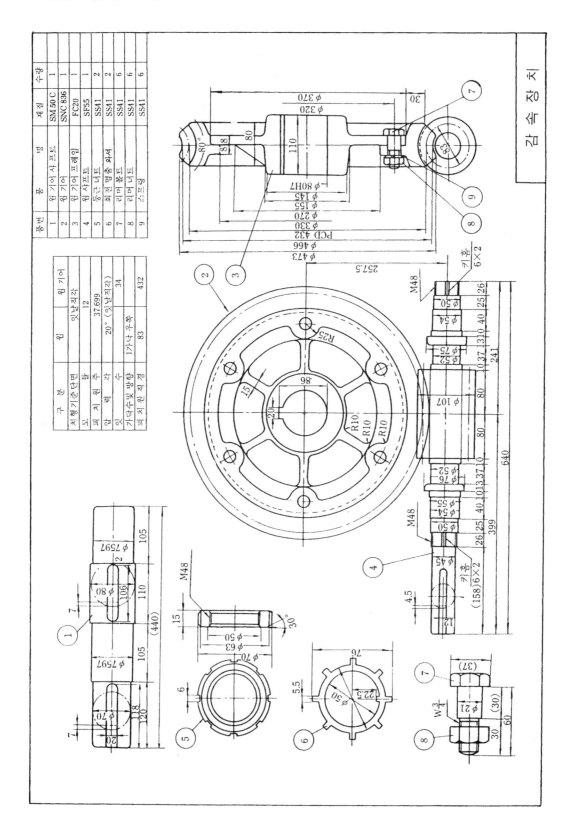

감속장치

품번	품 명	제 질	수량
1	원기어사프트	SM 50 C	1
2	원기어	SNC 836	1
3	원기어프레임	FC20	1
4	원사프트	SF55	1
5	둥근너트	SS41	2
6	회전멈춤와셔	SS41	2
7	리머볼트	SS41	6
8	리머너트	SS41	6
9	스프링	SS41	6

구 분	원	원기어
치형기준단면	잇날직각	
모 듈	12	
피 치 원 주	37.699	
잇날 압력 각	20° (잇날직각)	34
합 력 각		
가닥수맞힘방향	1가닥우측	
피 치 원 직 경	83	432

제3장 파이프, 밸브 및 배관

§ 1. 배관도시 기호와 파이프의 제도

파이프는 기체, 액체의 수송용으로 사용되며 주철관, 강관, 동관, 연관 등이 사용된다.

일반 광공업에 사용되는 계획도, 설계도, 계통도 및 기타 도면에 있어서 배관 및 그의 부속품을 기호로서 도시할 경우에는 공통되고 기본적인 배관도시 기호에 따라 그린다.

(1) 파이프는 하나의 굵은 실선으로 그리고 같은 도면 안에 파이프를 표시하는 선은 같은 굵기로 하는 것을 원칙으로 하며 파이프를 통하는 유체의 종류, 상태, 목적을 나타내는 경우는 그림 (a)와 같이 문자 및 기호로서 지시선에 의하여 나타낸다. 다만 유체의 종류를 글자 기호로만 표시할 때에는 그림 (b)와 같이 표시한다.

(a)

(b)

〔배관도시의 기호〕

또 유체의 종류 중 공기, 가스, 유류, 수증기 및 물의 글자 기호는 다음 표〔유체의 문자 기호〕의 기호를 사용한다.

(2) 유체의 흐르는 방향을 표시할 경우에는 화살표로 나타낸다.

〔유체방향 표시〕

〔유체의 문자기호〕

유체의종류	글자기호
공기	A
가스	G
유류	O
수증기	S
물	W

(3) 파이프의 굵기 및 종류를 표시할 경우에는 파이프를 표시하는 글자 또는 관의 종류를 표시하는 글자 혹은 기호를 보기와 같이 표시한다. 관의 굵기 및 종류를 표시하는 경우에는 관의 굵기를 표시하는 글자 다음에 관의 종류를 표시하는 글자 또는 기호를 기입한다. 다만, 복잡한 도면에서는 오해를 초래할 수 있으므로 지시선을 써서 표시해도 좋다. 또한 관 이음쇠의 굵기 및 종류도 표시선에서 따라서 표시한다.

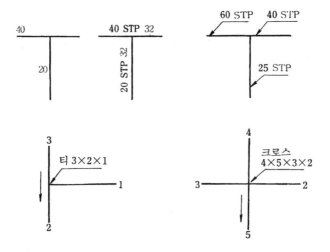

〔파이프의 굵기 및 종류 표시〕

(4) 관의 접속상태를 나타낼 경우에는 다음과 같
이 나타낸다. 또 계기를 타나내거나 계기의 종
류를 나타낼 경우에는 계기를 표시하는 기호를
○표 안에 글자기호로 기입한다.

〔파이프 접속상태 도시기호〕

파이프의 접속상태	도시기호	
접속하지 않을 때	+	+
접속할 때	+	+
압력계와 접속할 때	ⓟ	
온도계와 접속할 때	ⓣ	

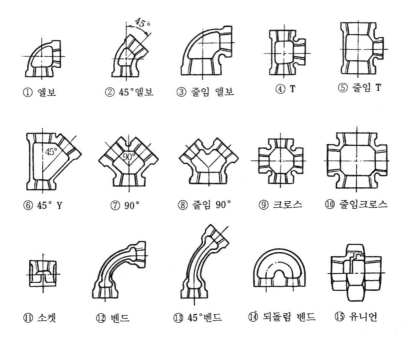

① 엘보 ② 45°엘보 ③ 줄임 엘보 ④ T ⑤ 줄임 T

⑥ 45° Y ⑦ 90° ⑧ 줄임 90° ⑨ 크로스 ⑩ 줄임크로스

⑪ 소켓 ⑫ 벤드 ⑬ 45°벤드 ⑭ 되돌림 벤드 ⑮ 유니언

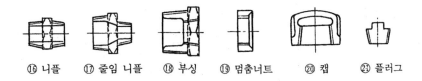

⑯ 니플   ⑰ 줄임 니플   ⑱ 부싱   ⑲ 멈춤너트   ⑳ 캡   ㉑ 플러그

〔배관용 이음쇠〕

§ 2. 배관도의 작성법

배관도를 작성할 때에는 용도에 따라 그림〔배관도〕의 (a)와 같이 파이프 이음의 기호를 사용하지 않고 두 줄의 실선으로 파이프와 부품을 표시한다. 또 그림 (b)와 같이 기호를 사용하여 한 줄의 굵은 실선으로 표시하는 방법도 있다.

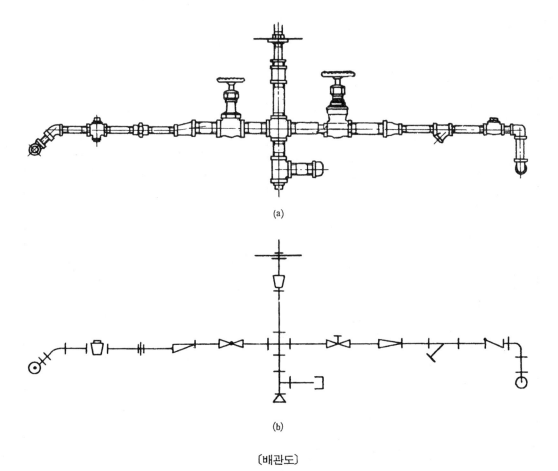

(a)

(b)

〔배관도〕

(1) 관이음 도시기호

〔배관도시기호〕　　　〔KS 배관 도시기호〕

구　분	플랜지 이음 (FLANGED)	나사 이음 (SCRWED)	턱걸이 이음 (BELL & SPIGOT)	용접이음 (WELDED)	땜 이 음 (SOLDERED)
1. 부싱 BUSHING					
2. 캡(CAP)					
3. 크로스 CROSS					
3.1 줄임 크로스 REDUCING					
3.2 크로스 STRAIGHT SIZE					
4. 엘보 ELBOW					
4.1 45° 엘보 45-DEGREE					
4.2 90° 엘보 90-DEGREE					
4.3 가는 엘보 TURNED DOWN					
4.4 오는 엘보 TURNED UP					
4.5 받침 엘보 BASE					
4.6 쌍가지 엘보 DOUBLE BRANCH					
4.7 긴 반지름 LONG RADIUS					
4.8 줄임 엘보 REDUCING					
4.9 옆가지 엘보 SIDE OUTLET (OUTLET DOWN)					

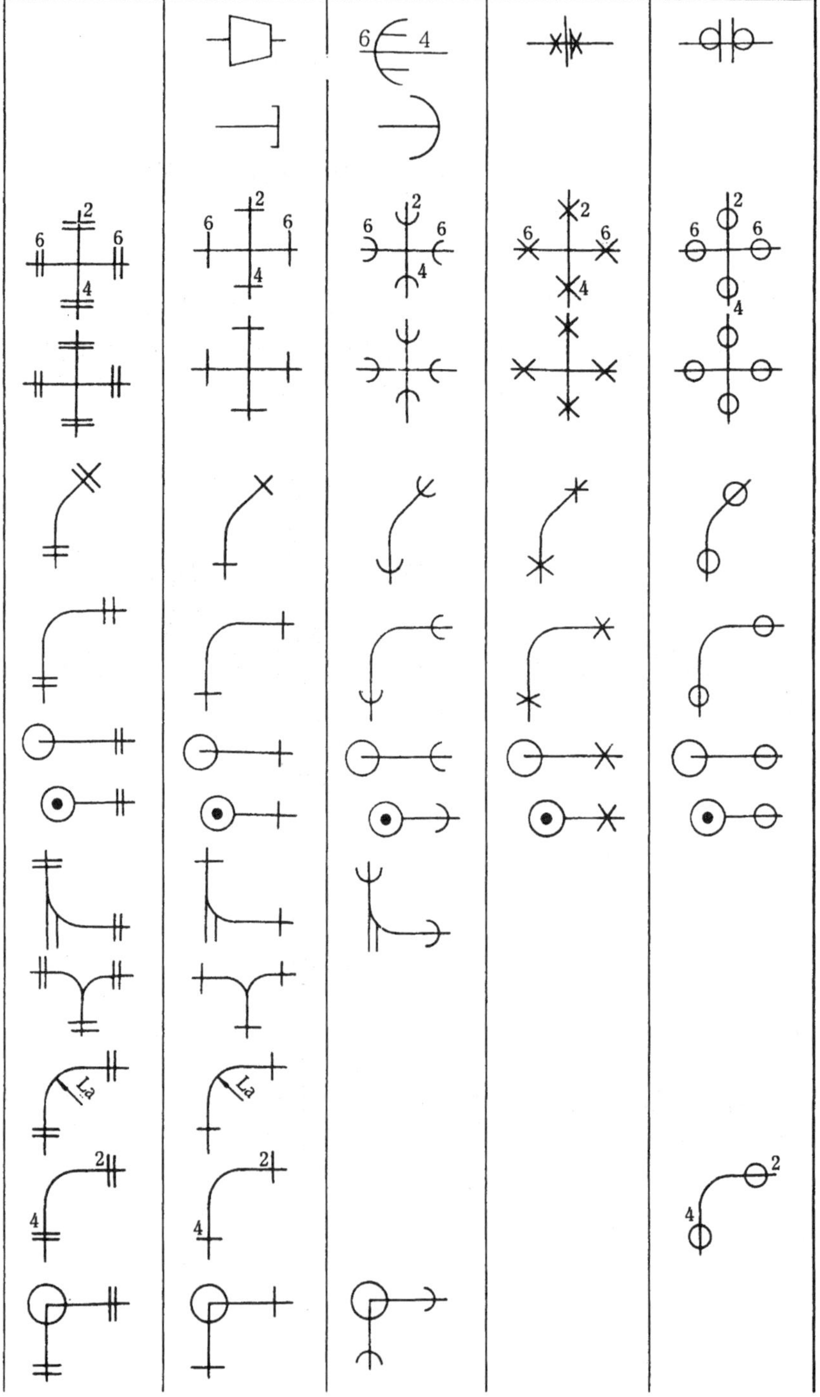

구　분	플랜지 이음	나사 이음	턱걸이 이음	용접 이음	땜 이음
4.10 옆가지 엘보 （오는 것） SIDE OUTLET （OUTLET UP）					
5. 조인트					
5.1 조인트 　CONNECTING 　PIPE					
5.2 팽창 조인트 　EXPANSION					
6. 와이（Y）타이 　LATERAL					
7. 오리피스 플랜지 　ORIFICE 　　FLANGE					
8. 줄임 플랜지 　REDUCING 　　FLANGE					
9. 플러그 　PLUGS					
9.1 벌 플러그 　BULL PLUG					
9.2 파이프 플러그 　PIPE PLUG					
10. 줄이개 　REDUCER					
10.1 줄이개 　CONCENTRIC					
10.2 편심 줄이개 　ECCENITRIC					
11. 슬리브 　SLEEVE					
12. 티					
12.1 티 　（STRAIGHT） 　SIZE					
12.2 오는 티 　（OUTLET UP）					
12.3 가는 티 （OUTLET DOWN）					
12.4 쌍스위프 티 　（DOUBLE 　　SWEEP）					

구 분	플랜지 이음	나 사 이 음	턱걸이 이음	용접 이음	땜 이 음
12.5 줄임 티 REDUCING					
12.6 스위프 티 (SINGLE SWEEP)					
12.7 옆가지 티 (가는 것)SIDE OUTLET (OUT LET DOWN)					
12.8 옆가지 티 (오는 것) SIDE OUTLET (OUT LET UP)					
13. 유니언 UNION					

(2) 밸브 도시기호

구 분	플랜지 이음	나 사 이 음	턱걸이 이음	용접 이음	땜 이 음
14. 앵글 밸브 ANGLE VALVE					
14.1 앵글 체크밸브(CHECK)					
14.2 슬루스 앵글 밸브(수직) GATE(ELEVATION)					
14.3 슬루스 앵글 밸브(수평) GATE(PLAN)					
14.4 글로브 앵글 밸브(수직) GLOBE (ELEVATION)					
14.5 글로브 밸브(수평) GLOBE(PLAN)					
14.6 호스 앵글 밸브 HOSE ANGLE	기호 22.1과 같다				
15. 자동 밸브 AUTOMATIC VALVE					
15.1 바이패스 자동 밸브 BY PASS					
15.2 거버너 자동밸브 GOVERNOR-OPERATED					

구 분	플랜지 이음	나 사 이 음	턱 걸 이 이 음	용 접 이 음	땜 이 음
15.3 줄임 자동 밸브 REDUCING					
16. 체크 밸브 CHECK VALVE					
16.1 앵글 체크 밸브 ANGLE CHECK					
16.2 체크 밸브 (STRAIGHT WAY)					
17. 콕 COCK					
18. 다이어프램 밸브 DIAPHRAGM VALVE					
19. 플로트 밸브 FLOAT VALVE					
20. 슬루스 밸브 GATE VALVE					
20.1 슬로스 밸브					
20.2 앵글 슬루스 밸브 ANGLE GATE	기호14.2 및 14.3과 같다				
20.3 호스 슬루스 밸브 HOSE GATE	기호 22.2호와 같다				
20.4 전동 슬루스 밸브 MOTOR OPERATED					
21. 글로브 밸브 GLOBE VALVE					
21.1 글로브 밸브					
21.2 앵글 글로브 밸브 ANGLE GLOBE	기호 14.4 및 14.5와 같다				
21.3 호스 글로브 밸브 HOSE GLOBE	기호 22.3호와 같다				
21.4 전동 글로브 밸브 MOTOR OPERATED					
22. 호스 밸브 HOSE VALVE 22.1 앵글 호스 밸브 ANGLE					

구　　분	플랜지 이음	나사 이음	턱걸이 이음	용접 이음	땜 이음
22.2 글로브 호스 밸브 GATE					
22.3 글로브 호스 밸브 GLOBE					
23. 봉함 밸브 LOCKSHIELD VALVE					
24. 지렛대 밸브 QUICK OPEN- ING VALVE					
25. 안전 밸브 SAFETY VALVE					
26. 스톱 밸브 STOP VALVE	기호 20.1과 같다				
27. 감압밸브 REDUCING PRESSURE VALVE	기호 20.1과 같다				

(3) 냉난방 및 환기(Heating, Ventilating, and Air conditioning) 도시기호

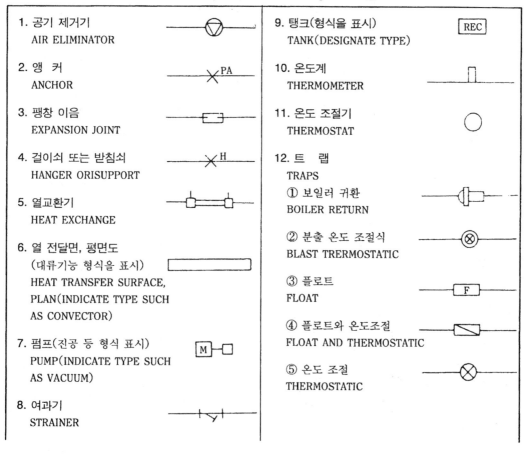

1. 공기 제거기
   AIR ELIMINATOR

2. 앵 커
   ANCHOR

3. 팽창 이음
   EXPANSION JOINT

4. 걸이쇠 또는 받침쇠
   HANGER ORISUPPORT

5. 열교환기
   HEAT EXCHANGE

6. 열 전달면, 평면도
   (대류기능 형식을 표시)
   HEAT TRANSFER SURFACE,
   PLAN(INDICATE TYPE SUCH
   AS CONVECTOR)

7. 펌프(진공 등 형식 표시)
   PUMP(INDICATE TYPE SUCH
   AS VACUUM)

8. 여과기
   STRAINER

9. 탱크(형식을 표시)
   TANK(DESIGNATE TYPE)

10. 온도계
    THERMOMETER

11. 온도 조절기
    THERMOSTAT

12. 트 랩
    TRAPS
    ① 보일러 귀환
    BOILER RETURN

    ② 분출 온도 조절식
    BLAST TRERMOSTATIC

    ③ 플로트
    FLOAT

    ④ 플로트와 온도조절
    FLOAT AND THERMOSTATIC

    ⑤ 온도 조절
    THERMOSTATIC

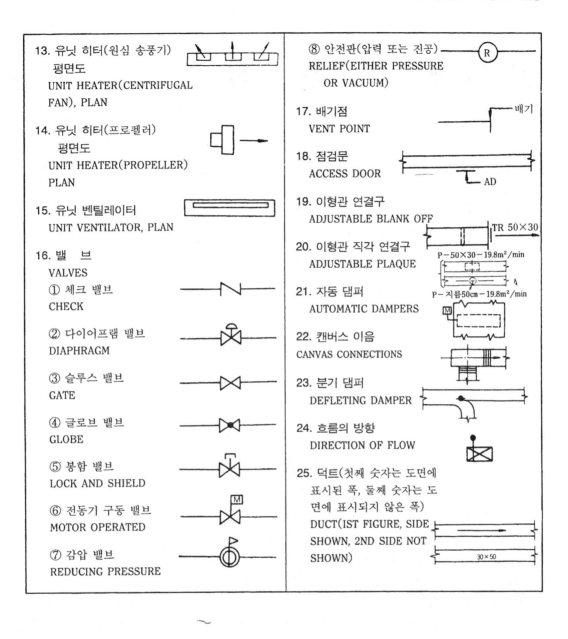

13. 유닛 히터(원심 송풍기) 평면도
UNIT HEATER(CENTRIFUGAL FAN), PLAN

14. 유닛 히터(프로펠러) 평면도
UNIT HEATER(PROPELLER) PLAN

15. 유닛 벤틸레이터
UNIT VENTILATOR, PLAN

16. 밸 브
VALVES

① 체크 밸브
CHECK

② 다이어프램 밸브
DIAPHRAGM

③ 슬루스 밸브
GATE

④ 글로브 밸브
GLOBE

⑤ 봉함 밸브
LOCK AND SHIELD

⑥ 전동기 구동 밸브
MOTOR OPERATED

⑦ 감압 밸브
REDUCING PRESSURE

⑧ 안전판(압력 또는 진공)
RELIEF(EITHER PRESSURE OR VACUUM)

17. 배기점
VENT POINT

18. 점검문
ACCESS DOOR

19. 이형관 연결구
ADJUSTABLE BLANK OFF

20. 이형관 직각 연결구
ADJUSTABLE PLAQUE

21. 자동 댐퍼
AUTOMATIC DAMPERS

22. 캔버스 이음
CANVAS CONNECTIONS

23. 분기 댐퍼
DEFLETING DAMPER

24. 흐름의 방향
DIRECTION OF FLOW

25. 덕트(첫째 숫자는 도면에 표시된 폭, 둘째 숫자는 도면에 표시되지 않은 폭)
DUCT(IST FIGURE, SIDE SHOWN, 2ND SIDE NOT SHOWN)

 제 4 장 용 접

용접은 2개의 금속을 가스나 전기 등의 열원으로 녹여 붙여 영구적으로 결합시키는 방법을 말한다.

용접 방법에는 가스 용접과 전기 용접이 있으며, 전기 용접은 아크 용접과 저항 용접으로 나누고 용접의 종류에는 맞대기, 겹치기, 모서리, 변두리 이음이 있으며, 맞대기 용접에는 홈의 모양에 따라 여러 가지 홈의 형상이 있다.

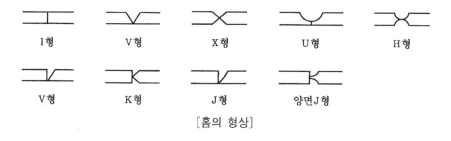

[홈의 형상]

§1. 용접의 종류

① 가스 용접 : 가연성가스를 연소시켜 용접하는 방법
② 아크 용접 : 아크를 발생시켜 아크열로 모재를 녹여 용접하는 방법
③ 테르밋 용접 : 산화철과 알루미나와의 혼합분말을 점화하여 산화철을 환원하며 이 때 발생하는 고온의 용융철로서 용접하는 방법
④ 스폿 용접 : 모재를 겹쳐놓고 정착한 부분의 작은 면적에 전극을 가압하여 용접하는 방법
⑤ 프로젝션 용접 : 용접하려고 하는 금속판의 한쪽 또는 양쪽에 돌기부분을 만들어놓고 압력을 주면서 전류를 통하여 용접하는 스폿 용접법의 일종이다.
⑥ 플래시 용접 : 용접재를 적당한 거리에 놓고 서로 서서히 접근시키면서 대 전류를 통해 용접재 사이에서 생기는 스파크 (spark)열에 의하여 용접하는 방법
⑦ 필릿 용접 ; 겹치기 이음, T형 이음, 모서리 이음에 있어서 대략 직교하는 두 면을 결합하는 3각형 단면의 용착부를 갖는 용접을 말한다.
⑧ 맞대기 용접 : 모재와 모재를 맞댄 상태에서 전류를 통하여 저항 용접하는 방법

§2. 용접기호와 표시방법

각종 용접이음은 일반적으로 제작에서 사용되는 용접부의 형상과 유사한 기호로 표시한다. 용접기호는 기본기호와 보조기호로 나타낸다.

2-1 기본기호

기본기호를 다음 표에 나타낸다. 만일 이음의 상세가 명기되어 있지 않을 경우에는 이 이음은 단지 용접, 브레이징, 솔더링 중 어느 것으로 이었다는 것을 뜻한다.

기본기호는 외부표면의 형상 및 용접부 형상의 특징을 나타내는 기호에 따른다.

표 1 기본기호

명 칭	기 호	명 칭	기 호
양면 플랜지형 맞대기 이음	︵	평면형 평행 맞대기 이음	‖
한쪽면 V형 홈 맞대기 이음	V	한쪽면 K형 맞대기 이음	V
부분 용입 한쪽면 V형 맞대기 이음	Y	한쪽면 U형 홈 맞대기 이음	Y
부분 용입 한쪽면 K형 맞대기 이음	Y	한쪽면 J형 맞대기 이음	Y
플러그 또는 슬롯 용접	⊓	뒷면 용접	⌣
스폿 용접	○	심 용접	⊖
급경사면(스팁 플랭크) 한쪽면 V형 홈 맞대기 이음 용접	⩔	급경사면(스팁 플랭크) 한쪽면 V형 홈 맞대기 이음	⩔
가장자리 용접	‖‖	서페이싱	⌢⌢
서페이싱 이음	＝	경사 이음	⫽
겹침 이음	⊇		

2-2 보조기호

보조기호는 기본기호를 보다 상세하게 지시하기 위해 사용된다. 보조기호가 없는 경우에는 용접부 표면의 형상을 정확히 지시할 필요가 없다는 것을 뜻한다.

표 2 보조기호

용접부 및 용접부 표면의 형상	기 호	용접부 및 용접부 표면의 형상	기 호
평면(동일 평면으로 다듬질)	——	끝단부를 매끄럽게 함	⊔
볼록형	⌒	영구적인 덮개판을 사용	M
오목형	⌣	제거 가능한 덮개판을 사용	MR

표 3 기본기호와 보조기호의 조합 예

명 칭	도 시	기 호
한쪽면 V형 맞대기 용접 －평면(동일면) 다듬질		
양면 V형 용접 －볼록면 다듬질		
필릿 용접 －오목면 다듬질		
뒤쪽면 용접을 하는 한쪽면 맞대기 용접 －양면 평면 다듬질		
뒤쪽면 용접과 넓은 루트면을 가진 한쪽면 V형 맞대기 용접 －용접한 대로		
한쪽면 V형 다듬질 맞대기 용접 －동일면 다듬질		
필릿 용접 끝단부를 매끄럽게 다듬질		

2-3 도면상의 용접기호 기입법

다음과 같은 3가지 기호로 구성된 기호는 모든 표시방법 중 단지 한 부분을 만든다.

· 하나의 이음에 하나의 화살표

· 하나는 연속이고 다른 하나는 파선인 2개의 평행선으로 된 2중 기준선

· 치수선의 정확한 숫자와 규정상의 기호

(1) 파선은 연속선의 위 또는 그 바로 아래 중 어느 한 가지로 그을 수 있다.

(2) 좌우 대칭인 용접부에서는 파선은 필요 없고 생략하는 것이 좋다.

(3) 화살표의 위치는 명확한 목적에 근거하여 선택되며 일반적으로 화살은 이음에 직접 인접한 부분에 배치한다.

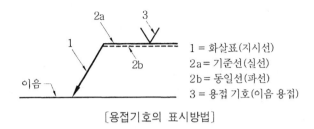

1 = 화살표(지시선)
2a = 기준선(실선)
2b = 동일선(파선)
3 = 용접 기호(이음 용접)

[용접기호의 표시방법]

(a) 화살표쪽 용접　　　　　(b) 화살표 반대쪽 용접

[T 이음의 한쪽면 필릿 용접]

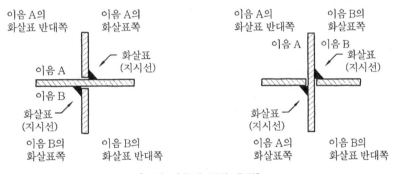

[+자 이음의 필릿 용접]

(4) 화살표는 기준선에 대하여 각도가 있도록 하여 기준선의 한쪽 끝에 연결한다.

(5) 화살표 및 기준선에는 모든 관련 기호를 붙인다. 예를 들면 용접 밥법, 허용수준, 용접 자세, 용가제 등 상세항목을 표시하려는 경우에는 기준선의 끝에 꼬리를 덧붙인다.

(6) 용접방법의 표시가 필요한 경우에는 기준선의 끝의 2개의 꼬리 사이에 숫자로 표시한다.

(7) 이음과 치수에 관한 정보는 다음 순서에 따라 꼬리 안에 상세한 정보를 표시함으로써 보충할 수 있다.

① 용접방법
② 허용 수준
③ 작업 자세
④ 용가제

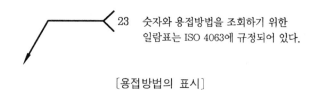

23 숫자와 용접방법을 조회하기 위한
일람표는 ISO 4063에 규정되어 있다.

[용접방법의 표시]

(8) 용접부의 화살표 위치는 한쪽면 K형 맞대기 이음, 부분용입 한쪽면 K형 맞대기 이음, 한쪽면 J형 맞대기 이음인 경우에는 화살표는 준비된 판 방향을 향하여 표시한다.

[화살표의 위치]

(9) 기준선에 대한 기호의 위치는 기준선 위 또는 그 아래 둘 중 어느 한쪽에 표시한다.
　① 용접부 (용접면)가 이음의 화살표 쪽에 있을 때에는 기호는 실선쪽의 기준선에 기입한다.
　② 용접부가 이음의 화살표와 반대쪽에 있을 때에는 기호는 파선쪽에 기입한다.
　③ 좌우대칭인 양면 용접일 경우에는 파선은 생략하고 기호를 기준선 위, 아래에 대칭으로 기입한다.

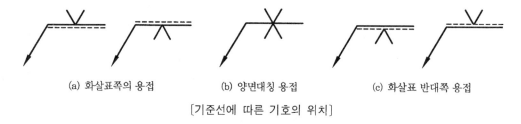

(a) 화살표쪽의 용접　　　　(b) 양면대칭 용접　　　　(c) 화살표 반대쪽 용접
[기준선에 따른 기호의 위치]

(10) 기준선의 위치는 도면의 이음부를 표시하는 선에 평행으로 또는 불가능한 경우 수직으로 기입해야 한다.

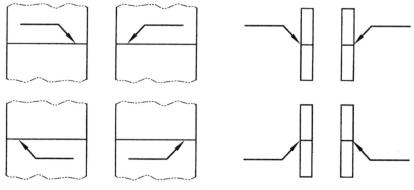

[기준선과 화살표의 위치]

2-4 대칭적인 용접부의 조합기호

부재의 양쪽을 용접하는 경우에는 적당한 기본기호를 기준선에 좌우대칭으로 조합시켜 배치하는 방법으로 표시한다.

표 4 대칭적인 용접부의 조합기호

명 칭	도 시	기 호
양면 V형 맞대기 용접(X형 이음)		X
양면 V형 맞대기 용접		K
부분용입 양면 V형 맞대기 용접(부분용입 X형 이음)		Y
부분용입 양면 K형 맞대기 용접(부분용입 K형 이음)		K
양면 V형 맞대기 용접(X형 이음)		⅄

2-5 용접부의 치수 표시

각 이음의 기호에는 확정된 치수의 숫자를 덧붙인다.

(1) 가로 단면에 관한 주요 치수는 기호의 좌측 (기호의 앞)에 기입한다.

(2) 세로단면 방향의 치수는 기호의 우측 (기호의 뒤)에 기입한다.

(3) 판의 끝 단면에 용접되는 용접부의 치수는 도면상 외에는 기호로 표시하지 않는다.

(4) 기호에 연달아 어떠한 표시도 없는 경우에는 공작물의 전 길이에 걸쳐 연속용접을 하는 것을 뜻한다.

[원칙적인 치수 표시의 예]

(5) 치수표시가 없는 한 맞대기 용접에서는 완전 용입 용접을 한다.

(6) 필릿 용접부에는 다음 그림 (a)와 같이 문자 a 또는 z를 해당하는 치수값의 앞에 항상 배치한다.

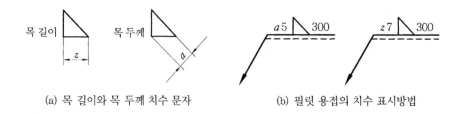

(a) 목 길이와 목 두께 치수 문자   (b) 필릿 용접의 치수 표시방법

(7) 필릿 용접부 용입 깊이를 지시하는 데에는 다음 그림에 나타낸 목두께 s가 있다.

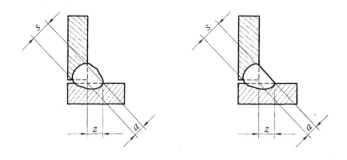

(c) 필릿 용접의 용입 깊이의 치수 표시방법

2-6 보조 지시

보조 지시는 다음 그림과 같이 용접부의 각종 특성을 상세하게 지시하기 위해 필요하다.

(1) 현장 용접
현장 용접의 경우에는 다음 그림과 같이 깃발 기호로 표시한다.

(2) 일주 용접
용접이 부재의 전부를 일주하여 용접하는 경우에는 다음 그림과 같이 지시선의 꺾인 부분에 원의 기호로 표시한다.

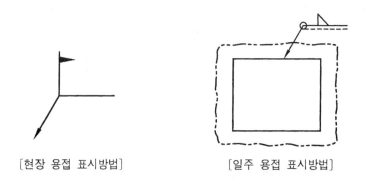

[현장 용접 표시방법]   [일주 용접 표시방법]

2-7. 용접기호 기입방법

표 5 기호의 사용 예

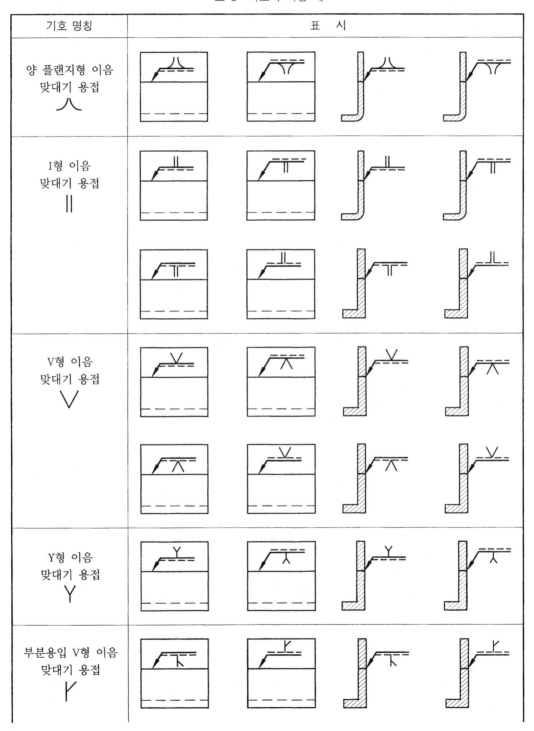

기호 명칭	표 시
양 플랜지형 이음 맞대기 용접 人	
I형 이음 맞대기 용접 ∥	
V형 이음 맞대기 용접 V	
Y형 이음 맞대기 용접 Y	
부분용입 V형 이음 맞대기 용접 Y	

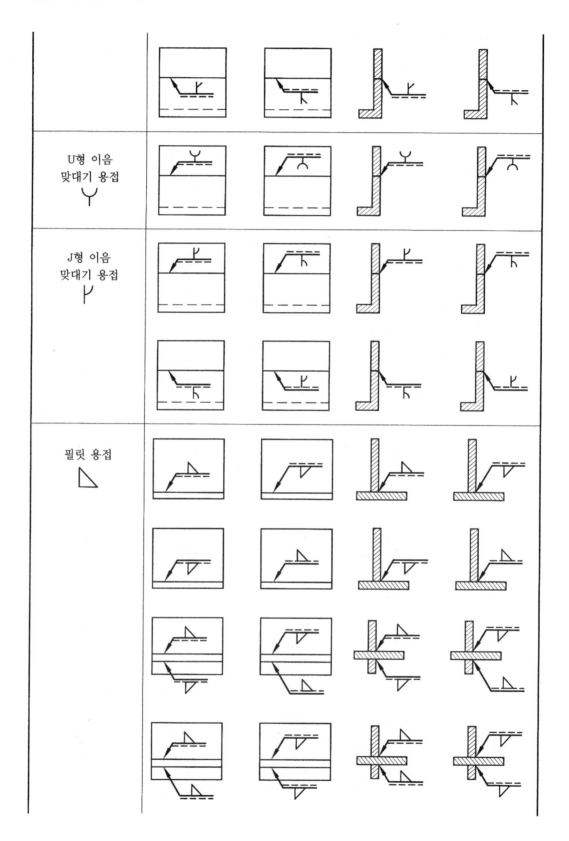

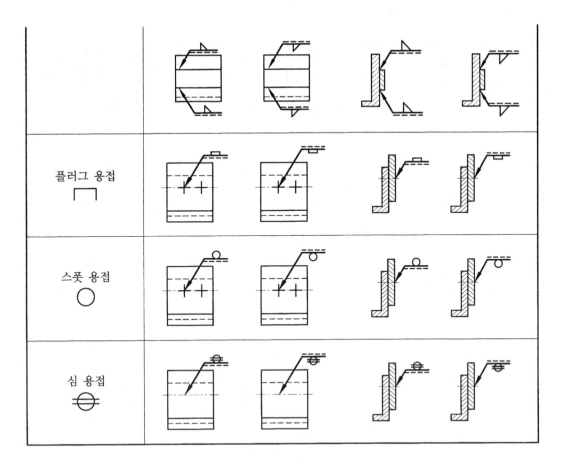

표 6 기본 기호의 조합 예

기호 명칭	표 시
양 플랜지형 이음 맞대기 용접 ⋏ 반대쪽 용접공정 있음 ⌣	
I형 이음 맞대기 용접 ‖ 양면용접	
V형 이음 맞대기 용접 ⋎ 반대쪽 용접공정 있음 ⌣	

한쪽면 V형 이음 맞대기 용접 ∨ 한쪽면 U형 이음 맞대기 용접 ∨		
양면 V형 이음 맞대기 용접 ∨ X형 이음 용접		
양면 K형 이음 맞대기 용접		
루트면 있는 양면 K형 이음		
양면 U형 이음 맞대기 용접		
양면 J형 이음 맞대기 용접		
필릿 용접		
루트면 있는 양면 K형 이음		

제5장 기하공차

§1. 기하공차의 기초

인간이 만들어내는 모든 제품은 치수, 모양, 자세, 위치 등에 관하여 어떠한 최신의 기계나 제작방법을 이용해도 정확한 치수나 형상으로 만들어낼 수는 없다.

기계에 요구되는 모든 제품의 성능이 좋아지고 고정밀도, 품질향상, 원가절감 등을 위하여 제작하려는 물체를 사용할 때의 필요한 요건에 맞도록 어디까지 정확한 치수나 형상에 접근시키느냐가 중요한 문제이다. 이러한 요구에 대응하기 위하여 제작하려는 물체를 설계에 의하여 도면으로 그리고 그 도면에 치수와 공차를 규제하고 필요한 기술정보를 나타내서 그 도면에 의해 부품을 제작하게 된다.

오늘날과 같은 고도의 공업화, 생산의 근대화 및 국제화 시대에 공장이나 작업자의 현장판단에 맞기는 등의 전근대적인 수법으로는 필요한 정밀도와 고성능, 고품질, 원가절감을 기대할 수가 없다.

종전까지 사용했던 도면은 대부분 치수공차와 주기 사항으로 규제되어 있고 기하공차 (모양공차, 자세공차, 흔들림공차, 위치공차)에 대한 규제가 없어 제작된 제품이 기능상 문제, 결합상 문제, 검사상의 문제, 호환성에 대한 문제, 불량률 증대 등 여러 가지 문제점을 안고 있다.

최근에는 급속한 기계공업의 발전으로 인해 산업구조가 달라지고 있고 국제화 추세로 이어져 신기술 규격이 국제표준 규격으로 제정되고 있다. 필요한 부분에 기하공차를 규제하지 않고 치수공차만으로 규제된 도면에 의해 부품을 제작할 때 기하공차에 대한 사항은 현장 작업자에 일임된 사항이었고 필요한 경우에 주기사항으로 지시하였다. 그러나 작업장에 일임된 사항으로는 여러 가지 문제와 값비싼 다량의 불량품이 발생되고 기능상 필요가 없는 경우에도 정밀하게 제작하는 데 시간 소비가 많이 발생되는 등 결국 원가상승의 원인이 되는 경우가 발생되었다. 이러한 문제점을 보완하고 해결하기 위해 기하공차에 대한 신기술규격이 국제적으로 규격화되어 있고, 한국산업규격(KS)에서는 기하공차에 대한 내용이 산업규격으로 제정되어 있다.

기하공차는 미국 ANSI(american national standard industrial)에서 ANSI Y 14.5-1966이 표준규격으로 제정되고 그 후 ANSI 규격을 바탕으로 국제표준화기구 ISO (international organization for standardization)에서 ISO/TC-10-1969 규격이 제정되었고, 최근 ANSI 규격은 ANSI Y 14.5 M-1982로 종전의 규격에 M을 추가하여 인치(inch)를 미터법(mm)으로 바꿔 미국 제조회사들은 대부분 이 규격을 사용하고 있다.

한국 산업규격(KS)은 ISO 규격을 받아들여 기하공차에 대한 규격으로 제정되어 있다. 기하공차에 대한 KS 규격은 다음과 같다.

① 기하편차의 정의 및 표시(KS B 0425-1986)
② 최대실체 공차방식(KS B 0242-1986)
③ 기하공차의 도시방법(KS B 0608-1987)
④ 기하공차를 위한 데이텀(KS B 0243-1987)
⑤ 제도-기하공차 표시방식-위치도 공차방식(KS B 0418-1992)
⑥ 제도-공차 표시방식의 기본원칙(KS B 0417-1992)
⑦ 개별적인 공차의 지시가 없는 형체에 대한 기하공차(KS B 0416-1992)

§2. 기하공차의 필요성

기계공업의 급속한 발전으로 기계에 요구되는 정밀도, 성능, 품질에 대응하려면 도면에 설계자의 의도를 정확하게 나타내야 한다. 이러한 요구는 설계자-제작자-검사자-조립자 간에 일률적인 해석이 되도록 도면에 어떻게 나타내느냐가 중요하다. 이와 같은 조건을 충족시키기 위해서는 숫자, 문자, 기호를 사용하여 나타내되 가급적 언어에 의한 주기는 피해야 한다. 또 도면에 나타내는 모든 정보는 국제적으로 통용되는 통일된 것이어야 한다.

도면은 정밀도의 대상이 되는 점, 선, 축선, 면을 갖는 형체로 구성되며 형체의 정밀도 중 공차에 관련되는 것은 크기, 형상, 자세, 위치의 4요소이다. 이들 4요소의 정확한 규제가 없으면 그 도면은 완전하다고 볼 수 없다.

따라서 이들 4요소의 역할을 확실히 파악하여 도면에 나타내려면 치수공차와 기하공차에 의해 나타내야 한다.

치수공차만으로 나타낸 도면은 형상 및 위치에 대한 기하학적 특성을 규제할 수 없기 때문에 규제조건이 미흡하여 설계자의 의도를 정확하게 전달할 수 없고 불완전성을 가지고 있어 완전한 도면이 되지 못한다. 또 정확한 제품생산이 곤란하며 설계, 제작, 검사상에도 문제가 있다. 그리고 기능상이나 호환성 면에서도 문제가 있어 조립불능의 부품이 수없이 나오거나 조립되어도 충분한 기능을 발휘하지 못하여 기대한 성능을 확보할 수 없었다.

이들 원인은 도면에 정확한 내용을 나타내지 못함에 따른 불완전성에 있다.

2-1 도면상의 불완전성

① 위치결정의 공차지정이 불완전하며 공차의 누적이나 공차역의 일률적인 해석이 곤란해 조립상 문제점이 많다.
② 기준이 되는 형체의 지정이 없는 것이 많아 위치 등을 제대로 정할 수 없는 경우가 많다. 또한 기준이 되는 형체가 지정되어 있어도 그 정의가 불확실하여 설계, 제작, 검사상에 있어 각자 나름대로의 해석이 각각이다.
③ 치수공차에 의해 형상이 규제되는지의 여부 또한 기하공차의 공차역의 정의나 도시(圖示) 방법이 분명하지 않아 설계자의 의도가 정확히 제작 및 검사팀에게 전달되지 않는

일이 많다.

④ 기능과 관계없이 현장판단으로 하기 때문에 완제품으로 조립되어도 제 기능을 발휘하지 못하는 경우가 많다.

이와 같은 점을 개선하기 위해 ANSI, ISO 규격에서 국제적으로 통용되도록 기하공차를 규격으로 제정하여 일률적인 해석이 되도록 하였다.

공업기술의 고도화, 국제화되고 있는 오늘날 기하공차 도시방법의 필요성은 다음과 같은 이유로 더욱 증대되고 있다.

2-2 기하공차 도시방법의 필요성

① 기술수준이 향상되고 기계류의 성능이 고도화함에 따라 부품정밀도에 대한 요구가 증대되었다.

② 국제제휴, 공동기술 개발, 국제 분업생산 등이 늘어남에 따라 각 나라 사이에 연락의 어려움과 실행방법의 차이 등으로 호환성의 확보나 기능 향상면에 있어 과거보다 더한 배려가 요구되었다.

③ 새로운 기술개발로 인해 종전방법으로는 대처할 수 없는 분야가 확산되고 있고 새로운 생산방식의 채택으로 인해 지난날의 고유 기술만으로는 처리할 수 없는 일이 늘어나고 있다.

④ 기업체간이나 국제경쟁을 위해 생산성 향상 및 생산원가 절감이 절실히 요구되어 정밀도 설계에도 경제성의 향상을 도입할 필요성이 높아졌다.

이러한 이유로 높은 정밀도를 확보하고 불량률을 줄이고 경제성도 제고할 수 있는 기하공차의 도입과 국제적으로 통용되는 그 도시방법을 채택해야 할 필요성이 절실히 요구되고 있다.

기하공차는 치수공차만으로 규제된 도면의 문제점을 보완·개선하여 보다 정확하고 확실한 정보를 도면상에 규제하여 경제적으로 제품을 생산할 수 있고 기능관계에 중점을 두고 치수공차와 기하공차를 규제하는 방법이다.

§3. 치수공차와 기하공차의 관계

그림 [지름공차로 규제된 구멍과 핀]은 치수공차만으로 규제된 구멍과 핀이 결합되는 부품으로 치수공차상으로는 결합이 되도록 공차가 주어졌다. 이 경우에 구멍은 최소(ϕ10), 핀은 최대(ϕ10)로 제작되었을 때 치수상으로는 결합이 될 수 있으나 형상이 그림 [구멍의 형상], [핀의 형상]과 같이 되었을 경우 결합조건은 다음과 같다.

① 구멍에 핀이 결합되는 조건 : 구멍의 D_L보다 핀 지름이 작아야 한다.

② 핀에 구멍이 결합되는 조건 : 핀의 d_h보다 구멍의 지름이 커야 한다.

따라서 치수공차를 만족시키는 부품으로 제작되었다 하더라도 구멍과 핀의 형상에 따라서 결합관계가 결정된다.

　그림 [구멍의 형상]에서 (b) 구멍의 경우 구멍의 형상이 얼마나 변형되었느냐에 따라 여기에 결합되는 핀의 지름이 결정되며 그림 [핀의 형상]에서 (b)의 경우 핀의 형상이 얼마나 변형되었느냐에 따라 여기에 결합되는 구멍의 지름이 결정된다.

　따라서 구멍과 핀에 형상에 대한 기하공차를 규제함으로서 형상에 따른 결합상의 문제를 해결할 수가 있다.

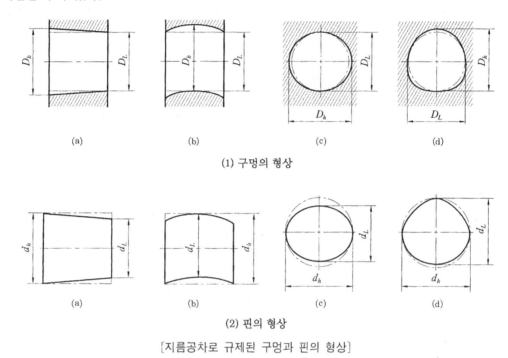

(1) 구멍의 형상

(2) 핀의 형상

[지름공차로 규제된 구멍과 핀의 형상]

§4. 치수공차만으로 규제된 형체의 도면분석

4-1 진직한 형상

　그림 (a)와 같이 핀과 구멍에 치수공차만으로 규제된 도면에서 핀의 경우 지름공차로 규제된 핀과 구멍은 그림과 같이 완전한 진직한 형상으로 제작될 수는 없다. 핀에 규제된 것은 치수공차만으로 규제되었고 형상에 대한 규제가 없으므로 중간 그림 (b)와 같이 휘어진 형상으로 제작될 수가 있다. 이 경우에 버니어 캘리퍼스나 마이크로미터로 두 점 측정으로 지름을 측정했을 때 주어진 지름공차를 만족시킬 수가 있다. 핀이 구멍에 결합된다면 핀의 형상에 따라 구멍의 지름이 달라질 수 있으므로 핀에 결합되는 구멍의 지름을 결정하기 어렵다. 따라서 핀에 규제된 치수공차를 만족시키는 부품으로 제작되어도 기능상, 결합상 문제가 생길 수 있다. 핀과 구멍이 정확·정밀하게 결합되는 부품이라면 치수공차와 더불어 기하공차(진직도)로 규제할 필요가 있다.

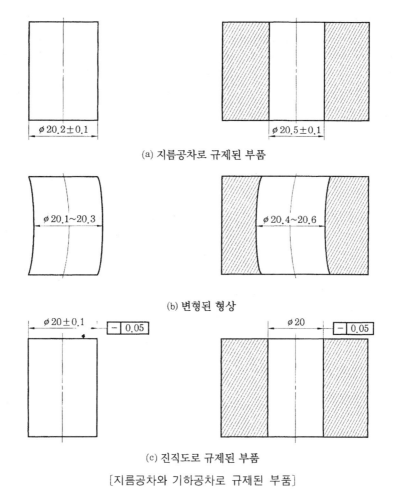

(a) 지름공차로 규제된 부품

(b) 변형된 형상

(c) 진직도로 규제된 부품

[지름공차와 기하공차로 규제된 부품]

(1) 구멍과 핀의 형상에 따른 결합상태

다음 그림에서 부품 1과 부품 2가 결합될 때 부품 1 구멍의 최소지름이 φ10, 부품 2의 최대 지름이 φ10일 때 최악의 결합상태가 된다. 이때 구멍과 핀의 형상이 완전하면 그림 (c)와 같이 결합이 될 수 있으나 그림 [변형된 형상과 결합상태])과 같이 구멍과 핀의 형상이 완전하지 않으면 결합이 될 수 없다.

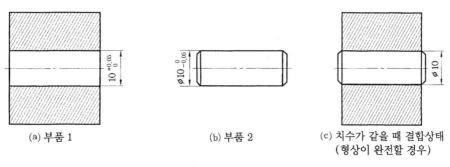

(a) 부품 1   (b) 부품 2   (c) 치수가 같을 때 결합상태 (형상이 완전할 경우)

[치수공차로 규제된 부품]

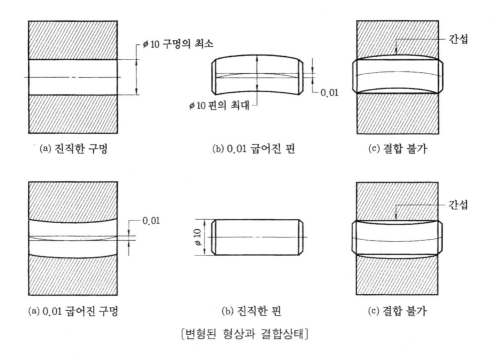

(a) 진직한 구멍   (b) 0.01 굽어진 핀   (c) 결합 불가

(a) 0.01 굽어진 구멍   (b) 진직한 핀   (c) 결합 불가

[변형된 형상과 결합상태]

(2) 끼워맞춤과 기하공차의 관계

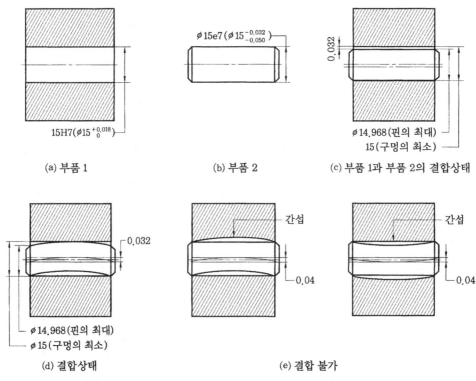

(a) 부품 1   (b) 부품 2   (c) 부품 1과 부품 2의 결합상태

(d) 결합상태   (e) 결합 불가

[끼워맞춤으로 규제된 부품과 결합상태]

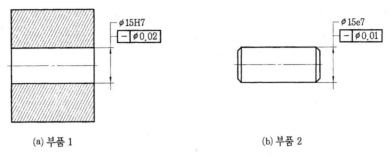

(a) 부품 1   (b) 부품 2

〔끼워맞춤과 진직도로 규제된 부품〕

부품 1과 부품 2에 헐거운 끼워맞춤으로 치수가 지시되어 있다.

이 경우에 구멍이 최소 ϕ 15, 핀이 최대 ϕ 14.968일 때 그림 (c)와 같이 치수공차상으로는 0.032만큼의 틈새가 있는 헐거운 끼워맞춤으로 결합이 된다. (형상이 완전할 때)

그러나 부품 1과 부품 2가 형상이 0.032보다 더 변형되는 경우에는 그림 (d)와 (e)같이 빡빡하거나 결합이 안되는 경우가 생긴다. 따라서 설계자의 의도대로 헐겁게 끼워맞춤되게 하려면 끼워맞춤 공차와 기하공차 (진직도)로 규제할 필요가 있다.

4-2 동축 형체

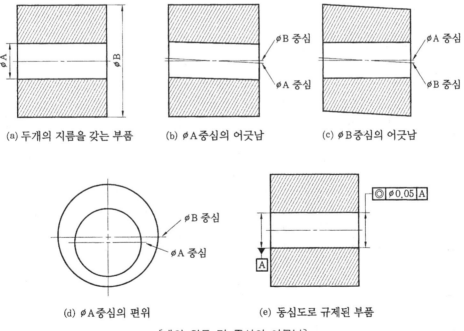

(a) 두개의 지름을 갖는 부품   (b) ϕ A중심의 어긋남   (c) ϕ B중심의 어긋남

(d) ϕ A중심의 편위   (e) 동심도로 규제된 부품

〔내외 원통 각 중심의 어긋남〕

외형과 구멍중심이 동축인 경우 ϕ A와 ϕ B에 지름공차로 규제된 부품이 그림 (a)와 같이 동축으로 제작된다는 보장은 없다. 그림 (b), (c), (d)와 같이 ϕ A와 ϕ B의 중심이 어긋날 수

가 있지만 ϕA와 ϕB의 지름공차를 만족시킬 수 있다. 이와 같이 두 중심이 어긋났을 경우 기능상, 결합상 문제가 생길 수 있으므로 ϕA와 ϕB 중심의 편위량을 규제할 필요가 있는 형체는 그림 (e)와 같이 동심도로 규제할 필요가 있다.

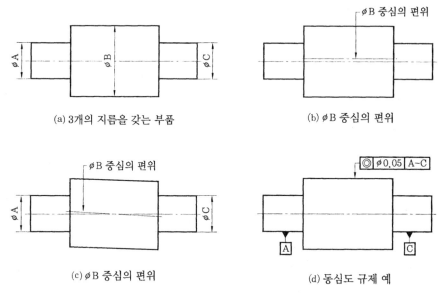

(a) 3개의 지름을 갖는 부품   (b) ϕB 중심의 편위

(c) ϕB 중심의 편위   (d) 동심도 규제 예

[ϕB 중심의 어긋남과 동심도 규제 예]

4-3 직각에 관한 형체

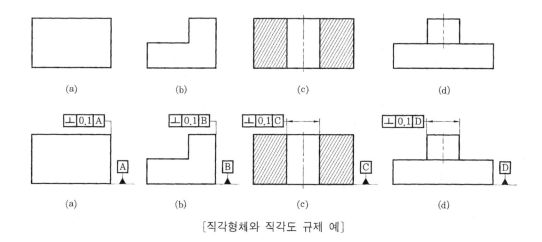

[직각형체와 직각도 규제 예]

위의 그림 (a), (b), (c), (d)와 같이 직각으로 된 형체의 경우 90°로 된 부분의 형체에 일반적으로 90°에 대한 각도에 공차를 규제하지 않는다. 이 경우 도면상에서 보면 직각으로 그려져 있지만 이론적으로 정확한 직각으로 만들 수는 없다. 어느 정도 직각에 접근시킬 수 있는지 규제조건이 부족하다. 이들 부품이 상대부품과 결합되면 90°에 대한 각도의 기울어진 정

도에 따라 결합상, 기능상의 문제가 발생될 수밖에 없다. 따라서 기능이나 결합상태에 따라 직각도를 규제할 필요가 있다.

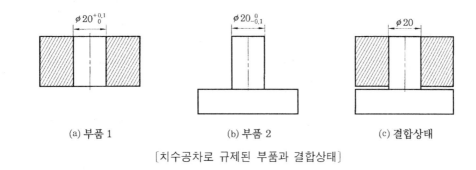

(a) 부품 1　　　　　　　(b) 부품 2　　　　　　　(c) 결합상태

[치수공차로 규제된 부품과 결합상태]

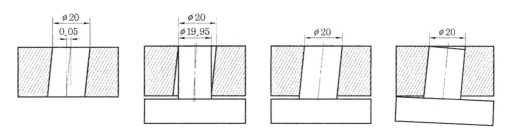

구멍이 최소 $\phi 20$일 때 0.05만큼 기울어질 경우 여기에 결합되는 핀의 최대지름은 $\phi 19.95$이며 구멍과 핀이 같은 방향으로 기울어지면 결합이 될 수 있으나 구멍과 핀 중심의 기울어진 방향에 따라 불완전한 결합이 될 수도 있다.

[구멍과 핀 중심이 기울어졌을 경우의 결합상태]

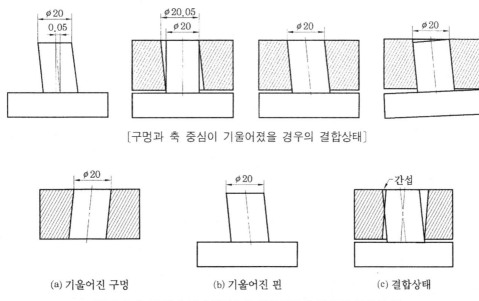

[구멍과 축 중심이 기울어졌을 경우의 결합상태]

(a) 기울어진 구멍　　　　　(b) 기울어진 핀　　　　　(c) 결합상태

[구멍과 축 중심이 반대방향으로 기울어졌을 경우의 결합상태]

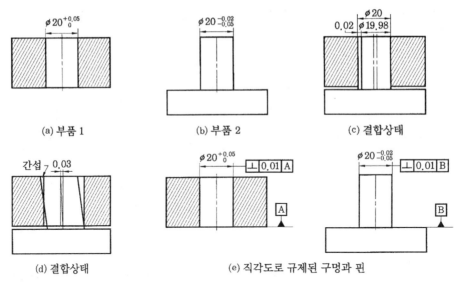

(a) 부품 1   (b) 부품 2   (c) 결합상태

(d) 결합상태   (e) 직각도로 규제된 구멍과 핀

[치수공차로 규제된 부품과 직각도로 규제된 부품]

4-4 평행한 형체

다음 그림과 같이 좌측면에서 구멍중심까지 위치에 대한 치수와 구멍의 지름공차로 규제된 부품의 경우 구멍중심까지의 치수 30±0.1 범위 내에서 상한치수 30.1과 하한치수 29.9로 제작될 수 있고 구멍의 최소 지름이 ∅9.9로 그림 (b), (c), (d)와 같이 제작되었을 때 여기에 결합되는 상대부품이 그림 (e)와 같이 결합되는 부품일 경우 구멍에 결합되는 핀의 최대지름이 ∅9.7보다 커서는 안 되며 이때 핀 중심까지의 거리는 정확히 평행한 30이어야 결합이 될 수 있다. 구멍 중심까지의 치수를 30±0으로 규제할 수 없으므로 30에 치수공차를 준다면 공차를 준 크기에 따라 상대적으로 핀 지름이 ∅9.7보다 작아야 한다.

따라서 좌측면을 기준으로 구멍중심의 평행도가 중요한 부품일 경우 그림 (f)와 같이 평행도로 규제한다.

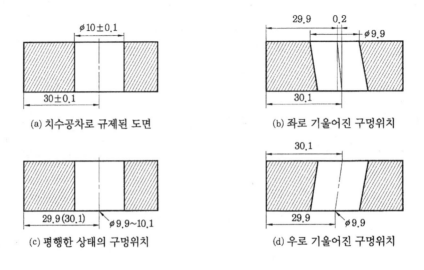

(a) 치수공차로 규제된 도면   (b) 좌로 기울어진 구멍위치

(c) 평행한 상태의 구멍위치   (d) 우로 기울어진 구멍위치

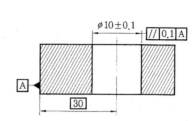

(e) 결합상태　　　　　　　　(f) 평행도로 규제된 도면

[구멍중심 위치와 평행도 규제 예]

4-5 위치를 갖는 형체

다음 그림과 같이 위치를 갖는 부품 1과 부품 2가 결합되는 형체일 때 그림 (b)와 같이 제 작될 수 있다. 이 경우 두 부품이 결합이 될 수 있는지를 검토해보면 결합이 될 수가 없다. 결합이 안 되는 이유를 알고 결합이 될 수 있도록 치수를 결정할 수 있어야 한다.

이 경우에 두 부품이 규제된 공차범위 내에서 극한상태에서도 결합이 될 수 있도록 하려 면 치수결정이 용이하지 않으며 검사, 측정이 용이하지 않다. 그림 (c)와 같이 위치도공차로 규제하면 치수결정이 용이하며 극한상태에서도 결합이 보장되며 게이지에 의한 검사가 용이 하다.

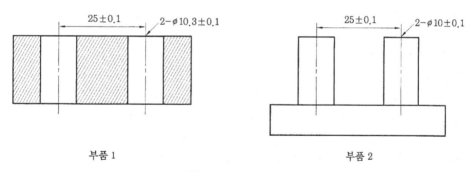

부품 1　　　　　　　　　　　　　　　부품 2

(a) 치수공차로 규제된 부품

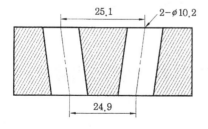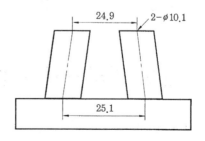

(b) 기울어진 구멍과 핀

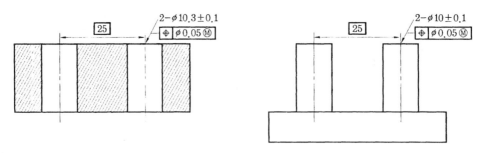

(c) 기하공차 (위치도)로 규제된 도면

[치수공차로 규제된 부품과 위치도공차로 규제된 부품]

앞에서 여러 가지 예를 들어 설명한 바와 같이 치수공차만을 위주로 도면에 나타낸 지시조건 만으로는 완전한 도면이 못되고 완전한 부품을 제작하기 어려우며 결합상, 기능상 문제가 많다. 따라서 이러한 문제점을 보완하고 일률적인 도면해독과 공차해석을 할 수 있도록 한 것이 기하공차이며 기능적인 면에 중점을 두고 설계상의 치수 및 공차를 명확히 하고 결합부품 상호간에 호환성과 결합을 보장하고 경제적이고 효율적이 생산을 위하여 도면상에 치수공차와 더불어 기하공차를 규제하여 치수공차만으로 규제된 도면의 여러 가지 문제점을 보완한 것이 기하공차이다.

기계공업의 발전과 산업구조의 급속한 변화와 국제화 추세에 따른 신기술 도입이 절실히 요구됨에 따라 기하공차의 적용은 국제적으로 통용이 되어가고 있는 추세이므로 기하공차를 이해하고 치수공차와 더불어 기하공차를 적용시킬 수 있는 능력을 갖추는 것은 엔지니어의 상식이고 기본이다.

기하공차 적용시 장점은 다음과 같다.

① 경제적이고 효율적인 생산을 할 수 있다.

② 생산원가를 줄일 수 있다.

③ 제작공차를 최대로 이용한 공차의 확대 적용으로 생산성을 향상시킬 수 있다.

④ 기능적인 관계에서 결합부품 상호간에 호환성을 주고 결합을 보증한다.

⑤ 설계 및 제작과정에서 공차상의 요구가 명확하게 정해지고 확실해지므로 해석상의 의문이나 어림짐작 등을 감소시킨다.

⑥ 기능게이지(functional gauge)를 적용하여 효율적인 검사, 측정을 할 수 있다.

⑦ 도면상의 통일성으로 인해 일률적인 도면해독 및 공차해석을 할 수 있다.

§5. 기하공차의 종류와 기호, 부가기호

기하공차의 종류는 모양공차, 자세공차, 흔들림공차, 위치공차로 분류되고 기능이나 결합상태에 따라 단독형체에만 적용되는 것과 관련형체 즉 대상이 되는 형체의 기준이 있어야 규제되는 것이 있으며 KS 규격에 의한 기하공차의 종류와 기호는 다음 표와 같다.

5-1 기하공차의 종류와 기호

표 1 기하공차의 종류와 기호 KS B 0608

공차 구분	기 호	공차의 종류	적용하는 형체
모양공차	─	진직도 (straightness)	단독형체
	⟋⟋	평면도 (flatness)	
	○	진원도 (roundness)	
	⌀	원통도 (cylindricity)	
	⌒	선의 윤곽도 (profile of a line)	단독형체 또는 관련형체
	⌓	면의 윤곽도 (profile of a surface)	
자세공차	//	평행도 (parallism)	관련형체
	⊥	직각도 (squareness)	
	∠	경사도 (Angularity)	
흔들림공차	↗	원주 흔들림(circular runout)	관련형체
	↗↗	온 흔들림(total runout)	
위치공차	◎	동심도 (concentricity)	관련형체
	⊕	위치도 (position)	
	⹀	대칭도 (symmetry)	

※ ANSI 규격에서는 대칭도를 1992년에 규격에서 삭제하고 대칭도로 규제할 수 있는 부품은 위치
도로 규제한다.

5-2 기하공차에 적용되는 부가기호

기하공차에 적용되는 부가기호는 기하공차로 규제하고자 하는 형체에 기하공차의 종류를
나타내는 기호와 규제조건의 기호 (Ⓜ, Ⓟ)와 이론적으로 정확한 치수, 형체의 기준을 나타내
는 데이텀 등의 부가기호를 도면상에 나타내며 KS에 규격으로 정해진 부가기호는 다음 표와
같다.

표 2 기하공차에 적용되는 부가기호 (KS B 0608)

표시하는 내용		기 호
공차붙이 형체	직접 표시하는 경우	
	문자기호에 의하여 표시하는 경우	
데이텀(datum)	직접 표시하는 경우	
	문자기호에 의하여 표시하는 경우	
데이텀 타깃 기입틀		$\frac{\phi 8}{A1}$
이론적으로 정확한 치수		100
돌출공차역		Ⓟ
최대실체 공차방식		Ⓜ

§6. 기하공차의 도시방법

6-1 기하공차를 지시하는 기입 테두리

도면상에 규제형체에 기하공차를 지시할 경우 기하공차에 대한 표시사항은 직사각형의 테두리를 두 구획 또는 그 이상으로 구분하여 그 테두리 안에 기하공차를 나타내는 기호, 공차역(ϕ 또는 R, Sϕ),공차값, 규제조건에 대한 기호 (Ⓜ, Ⓟ), 데이텀이 들어가는 칸으로 나누어진 테두리 안에 왼쪽에서 오른쪽으로 다음과 같이 기입한다.

① 단독형체에 기하공차를 지시하기 위하여는 기하공차의 종류를 나타내는 기호와 공차 값을 테두리 안에 나타낸다. [그림 (a)]

② 단독형체에 공차역을 나타낼 경우에는 공차수치 앞에 공차역의 기호를 붙여 나타낸다. [그림 (b)]

③ 관련형체에 대한 기하공차를 나타낼 때에는 기하공차의 기호와 공차값, 데이텀을 지시하는 문자기호를 그림 (c)와 같이 나타낸다.

④ 관련형체의 데이텀을 여러 개 지시할 경우에는 데이텀의 우선순위별로 공차값 다음에
   칸막이를 하여 왼쪽에서 오른쪽으로 기입하여 나타낸다. 〔그림 (d)〕
⑤ 규제형체와 데이텀에 규제조건을 지시할 경우에는 공차값 뒤와 데이텀 지시문자 다음에
   규제조건에 대한 기호를 기입한다. 〔그림 (e)〕

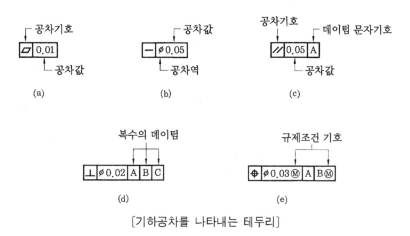

[기하공차를 나타내는 테두리]

6-2 기하공차 지시방법

기하공차를 지시할 경우 기하공차를 나타내는 테두리를 규제하는 형체 옆이나 아래에 나타
내거나 지시선, 치수보조선, 또는 치수선의 연장선에 다음과 같이 나타낸다.
① 단독형체에 대한 기하공차를 지시할 경우에는 규제형체에 화살표를 붙인 지시선을 수직
   으로 하고 기입 테두리를 연결하여 나타낸다. 그림 (e)의 경우에는 치수선과 지시선이 맞
   닿지 않도록 간격을 둔다.

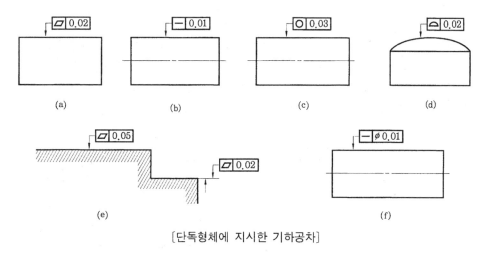

[단독형체에 지시한 기하공차]

② 단독형상의 원통형체에 기하공차를 지시하는 경우에는 수직한 지시선이나 치수선의 연
   장선 또는 치수보조선에 기입테두리를 연결하여 나타낸다.

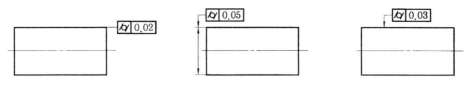

[치수선과 치수보조선에 지시한 기하공차]

③ 공차역이 지름일 경우에는 공차값 앞에 지름기호 ϕ를 붙이고 공차역이 구(球)인 경우에는 구의 기호 $S\phi$를, 공차역이 반지름인 경우에는 기호 R을 공차값 앞에 나타낸다.

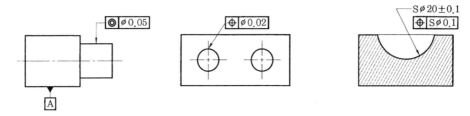

[공차역을 지시한 기하공차]

④ 치수가 지정되어 있는 형체의 축선 또는 중심면에 기하공차를 지정하는 경우에는 치수의 연장선이 공차기입 테두리로부터의 지시선이 되도록 한다.

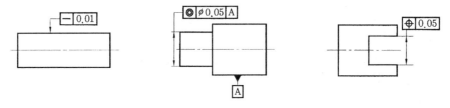

[치수연장선에 나타낸 기하공차]

⑤ 규제형체를 지시선으로 연결하여 치수공차를 기입하고 그 아래에 기하공차 기입 테두리를 다음 그림과 같이 지시하거나 규제형체 자체가 데이텀이 될 경우에는 그림 (a)와 같이 테두리 아래에 데이텀을 나타내는 삼각기호를 붙이거나 그림 (b)와 같이 테두리 아래에 데이텀을 나타낸다.

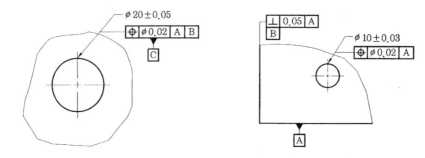

[테두리 아래에 지시한 데이텀]

⑥ 공차역 내에서의 형체의 특성에 따라 특별한 지시를 할 경우에는 테두리 근처에 요구사항을 나타낼 수가 있다.

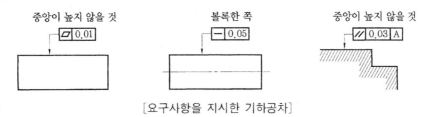

[요구사항을 지시한 기하공차]

⑦ 규제형체에 기하공차 기입틀을 설치하기가 용이하지 않을 경우에는 지시선이나 치수 보조선상에 나타낼 수 있다.

[지시선과 치수보조선에 나타낸 기하공차]

⑧ 규제하고자 하는 형체의 임의의 위치에서 특정한 길이마다에 대하여 공차를 지정하는 경우에는 공차값 뒤에 사선을 긋고 그 길이를 기입하여 단위길이에 대한 공차를 지시할 수 있다.

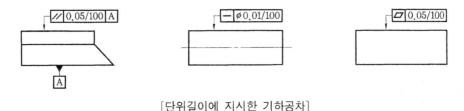

[단위길이에 지시한 기하공차]

⑨ 전체에 대한 공차값과 단위길이마다에 대한 공차값을 규제하고자 하는 형체에 동시에 지정할 때 전체에 대한 공차값은 칸막이 위쪽에, 단위길이에 대한 공차값은 아래에 기입하여 나타낸다.

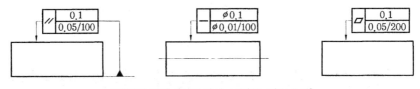

[단위길이와 전 길이에 규제된 기하공차]

⑩ 축선 또는 중심면이 공통인 모든 형체의 축선 또는 중심면에 공차를 지정하는 경우에는 축선 또는 중심면을 나타내는 중심선에 수직으로 공차기입 테두리로부터 지시선에 화살표를 댄다.

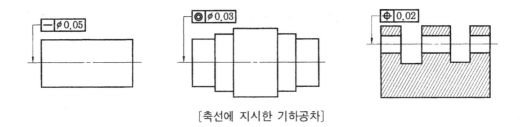

[축선에 지시한 기하공차]

⑪ 하나의 형체에 두 개 이상의 기하공차를 지시할 경우에는 이들의 공차기입 테두리를 상
하로 겹쳐서 기입한다.

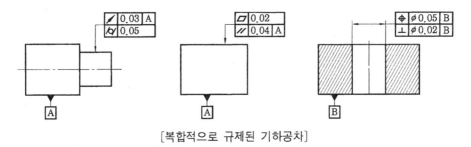

[복합적으로 규제된 기하공차]

⑫ 여러 개의 떨어져 있는 형체에 같은 공차를 지정하는 경우에는 개개의 형체에 각각 공
차기입 테두리로 지정하는 대신에 공통의 공차기입 테두리로부터 끌어낸 지시선을 각각
의 형체에 분기해서 나타내거나 각각의 형체를 문자기호로 나타낸다.

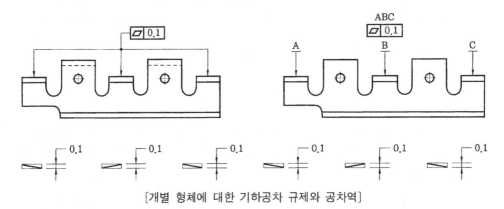

[개별 형체에 대한 기하공차 규제와 공차역]

§7. 기하공차 지시방법과 공차역의 관계

지시된 기하공차의 공차역은 어떻게 지시되었나에 따라 공차역이 결정된다.
① 기하공차를 지시할 때 수직한 중심에 대한 치수선의 연장선상에 기하공차가 지시되었을
경우에는 위, 아래가 공차역이 된다. [그림 (a)]

② 지시된 기하공차가 수평한 중심에 대한 치수선의 연장선에 지시되었을 경우 공차역은 좌, 우가 공차역이 된다. 〔그림 (b)〕

③ 기하공차의 크기를 나타낸 수치 앞에 φ 기호를 표시하였을 경우에 공차역은 지름공차 역이 된다. 〔그림 (c)〕

④ 하나의 형체에 수평한 중심과 수직한 중심에 대하여 두 개의 기하공차가 지시되었을 경 우 공차역은 사각형이 된다. 〔그림 (d)〕

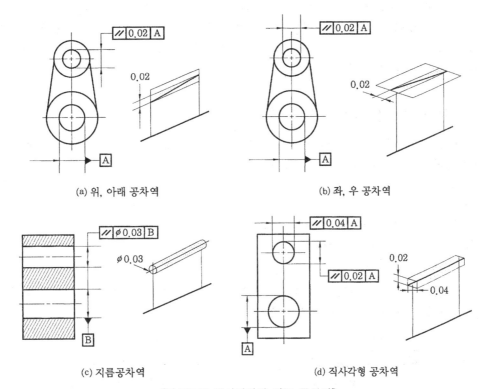

(a) 위, 아래 공차역　　　　　　(b) 좌, 우 공차역

(c) 지름공차역　　　　　　(d) 직사각형 공차역

〔기하공차 지시방법에 따른 공차역〕

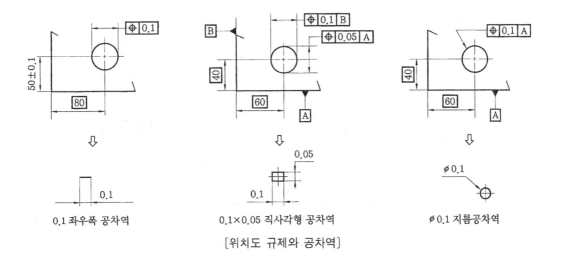

0.1 좌우폭 공차역　　　0.1×0.05 직사각형 공차역　　　φ0.1 지름공차역

〔위치도 규제와 공차역〕

§8. 데이텀(datum)

기하공차를 규제할 때 단독형상이 아닌 관련되는 형체의 기준으로부터 기하공차를 규제하는 경우, 어느 부분의 형체를 기준으로 기하공차를 규제하느냐에 따른 기준이 되는 형체를 데이텀이라 한다. 형체의 기준에서 관련형체에 기하공차를 지시할 때 그 공차역을 규제하기 위하여 설정한 형체의 기준은 이론적으로 정확한 기하학적 기준, 예를 들면 기준이 되는 점, 직선, 축직선, 평면, 중심, 중심평면을 데이텀이라 한다. 데이텀은 기하공차를 규제하기 위한 형체의 기준으로 규제하려고 하는 형체의 형상, 결합상태, 기능, 가공공정 등을 고려하여 적절한 형체를 데이텀으로 설정해야 한다.

8-1 데이텀 형체의 지시방법

기하공차를 지시할 경우 데이텀을 기준으로 규제되는 형체에 데이텀을 나타내는 형체는 데이텀 형체의 외형선이나 치수보조선 또는 치수선의 연장선상에 있는 직사각형의 테두리 안에 데이텀을 지시하는 문자 부호로 나타내거나 검게 칠한 삼각형으로 나타내거나 칠하지 않은 삼각형으로 나타낸다.

 * 직사각형의 테두리와 정삼각형(ANSI-1992)
 * 직각 이등변삼각형(KS, JIS)
 * 정삼각형(ANSI, ISO, BS)

① 데이텀 형체를 지시하려면 데이텀 형체의 외형선, 치수보조선 또는 치수선의 연장선에 삼각형의 한 변을 일치시켜 데이텀 형체를 나타낸다.

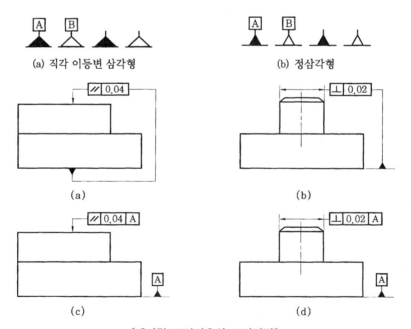

(a) 직각 이등변 삼각형   (b) 정삼각형

(a)   (b)

(c)   (d)

[데이텀 표시기호와 표시방법]

② 데이텀을 나타낸 삼각기호와 규제형체의 기하공차 기입 테두리를 직접 연결하여 그림 데이텀 표시기호와 표시방법 (a), (b)와 같이 나타낸다. 이 경우에는 데이텀을 지시하는 문자 부호와 사각형의 틀을 생략할 수 있다.

③ 데이텀 형체에 삼각기호를 나타낸 직각 정점에서 끌어낸 선 끝에 사각형의 테두리를 붙이고 그 테두리 안에 데이텀을 지시하는 알파벳 대문자의 부호를 기입하여 그림 데이텀 표시기호와 표시방법의 (c), (d)와 같이 나타낸다.

④ 치수가 지정되어 있는 형체의 축직선 또는 중심평면이 데이텀인 경우에는 치수선의 연장선을 데이텀의 지시선으로 사용하여 나타낸다.

치수선의 화살표를 치수보조선이나 외형선의 바깥으로부터 기입한 경우에는 화살표와 삼각기호가 중복되므로 화살표를 생략하고 삼각기호로 대용하여 나타낸다.

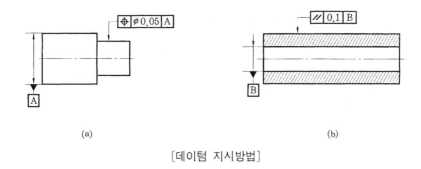

(a)   (b)

[데이텀 지시방법]

⑤ 데이텀을 지시하는 삼각기호와 문자부호를 나타내고 기하공차 기입 테두리 내에 데이텀 문자 부호를 나타낼 때 하나의 데이텀에 의해서 규제될 경우에는 기하공차 기입 테두리 3번째 구획 속에 데이텀을 지시하는 문자를 기입한다. 〔그림 (a), (b), (c)〕

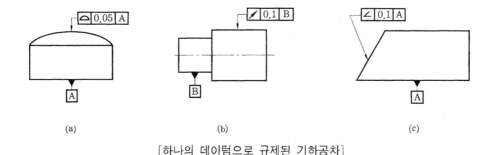

(a)   (b)   (c)

[하나의 데이텀으로 규제된 기하공차]

⑥ 두 개 이상의 데이텀을 기준으로 기하공차를 규제할 경우에는 테두리 세 번째 구획에서부터 우선순위 순서별로 좌측에서 우측으로 기입한다.

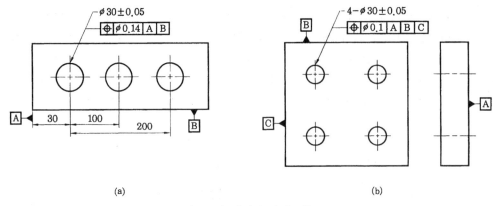

(a) (b)

[복수의 데이텀 기입 예]

⑦ 축직선과 중심 평면이 공통으로 데이텀인 경우에는 축직선 또는 중심평면을 나타내는 중심선에 데이텀 삼각기호를 붙인다.

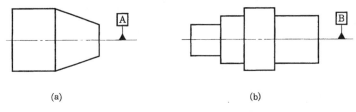

(a) (b)

[축직선 중심에 표시한 데이텀]

⑧ 하나의 형체에 두 개의 데이텀에 의해서 규제할 경우에는 두 개의 데이텀을 나타내는 문자를 하이픈으로 연결하여 기하공차 기입 테두리 세번째 구획에 표시한다.

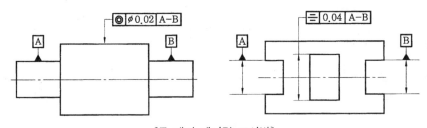

[두 개의 데이텀 표시법]

⑨ 데이텀의 우선순위 지시방법 : 두 개 이상의 형체를 데이텀으로 규제할 경우 그들 데이텀의 우선순위를 문제삼지 않을 때에는 데이텀 문자 사이에 칸막이를 하지 않고 같은 구획 내에 나란히 기입한다. [그림 데이텀의 우선순위와 관계없는 경우]

⑩ 두 개 이상의 데이텀을 우선순위별로 규제할 경우에는 우선순위가 높은 순서대로 왼쪽에서 오른쪽으로 데이텀을 나타내는 문자에 칸막를 하여 기입한다. [그림 데이텀의 우선순위를 지정하는 경우]

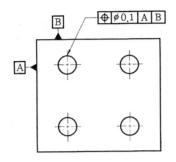

[데이텀의 우선순위와 관계없는 경우]

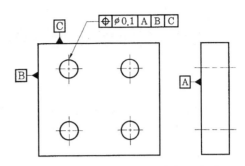

[데이텀의 우선순위를 지정하는 경우]

8-2 데이텀 표시법

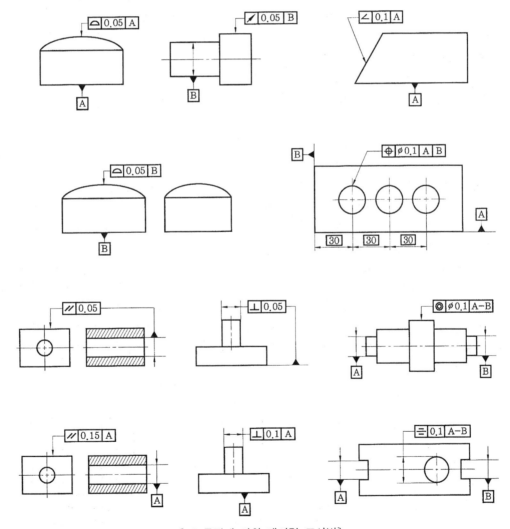

[KS 규격에 의한 데이텀 표시법]

§9. 최대실체 공차방식(最大實體 公差方式)

치수공차와 기하공차 (모양, 자세, 흔들림, 위치) 사이의 상호 의존관계를 최대 실체상태를 필요조건으로 하는 원리에 바탕을 두고 구체화한 것으로 최대실체 공차방식은 결합되는 부품 상호간에 최대 실체상태의 치수차를 기하공차로 활용하는 방법이다.

9-1 최대 실체치수와 최소 실체치수

(1) 최대 실체치수 (maximum material size)

최대 실체치수 (최대 실체상태)는 크기에 대한 치수공차를 갖는 형체가 허용 한계치수 범위 내에서 최적이 최대일 때의 치수 또는 질량이 최대일 때의 치수를 최대 실체치수라 한다. 예를 들면 내측형체인 구멍이나 홈의 경우에는 지시된 허용한계 치수 내에서 하한치수가 최대 실체치수이며 외측형체인 축이나 핀 또는 돌기부의 형체는 상한치수가 최대 실체치수이다.

최대 실체치수는 약자로 MMS (maximum material size) 기호는 Ⓜ으로 나타낸다. [ANSI 규격에서는 약자로 MMC (maximum material condition)으로 나타냄.]

최대 실체치수는 약자 (MMS)로 나타낼 때는 주기로 나타낼 때 사용되며 규제형체의 도면에는 기호 Ⓜ으로 나타낸다.

(2) 최소 실체치수 (least material size)

최소 실체치수 (최소 실체상태)는 크기에 대한 치수공차를 갖는 형체가 주어진 허용한계치수 범위 내에서 실체의 체적이 최소일 때의 치수를 최소 실체치수라 한다.

내측형체인 구멍이나 홈의 경우에는 허용한계 치수 내에서 상한치수 즉 체적이 최소일 때의 치수를, 외측형체인 축이나 핀 또는 돌기부를 갖는 형체는 주어진 허용한계 치수 내에서 하한치수를 최소 실체치수라 한다.

최소 실체치수 (least material size)는 동의어인 minimum material size의 약자 MMS로 하면 약자가 동일하게 되므로 구분하기 위해서 minimum 대신에 least를 사용하여 최대와 최소 실체치수를 구분할 수 있게 하였다.

최소 실체치수를 도면에 나타낼 때 주기상에는 약자 LMS 규제형체의 도면에는 기호 Ⓛ로 나타낸다. (ANSI 규격에는 기호 Ⓛ이 규격으로 정해져 있으나 KS 규격에는 약자 LMS만 있고 기호 Ⓛ은 없다.)

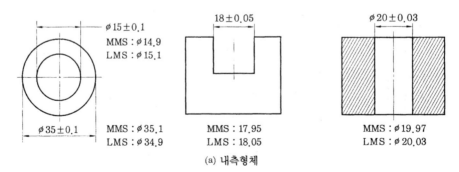

(a) 내측형체

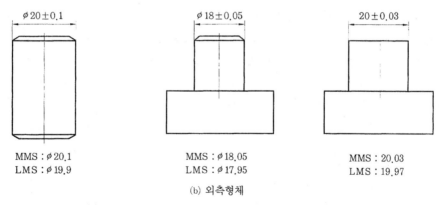

MMS : ⌀20.1　　　　MMS : ⌀18.05　　　　MMS : 20.03
LMS : ⌀19.9　　　　LMS : ⌀17.95　　　　LMS : 19.97

(b) 외측형체

［내측, 외측형체의 최대·최소 실체치수］

내측형체(구멍, 홈) ┤ 상한치수 ［최소 실체치수 (LMS)］
　　　　　　　　　　 하한치수 ［최대 실체치수 (MMS)］ ├ 치수공차

외측형체(축, 핀, 돌기) ┤ 상한치수 ［최대 실체치수 (MMS)］
　　　　　　　　　　　　 하한치수 ［최소 실체치수 (LMS)］ ├ 치수공차

9-2　최대실체 공차방식의 적용

① 최대실체 공차방식은 두 개 이상의 형체가 결합되는 결합형체에 적용하며 결합되는 부품이 아니면 적용하지 않는다.

② 결합되는 두 개의 형체 각각의 치수공차와 기하공차 사이에 상호의존성을 고려하여 치수의 여분을 기하공차에 부가할 수 있는 경우에 적용한다.

③ 최대실체 공차방식은 중심 또는 중간면이 있는 치수공차를 갖는 형체에 적용하며 평면 또는 표면상의 선에는 적용하지 않는다.

④ 최대실체 공차방식을 적용할 때 도면에 지시한 기하공차값은 규제형체가 최대 실체치수일 때 적용되는 공차값이고 형체치수가 최대 실체치수를 벗어날 경우에는 그 벗어난 크기만큼 추가공차가 허용된다.

⑤ 규제형체가 데이텀을 기준으로 규제될 경우 데이텀 자체가 치수공차를 갖는 형체라면 데이텀에도 최대실체 공차방식을 적용할 수 있다.

9-3　최대실체 공차방식으로 규제된 구멍과 축

(1) 내측형체(구멍, 홈)에 규제된 직각도

구멍에 최대실체 공차방식으로 규제된 직각도공차 ⌀0.03은 구멍이 최대 실체치수 ⌀19.97일 때 적용되는 직각도공차이며 구멍이 커지면 커진 크기만큼 추가공차가 허용된다. 구멍이 상한치수 ⌀20.03일 때 최대 실체치수 ⌀19.97에서 커진 크기 0.06이 규제된 직각도공차 0.03에 추가되어 0.09 (0.03+0.06)까지 허용된다.

(2) 외측형체(축, 핀)에 규제된 직각도

축에 최대실체 공차방식으로 규제된 직각도공차 ϕ 0.05는 축이 최대 실체치수 ϕ 25.02일 때 적용되는 직각도공차이며 축이 작아지면 작아진 크기만큼 추가공차가 허용된다. 축이 하한치수 ϕ 24.98일 때 최대 실체치수 ϕ 25.02에서 ϕ 24.98로 작아지면 작아진 크기 0.04가 주어진 직각도공차 0.04에 추가되어 0.09 (0.04+0.05)까지 허용된다.

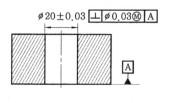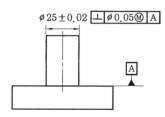

[실제치수에 따라서 추가되는 위치도공차]

구멍의 실치수	직각도공차
ϕ 19.97	ϕ 0.03
ϕ 19.98	ϕ 0.04
ϕ 19.99	ϕ 0.05
ϕ 20	ϕ 0.06
ϕ 20.01	ϕ 0.07
ϕ 20.02	ϕ 0.08
ϕ 20.03	ϕ 0.09

축의 실치수	직각도공차
ϕ 25.02	ϕ 0.05
ϕ 25.01	ϕ 0.06
ϕ 25	ϕ 0.07
ϕ 24.99	ϕ 0.08
ϕ 24.98	ϕ 0.09

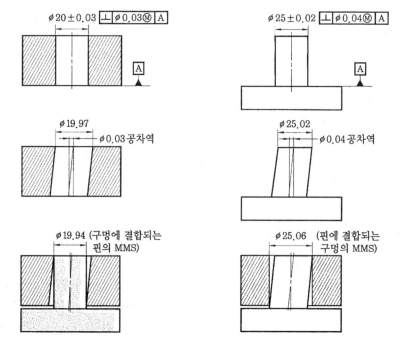

[최대실체 공차방식으로 규제된 위치도]

9-4   최대실체 공차방식을 지시하는 방법

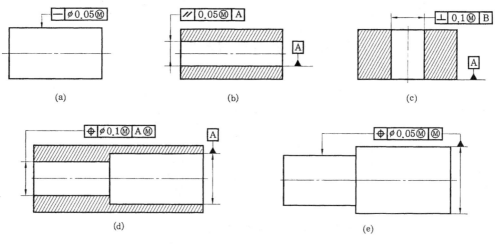

[최대실체 공차방식의 지시방법]

최대실체 공차방식을 도면에 지시할 경우에는 공차기입 테두리 안에 기호 ⓜ을 다음과 같이 나타낸다.

① 규제형체에 최대실체 공차방식을 지시하는 경우에는 공차기입 테두리 내에 기하공차로 지시된 공차수치 다음에 기호 ⓜ을 기입하여 나타낸다. 〔그림 (a), (b), (c)〕

② 규제형체와 데이텀에 각각 최대실체 공차방식을 지시할 경우에는 기하공차값 수치 뒤와 데이텀 문자부호 뒤에 각각 기호 ⓜ을 기입하여 나타낸다. 〔그림 (d)〕

③ 데이텀 형체가 데이텀을 지시하는 문자부호에 의하여 표시되어 있지 않을 경우에는 공차기입 테두리 3번째 구획에 데이텀을 지시하는 문자부호 없이 기호 ⓜ만을 기입한다.

9-5   최대실체 공차방식으로 규제된 기하공차

(1) 최대실체 공차방식으로 규제된 진직도

핀에 진직도공차가 최대 실체조건으로 규제된 경우 지시된 진직도공차 0.04는 핀의 지름이 최대 실체치수 φ20.02일 때 허용되는 공차이며 최소 실체치수 φ19.98로 작아지면 작아진 크기만큼 진직도공차가 추가로 허용된다. 예를 들면 핀의 실제치수가 φ20으로 되었다면 최대 실체치수 φ20.02에서 0.02 작아진 크기만큼 추가공차가 허용되어 주어진 진직도공차 0.04에 추가되어 0.06까지 허용된다.

(a) 핀 중심에 지름공차로 규제된 진직도

(b) 핀 표면에 폭공차로 규제된 진직도

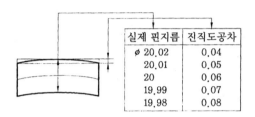

실제 핀지름	진직도공차
φ 20.02	0.04
20.01	0.05
20	0.06
19.99	0.07
19.98	0.08

(c) 핀의 실제지름에 따라 추가되는 진직도

[최대실체 공차방식으로 규제된 진직도]

(2) 최대실체 공차방식으로 규제된 평행도

다음 그림과 같이 A 데이텀 표면을 기준으로 구멍중심에 평행도공차가 최대실체 공차방식으로 규제된 경우 지시된 평행도공차 0.1은 구멍지름이 최대 실체치수 φ9.9일 때 허용되는 평행도공차이고 구멍의 실제지름이 상한치수 φ10.1로 커지면 커진 크기 0.2가 추가되어 0.3까지 직각도공차가 허용된다.

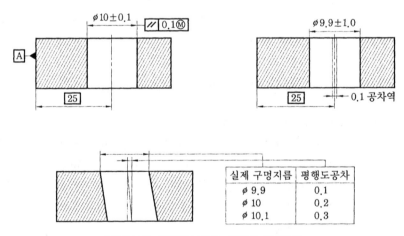

실제 구멍지름	평행도공차
φ 9.9	0.1
φ 10	0.2
φ 10.1	0.3

[최대실체 공차방식으로 규제된 평행도]

(3) 최대실체 공차방식으로 구멍에 규제된 직각도

구멍에 최대실체 공차방식으로 규제된 직각도에 대한 실치수에 따른 추가되는 직각도공차와 결합되는 상대 부품과의 관계를 다음 그림에 나타냈다.

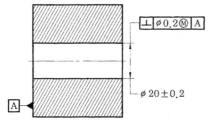

(a) 도면

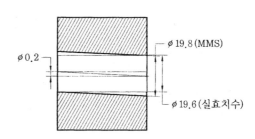

(b) 최대 실체치수일 때 직각도

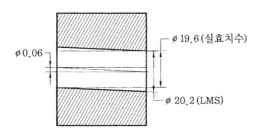

(c) 최소 실체치수일 때 직각도

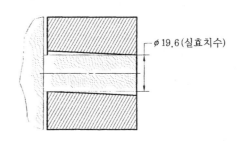

(d) 구멍에 결합되는 핀

(e) (a)에 의하여 정해지는 치수
　A1~A3＝∅19.8~20.2
　MMS＝∅19.8
　VS＝실효치수＝MMS−0.2＝∅19.6
　허용되는 직각도＝∅0.2~0.6

구멍의 실제지름에 따라
허용되는 직각도

구멍 지름	직각도공차
19.8	0.2
19.9	0.3
20	0.4
20.1	0.5
20.2	0.6

[최대실체 공차방식으로 구멍에 규제된 직각도]

(4) 최대실체 공차방식으로 축에 규제된 직각도

　최대실체 공차방식으로 축에 규제된 직각도에 의해 결합되는 상대부품과 실치수에 따른 추가되는 직각도를 다음 그림에 나타냈다.

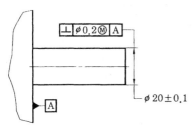

(a) 도면

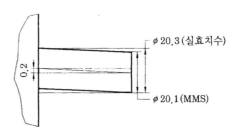

(b) 최대 실체치수일 때 직각도

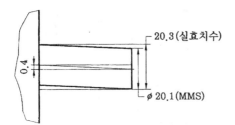

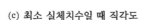

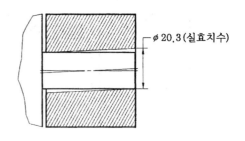

(c) 최소 실체치수일 때 직각도

(d) 핀에 결합되는 구멍

(e) 그림(a)에 의하여 정해지는 치수
A1~A3=실치수=∅19.9~20.1
MMS=최대실체치수=20.1
VS=실효치수=MMS+2=∅20.3
허용되는 직각도공차=∅0.2~0.4

실치수에 따른 직도공차

핀 지름	직각도공차
20.1	0.2
20	0.3
19.9	0.4

[최대실체 공차방식으로 핀에 규제된 직각도]

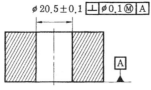

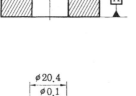

(a)

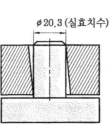

(c)

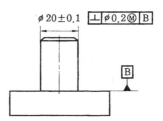

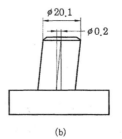

(b)

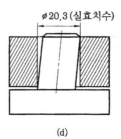

(d)

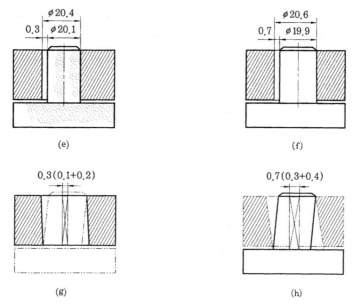

$\phi 20.4$　$\phi 20.1$　0.3

(e)

$\phi 20.6$　$\phi 19.9$　0.7

(f)

0.3(0.1+0.2)

(g)

0.7(0.3+0.4)

(h)

[직각도로 규제된 두 부품의 결합상태]

§10. 최소실체 공차방식(最小實體 公差方式)

　　최소실체 공차방식은 특별한 설계상의 요구로 최대 실체조건이 허용되지 않거나 형체 치수 공차에 대하여 정확한 요구가 보증되지 않는 경우에 적용할수 있으며 이는 규제형체나 데이팀이 최대 실체조건 대신에 최소 실체조건(least material condition)이 적용되는 경우이다.

　　이 경우에는 규제형체나 데이팀이 최소 실체치수에서 최대 실체치수에 가까워지는 경우, 위치의 극한적인 중심위치를 유지할 필요가 있는 경우, 부품 특성상 강도나 변형상의 문제가 생길 수 있는 경우, 최소 벽두께를 규제할 필요가 있는 경우 등에 적용된다.

　　최소실체 공차방식은 ANSI 규격에서는 최소 실체조건의 약자 LMS (least material condition) 기호 ⓛ이 규격으로 정해져 있으나 KS 규격에서는 최소 실체치수의 약자 LMS (least material size)만 있고 기호 ⓛ은 규격에 없다.

$\phi 10 \pm 0.1$
⊕ $\phi 0.1$ⓛ
25

구멍지름	위치도 공차
$\phi 10.1$(ⓛ)	0.1
$\phi 10$	0.2
$\phi 9.9$	0.3

[최소 실체조건으로 규제된 위치도]

다음 그림과 같이 구멍중심이 데이텀이 되어 외형중심에 최소 실체조건으로 위치도공차가 규제된 경우, 외형과 구멍중심이 각각 최소 실체치수 (외형 ϕ 29.9 구멍 ϕ 20.1)일 때 위치도공차가 ϕ 0.1로 규제되어 있다. 이 경우 외형과 구멍이 최대 실체치수 (외형 ϕ 30 구멍 ϕ 20)로 되었을 때 ϕ 0.3까지 추가공차가 허용된다.

바깥지름과 데이텀 구멍지름과 허용되는 위치도공차에 따른 최소 벽두께 계산은 다음과 같다.

바깥지름의 최소 실체치수　　＝　29.9
데이텀 구멍의 최소 실체치수 ＝ −20.1
　　　　　　　　　　　　9.8÷2 ＝ 4.9 ＝ 한쪽 벽두께

허용되는 위치도공차 ＝ 0.1÷2 ＝ 0.05　　　−0.05 ＝ 바깥지름 중심의 편위량
(0.05 ＝ A 데이텀 구멍중심에서 바깥지름　　4.85 ＝ 최소 벽두께
중심이 한쪽으로 편위될 수 있는 편위량)

구멍과 외형이 각각 MMS로 치수가 변해도 최소 벽두께는 변하지 않는다.

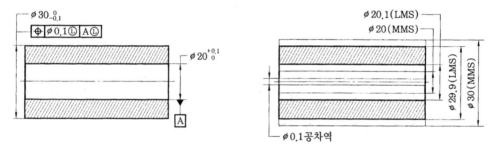

[데이텀과 규제형체가 LMS로 규제된 위치도]

§11. 규제조건에 따른 공차해석

다음 그림과 같이 ϕ 20±0.03으로 규제된 구멍에 위치도공차가 다같이 ϕ 0.03으로 지시되어 있고 다른 점은 규제조건이 각각 다르게 지시되어 있을 때 실제 구멍지름에 따라 허용되는 위치도공차는 표 2와 같다.

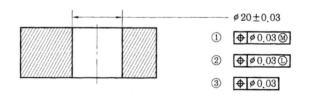

표 2 규제조건과 실제 구멍지름에 따라 허용되는 위치도공차

⊕	φ 0.03 Ⓜ		⊕	φ 0.03 Ⓛ		⊕	φ 0.03	
구멍지름	위치도공차		구멍지름	위치도공차		구멍지름	위치도공차	
Ⓜ φ 19.97	φ 0.03		Ⓛ φ 20.03	φ 0.03		φ 19.97	φ 0.03	
φ 19.98	φ 0.04		φ 20.02	φ 0.04		φ 19.98	φ 0.03	
φ 19.99	φ 0.05		φ 20.01	φ 0.05		φ 19.99	φ 0.03	
φ 20.00	φ 0.06		φ 20.00	φ 0.06		φ 20.00	φ 0.03	
φ 20.01	φ 0.07		φ 19.99	φ 0.07		φ 20.01	φ 0.03	
φ 20.02	φ 0.08		φ 19.98	φ 0.08		φ 20.02	φ 0.03	
Ⓛ φ 20.03	φ 0.09		Ⓜ φ 19.97	φ 0.09		φ 20.03	φ 0.03	

§12. 이론적으로 정확한 치수

치수에는 일반적으로 허용한계 치수, 즉 치수공차가 주어진다. 이론적으로 정확한 치수는 치수에 공차가 없는 치수의 기준으로서 위치도나 윤곽도 및 경사도 등을 지정할 때 이들 위치나 윤곽, 경사 등을 정하는 치수에 치수공차를 인정하면 치수공차 안에서 허용되는 오차와 기하공차 내에서 허용되는 오차가 중복되어 공차역의 해석이 불분명해진다. 따라서 이 경우의 치수는 치수공차를 인정하지 않고 기하공차에 대한 공차역 내에서의 오차만을 인정하는 수단으로 이치수를 이론적으로 정확한 치수라 하며 치수의 기준이 된다.

이론적으로 정확한 위치, 윤곽 또는 크기를 나타내는 치수와 각도를 나타내는 치수를 100 , 45° 와 같이 사각형의 틀로 둘러싸서 나타낸다.

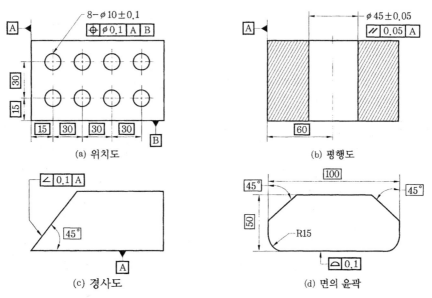

(a) 위치도

(b) 평행도

(c) 경사도

(d) 면의 윤곽

[이론적으로 정확한 치수 표시법]

12-1 직각좌표 공차방식의 두 구멍위치

다음 그림과 같이 치수공차로만 규제된 도면에서 구멍의 중심까지의 위치에 대한 치수가 15 ±0.05와 20±0.05에 의한 구멍중심의 공차역은 가로와 세로가 0.1이 되는 4각형의 공차역의 범위 내에 구멍중심이 있어야 한다. 0.1×0.1의 4각형의 대각선 길이는 0.14가 된다. 실제 구멍중심에서 0.07되는 대각선의 4모서리에 구멍중심이 있으면 공차역 범위 내에 있으나 모서리 부분을 제외한 나머지 부분에 구멍중심이 있으면 공차역을 벗어나게 된다.

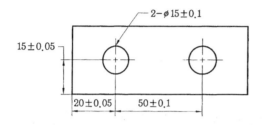 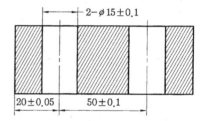

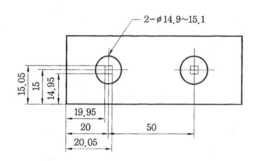 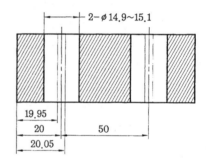

외곽선에서의 구멍중심 위치

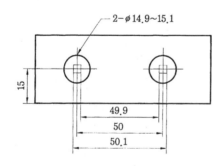 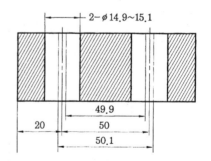

두 구멍중심 위치

[직각좌표 공차방식으로 규제된 도면의 공차역과 두 구멍중심 위치]

12-2 이론적으로 정확한 치수로 규제된 구멍중심 위치

위치도 공차방식은 구멍중심의 위치에 대한 치수를 이론적으로 정확한 치수로 지시하고 구멍지름의 치수공차와 위치도공차를 지름공차로 지시했을 경우, 구멍중심의 공차역은 ∅0.07 범위 안에 구멍중심이 있으면 된다. 따라서 지름공차역 범위 내에서 실제 구멍중심에서 같은 거리(0.035)에 구멍중심이 있으면 공차역 범위 내에 들어간다.

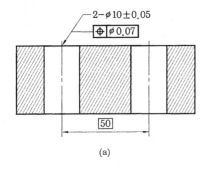

(a)

그림 (a)

두 구멍중심을 이론적으로 정확한 치수 50 을 기준으로 두 구멍에 위치도공차 ∅0.07로 규제된 도면

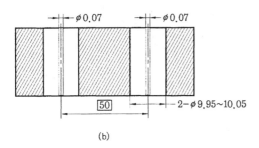

(b)

그림 (b)

두 구멍지름이 9.95~10.05 범위 내에서 이론적으로 정확한 치수 50 을 기준으로 두 구멍의 위치도 ∅0.07의 공차역

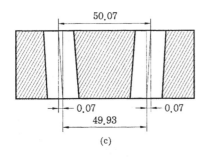

(c)

그림 (c)

이론적으로 정확한 치수 50 을 기준으로 위치도공차 ∅0.07 범위 내에서 가장 멀리 50.07 가장 가까이 49.93 위치로 제작될 수 있는 두 구멍위치

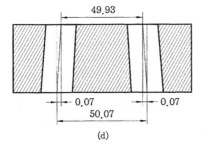

(d)

그림 (d)

그림 (c)와 반대방향으로 기울어진 두 구멍위치, 위쪽 표면에서 49.93 아래 표면에서 50.07인 두 구멍위치

[이론적으로 정확한 치수로 규제된 두 구멍위치]

12-3 이론적으로 정확한 치수로 규제된 구멍과 핀

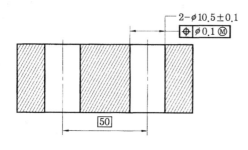

(a) 위치도공차로 규제된 두 구멍

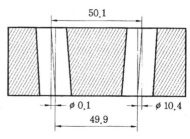

(b) 두 구멍지름과 위치관계

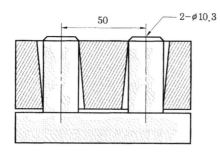

(c) 그림 (b) 구멍에 결합되는 핀의 최대지름

구멍의 최대 실체치수 : φ10.4
규제된 위치도공차 : -0.1
구멍에 결합되는 핀의 MMS : 10.3

〔구멍에 규제된 위치도와 결합되는 핀〕

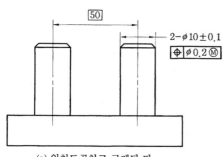

(a) 위치도공차로 규제된 핀

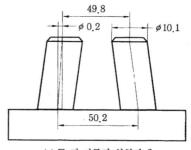

(b) 두 핀 지름과 위치관계

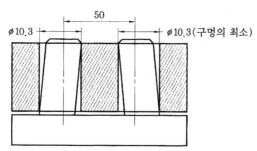

핀의 최대 실체치수 : 10.1
규제된 위치도공차 : +0.2
핀에 결합되는 구멍의 MMS : 10.3

〔핀에 규제된 위치도와 결합되는 구멍〕

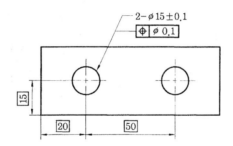

(a) 이론적으로 정확한 치수로 규제된 위치도

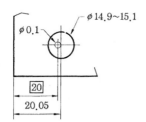
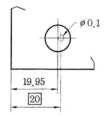

(b) 20 을 기준으로 한 구멍중심 위치

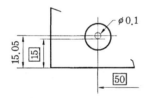
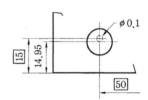

(c) 15 을 기준으로 한 구멍중심 위치

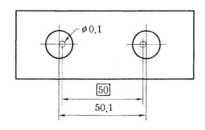
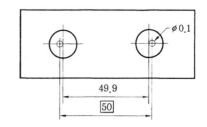

(d) 50 을 기준으로 한 구멍중심 위치

[이론적으로 정확한 치수로 규제된 구멍의 위치]

12-4 이론적으로 정확한 치수로 규제된 구멍중심의 평행도

다음 그림의 (a) 도면과 같이 데이텀 A 표면을 기준으로 구멍의 중심위치를 이론적으로 정확한 치수 30 으로 구멍중심에 평행도공차가 규제된 구멍중심 위치를 다음 그림에 나타냈다.

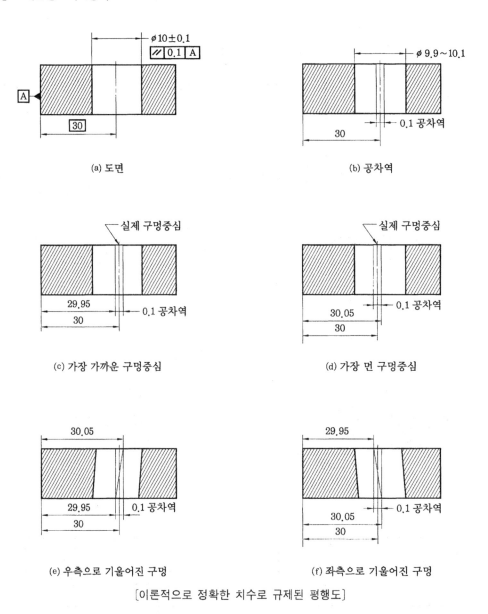

(a) 도면

(b) 공차역

(c) 가장 가까운 구멍중심

(d) 가장 먼 구멍중심

(e) 우측으로 기울어진 구명

(f) 좌측으로 기울어진 구명

[이론적으로 정확한 치수로 규제된 평행도]

§13. 실효치수 (virtual size)

실효치수는 형체에 규제된 최대 실체상태일 때의 허용 한계치수와 기하공차와의 종합적 효과에 의하여 일어나는 실효상태의 경계를 말한다. 형체의 실효치수는 설계상에서 결합부품 상호간에 치수공차와 기하공차를 결정하는 데 기준이 되는 고려하지 않으면 안 될 윤곽에 대한 유효치수이다.

실효치수의 약자는 VS (virtual size)로 나타낸다.

13-1 외측형체(축, 핀)의 실효치수

① 외측형체의 최대 실체치수 + 지시된 기하공차
② 외측형체에 결합되는 상대방 부품 내측형체의 최대 실체치수
③ 외측형체에 규제된 기하공차를 검사하는 기능게이지의 기본치수
④ 외측형체에 결합되는 내측형체에 기하공차를 결정하는 설계의 기본치수
⑤ 실효치수일 때 기하공차는 0으로 완전해야 한다.

13-2 내측형체(구멍, 홈)의 실효치수

① 내측형체의 최대 실체치수 − 지시된 기하공차
② 내측형체에 결합되는 외측형체의 최대 실체치수
③ 내측형체에 규제된 기하공차를 검사하는 기능게이지의 기본치수
④ 내측형체에 결합되는 외측형체에 기하공차를 결정하는 설계의 기본치수
⑤ 실효치수일 때 기하공차는 0으로 완전해야 한다.

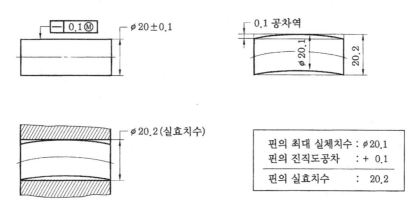

핀의 최대 실체치수 : ∅20.1
핀의 진직도공차 : + 0.1
핀의 실효치수 : 20.2

[진직도로 규제된 핀의 실효치수]

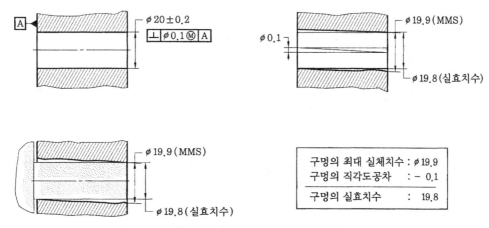

구멍의 최대 실체치수 : ∅19.9
구멍의 직각도공차 : − 0.1
구멍의 실효치수 : 19.8

[직각도로 규제된 구멍의 실효치수]

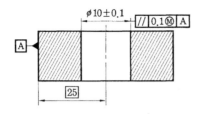

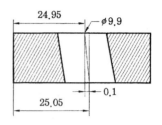

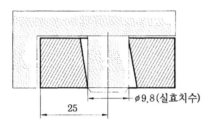

| 구멍의 최대 실체치수 : ⌀ 9.9 |
| 구멍의 평행도공차   : − 0.1 |
| 구멍의 실효치수   : 9.8 |

[평행도로 규제된 구멍의 실효치수]

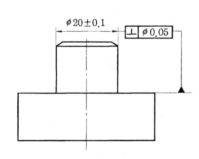

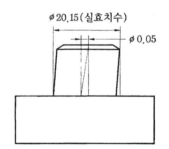

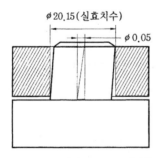

| 핀의 최대 실체치수 : ⌀ 20.1 |
| 직각도공차   : + 0.05 |
| 핀의 실효치수   : 20.15 |

[평행도로 규제된 구멍의 실효치수]

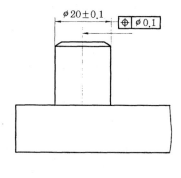

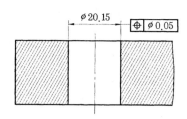

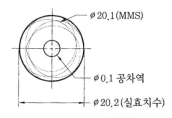

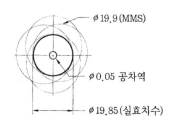

[위치도로 규제된 핀과 구멍의 실효치수]

§14. 돌출공차역 (projected tolerance zone)

　돌출공차역은 구멍에 핀이 끼워지고 그 핀에 구멍을 갖는 부품이 결합되는 경우, 또는 탭 구멍에 구멍이 뚫린 부품을 볼트에 의해 결합되는 부품에 위치도공차나 직각도공차를 도면에 지시한 경우, 그 공차역을 그림으로 표시한 형체 자체(구멍이나 탭구멍)의 내부에서가 아니고 그 형체의 외부로 튀어나온 돌출된 부분에 공차를 지시하는 것을 돌출공차역이라 하며 기호는 Ⓟ로 표시하고 도면상에 돌출된 부분을 가상선으로 나타내서 그 돌출된 길이를 나타내고 그 길이를 나타내는 숫자 앞이나 공차값 뒤에 기호 Ⓟ를 기입한다. 결합되는 두 부품의 돌출된 부분의 위치도공차나 직각도공차를 결정할 때 구멍의 최대 실체치수와 핀의 최대 실체치수일 때의 치수차를 두 부품에 분배하여 결정한다.

　그림 [돌출공차역 규제 예]의 (a)와 (b)의 경우 ③ 부품 핀과 볼트와 ② 부품 구멍의 최대 실체 치수차를 두 부품에 공차를 분배하여 공차를 결정하면 부품 ①의 구멍중심의 위치나 직각에 따라 간섭이 생겨 결합이 되지 않는 경우가 생긴다.

　이 경우에 부품 ①에서 결합되는 핀과 볼트의 돌출된 부분에 공차를 규제하여 여기에 결합되는 부품 ②에 간섭이 일어나지 않도록 공차를 결정한다.

　그림 [탭 구멍에 규제된 돌출공차]의 경우 그림 (c)와 같이 탭 구멍과 위쪽 구멍에 같은 위치도공차가 적용될 경우에 두 구멍의 중심이 반대방향으로 기울어지면 간섭이 생겨 결합이 되지 않는 경우가 생긴다.

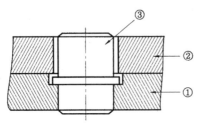

(a) 부품 ①에 고정된 부품 ③에 결합되는 구멍

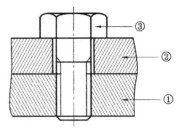

(b) 볼트에 결합되는 구멍

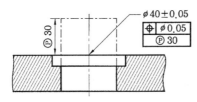

(c) 돌출공차역으로 규제된 부품

[돌출공차역 규제 예]

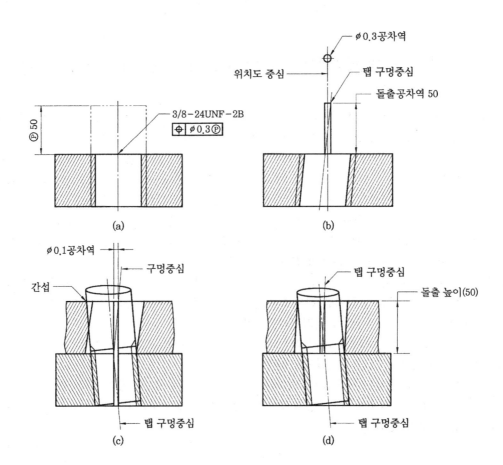

(a)

(b)

(c)

(d)

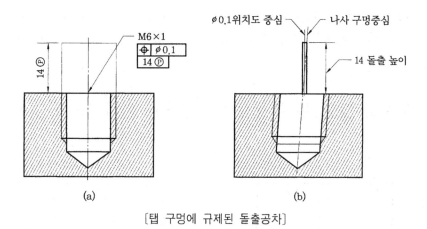

[탭 구멍에 규제된 돌출공차]

§15. 결합되는 두 부품에 치수공차와 기하공차 결정방법

15-1 치수공차로 규제된 두 부품의 치수공차 결정

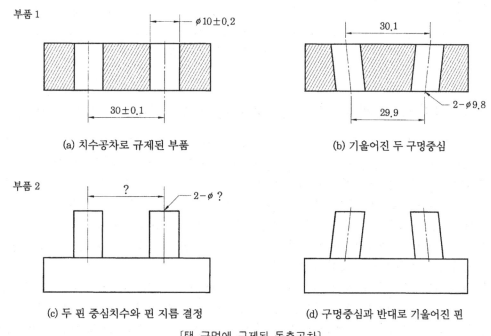

(a) 치수공차로 규제된 부품   (b) 기울어진 두 구멍중심

(c) 두 핀 중심치수와 핀 지름 결정   (d) 구멍중심과 반대로 기울어진 핀

[탭 구멍에 규제된 돌출공차]

부품 1과 같이 두 구멍중심과 구멍지름 치수가 주어진 부품에 그림 (c)와 같은 두 핀이 달린 부품이 결합될 때 최악의 경우 그림 (b)와 (d)에도 결합이 될 수 있도록 두 핀 중심과 핀 지름의 치수공차를 결정해보고 다음 그림과 같이 기하공차로 규제된 두 부품을 비교 검토

하면 윗 그림에서 부품1에 결합되는 부품 2의 치수공차 결정하기가 용이하지 않으며 검사하기가 용이하지 않다. 아래 그림의 경우는 공차결정이 용이하고 게이지에 의한 검사가 용이하다.

15-2 위치를 갖는 두 부품에 치수공차와 위치도공차 결정

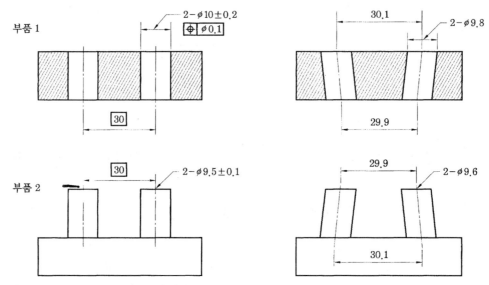

[치수공차와 위치도로 규제된 부품]

15-3 직각인 형체를 갖는 두 부품에 치수공차와 직각도공차 결정

부품 1 구멍과 부품 2 핀을 갖는 형체가 결합될 때 지름공차만으로 규제된 경우에는 부품 1 구멍중심과 부품 2 핀 중심이 어느 정도 기울어졌느냐에 따라 결합상태가 달라진다.

두 부품이 주어진 지름공차 범위 내에서 제작되었지만 구멍중심과 핀중심의 기울어짐에 따라 결합이 되지 않는 경우가 생길 수 있다. 따라서 치수공차만으로 규제된 도면은 규제조건이 미흡하며 완전한 도면이 못되고 완전한 부품제작이 곤란하며 불량률이 많다.

이러한 문제점을 보완하기 위해 그림 (c)와 같이 지름공차와 직각도공차를 추가로 지시하여 앞에서 설명한 문제점을 보완한 것이다.

직각도공차는 구멍의 최대 실체치수 ϕ 10.1과 핀의 최대 실체치수 ϕ 10과의 치수차 0.1 (10.1-10)의 틈새 그림 (b)를 직각도공차로 이용하여 구멍에 직각도공차 0.05와 핀에 직각도 공차 0.05를 분배하여 적용한다. 이 경우에 두 부품중심이 직각도공차 0.05 범위 내에서 반대방향으로 기울어져도 틈새, 즉 구멍과 핀 사이에 여유가 0.1이기 때문에 결합이 보증된다.

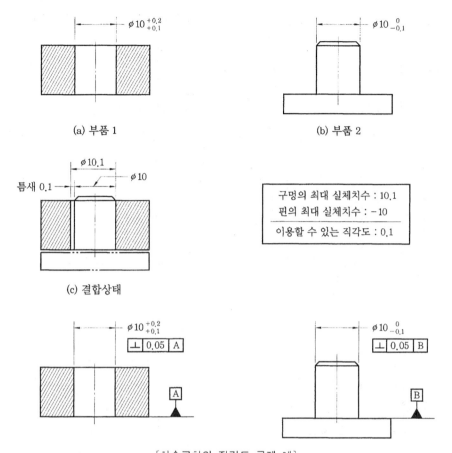

(a) 부품 1
(b) 부품 2

틈새 0.1

(c) 결합상태

| 구멍의 최대 실체치수 : 10.1 |
| 핀의 최대 실체치수 : −10 |
| 이용할 수 있는 직각도 : 0.1 |

[치수공차와 직각도 규제 예]

15−4 평행한 형체를 갖는 두 부품에 치수공차와 평행도공차 결정

부품 1의 구멍과 부품 2의 핀이 붙은 두 부품이 결합될 때 구멍의 최대 실체치수 ϕ 10.1과 핀의 최대 실체치수 ϕ 9.9일 때와 구멍과 핀 중심까지의 15±0.05 범위 내에서 상한치수 15.05와 하한치수 14.95로 구멍과 핀중심이 반대방향으로 기울어졌을 때가 최악의 결합상태 가 된다. 이때 구멍과 핀의 최대 실체치수 차가 0.2이므로 구멍중심과 핀중심(15±0.05)의 위 치에 대한 공차가 각각 0.1(±0.05)이므로 구멍과 핀 중심이 반대방향으로 기울어져도 구멍 과 핀 사이에 틈새가 0.2이므로 최악의 경우에도 결합이 될 수 있다.

평행도공차는 그림 (d)와 같이 구멍중심과 핀중심을 이론적으로 정확한 치수로 지시하고 그림 (b)에서와 같이 구멍의 최대 실체치수와 핀의 최대 실체치수 차 0.2를 구멍과 핀에 평행 도공차로 이용하여 구멍과 핀에 각각 0.1씩 평행도로 규제하였다. 이 때 구멍과 핀 중심이 반 대방향으로 기울어지고 구멍은 최소, 핀은 최대로 제작되어도 결합이 보장된다.

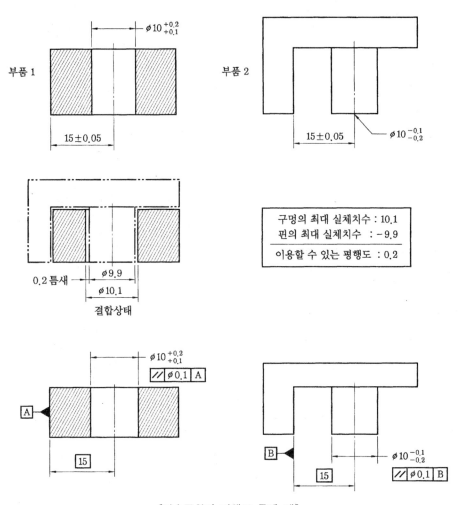

부품 1

$\phi 10^{+0.2}_{+0.1}$

15 ± 0.05

부품 2

$\phi 10^{-0.1}_{-0.2}$

15 ± 0.05

0.2 틈새

$\phi 9.9$

$\phi 10.1$

결합상태

| 구멍의 최대 실체치수 : 10.1 |
| 핀의 최대 실체치수 : -9.9 |
| 이용할 수 있는 평행도 : 0.2 |

$\phi 10^{+0.2}_{+0.1}$

// $\phi 0.1$ A

A

15

B

$\phi 10^{-0.1}_{-0.2}$

15

// $\phi 0.1$ B

〔치수공차와 평행도 규제 예〕

§16. 기하공차의 종류와 규제 예

16-1 진직도

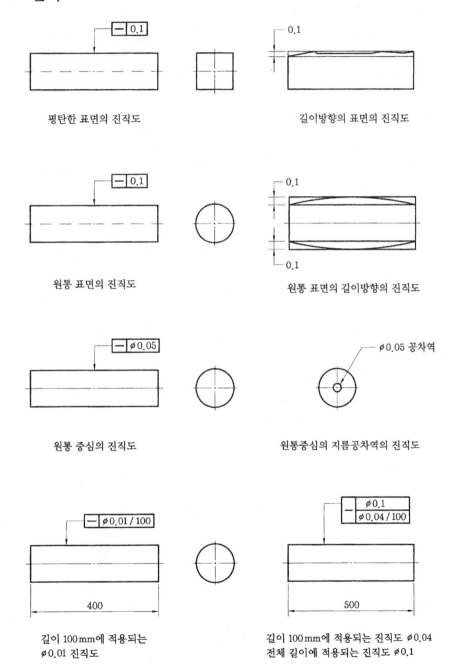

평탄한 표면의 진직도

길이방향의 표면의 진직도

원통 표면의 진직도

원통 표면의 길이방향의 진직도

원통 중심의 진직도

원통중심의 지름공차역의 진직도

길이 100mm에 적용되는
⌀0.01 진직도

길이 100mm에 적용되는 진직도 ⌀0.04
전체 길이에 적용되는 진직도 ⌀0.1

16-2 평면도

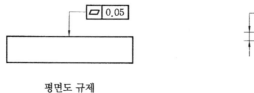

평면도 규제

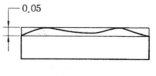

전 표면에 적용되는 평면도

16-3 원통도

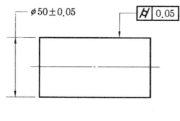

원통도 규제

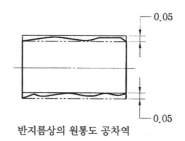

반지름상의 원통도 공차역

16-4 진원도

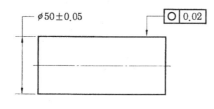

진원도 규제

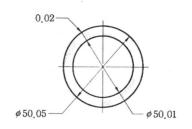

반지름상의 진원도 공차역

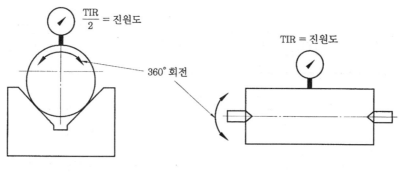

V 블록 측정법   양 센터에 의한 측정법

※ TIR : total indicator reading (인디케이터 눈금 읽음 전량)
※ FIR : full indicator reading (인디케이터 눈금 읽음 전량)

16－5　윤곽도

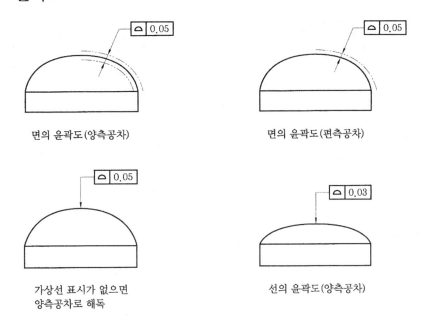

면의 윤곽도(양측공차)　　　　면의 윤곽도(편측공차)

가상선 표시가 없으면
양측공차로 해독　　　　선의 윤곽도(양측공차)

⟨⊿ 0.05⟩ ： 지시선의 화살표 구부러진 부분에 동그라미 표시가 있는 것은
전 윤곽을 나타내는 기호(ANSI 규격에만 규격으로 되어 있음)

16－6　평행도

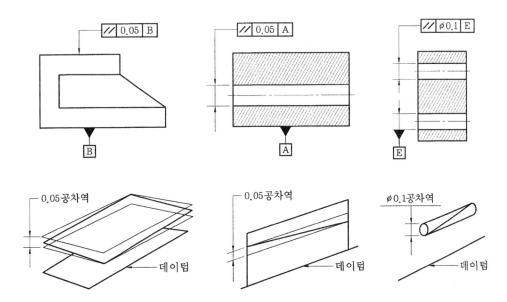

16-7 직각도

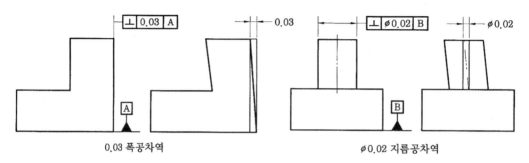

0.03 폭공차역   ∅0.02 지름공차역

16-8 경사도

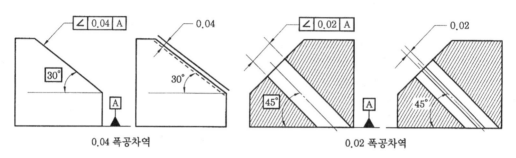

0.04 폭공차역   0.02 폭공차역

16-9 흔들림

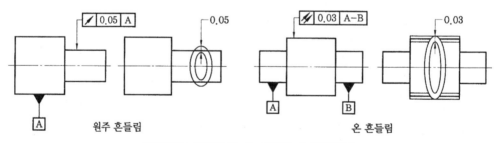

원주 흔들림   온 흔들림

[데이텀을 기준으로 한 표면의 흔들림공차]

16-10 동심도

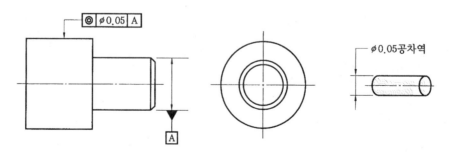

16-11 대칭도

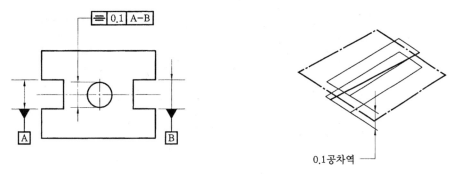

[기하공차 규제 예와 공차역]

16-12 위치도공차

(1) 직각좌표와 위치도공차 방식으로 규제된 구멍의 위치

그림 [직각좌표 공차방식으로 규제된 구멍위치]과 같이 4개의 구멍중심 위치에 대한 치수 공차와 4개의 구멍에 지름공차로 규제된 경우, X-Y 중심까지의 구멍중심이 상한치수 60.3, 하한치수 59.7로 누적공차가 발생하고 여기에 결합되는 상대방 부품 4개의 핀과 핀 사이에 치수공차 결정이 용이하지 않으며 불량률이 많고 게이지 적용이 용이하지 않아 검사, 측정에 어려움이 많다.

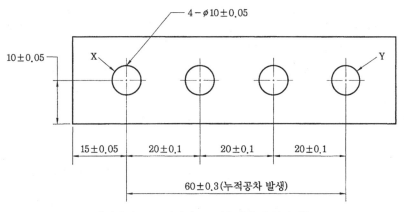

[직각좌표 공차방식으로 규제된 구멍위치]

그림 [위치도공차로 규제된 구멍위치]는 그림 [좌표공차역과 위치도 공차역 비교]과 같은 부품으로 구멍과 구멍 사이에 위치에 대한 치수를 이론적으로 정확한 치수로 지정하고 4 개의 구멍을 위치도공차로 규제하면 구멍과 구멍 사이에 누적공차가 발생하지 않으며 결합되는 상대방 부품에 치수공차 결정이 용이하며 기능게이지에 의한 검사, 측정이 용이하다.

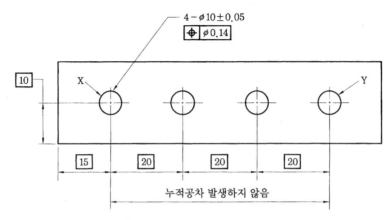

[위치도공차로 규제된 구멍위치]

① 직각좌표 공차방식의 공차역 : 그림 [직각좌표 공차방식으로 규제된 구멍위치]은 구멍 중심까지의 위치에 대한 공차역은 0.1×0.1되는 정사각형의 공차역 범위 안에 구멍의 중심이 있다. 이 경우에 0.1×0.1의 4각형의 대각선의 길이는 0.14가 된다. 이 때 실제의 구멍중심에서 0.07되는 4개의 모서리부분에 구멍중심이 있으면 공차역 범위 안에 있고 모서리 부분을 벗어난 다른 위치에 구멍중심이 있으면 공차역을 벗어나게 된다.

② 위치도 공차방식의 공차역 : 그림 [위치도공차로 규제된 구멍위치]에서 구멍중심 위치를 이론적으로 정확한 치수로 지정하고 구멍에 위치도공차 ϕ 0.14를 규제한 경우, 실제 구멍중심에서 같은 거리(0.07)에 구멍중심이 있으면 누적공차 없이 다 공차역 범위 내에 들어갈 수 있다.

그림 [좌표공차역과 위치도 공차역 비교]에서 좌표공차역 0.1×0.1의 사각형의 공차역에서 대각선을 지름으로 하는 ϕ 0.14 ($\sqrt{0.1^2 + 0.1^2} = 0.14$)의 지름공차역과 사각형에 내접하는 ϕ 0.1의 지름 공차역과 직각좌표 공차방식에 의한 0.1×0.1되는 사각형의 공차역을 그림으로 나타냈다.

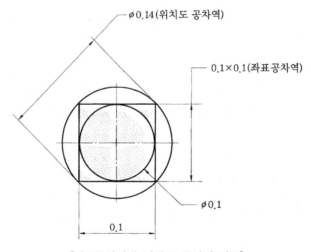

[좌표공차역과 위치도 공차역 비교]

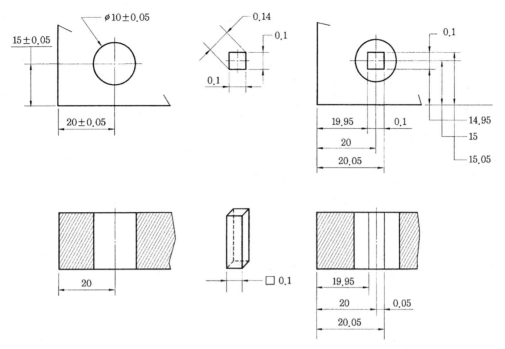

[직각좌표 공차방식으로 규제된 구멍의 공차역]

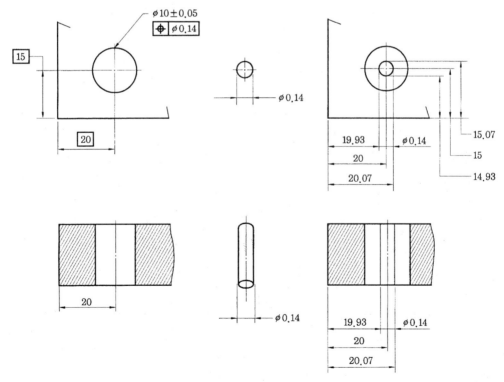

[위치도 공차방식으로 규제된 구멍의 위치]

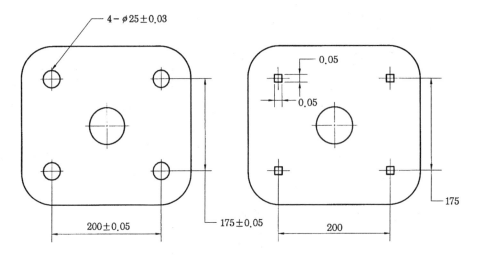

(a) 직각좌표 공차방식의 공차역

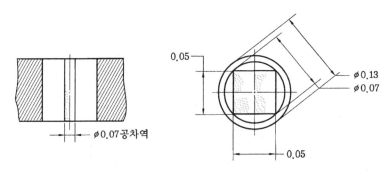

(b) 직각좌표와 위치도 공차역 비교

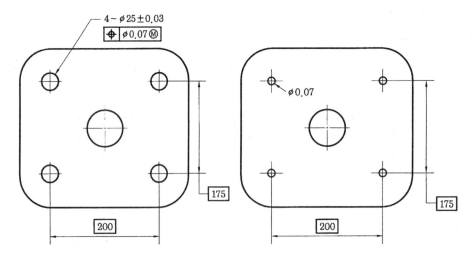

(c) 위치도 공차방식과 공차역

[직각좌표와 위치도 공차역 비교]

다음은 그림 [직각좌표와 위치도 공차역 비교]의 그림 (c) 위치도 공차방식과 공차역에서 4개 구멍 중 200을 기준으로 한 두 개의 구멍의 치수에 따른 구멍의 위치관계를 그림으로 나타냈다.

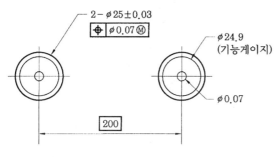

(a) 위치도 공차 0인 완전한 구멍위치

실제 구멍의 크기에 따라
추가되는 위치도공차

구멍지름	위치도공차
Ⓜ ∅24.97	∅0.07
24.98	0.08
24.99	0.09
25.00	0.1
25.01	0.11
25.02	0.12
Ⓛ 25.03	0.13

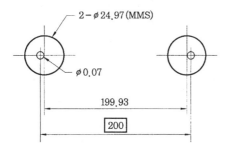

(b) 구멍지름이 MMS(∅24.97)일 때
가장 가까운 구멍중심 거리

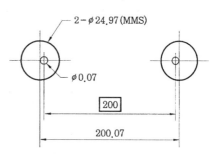

(c) 구멍지름이 MMS9(∅24.97)일 때
가장 먼 구멍중심 거리

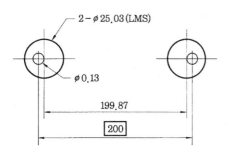

(d) 구멍지름이 LMS(∅25.03)일 때
가장 가까운 구멍중심 거리

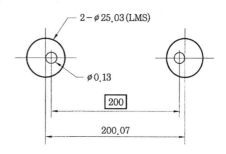

(e) 구멍지름이 LMS(∅25.03)일 때
가장 먼 구멍중심 거리

[구멍 크기에 따른 두 구멍의 중심거리]

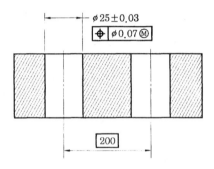

(a) 위치도공차 0인 완전한 구멍위치

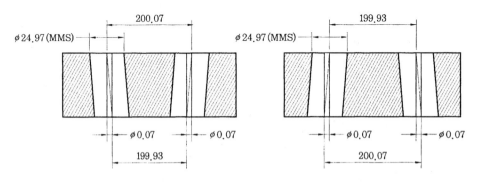

(b) 구멍이 ⌀24.97일 때 두 구멍중심 위치

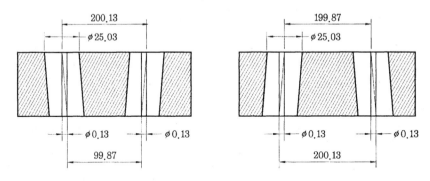

(c) 구멍이 ⌀25.03(LMS)일 때 두 구멍중심 위치

[구멍의 크기에 따른 두 구멍중심 위치]

(2) 결합되는 두 부품의 위치도

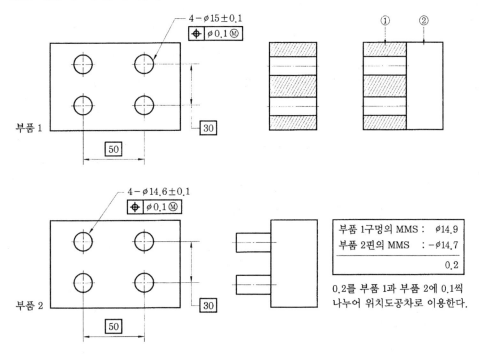

(a) 결합되는 두 부품에 위치도공차 결정하는 방법

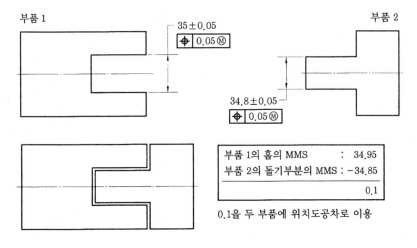

(b) 비원형 형체 두 부품에 위치도공차 결정방법

[결합되는 두 부품의 위치도공차 결정방법]

(3) 비원형 형체와 동축형체의 위치도

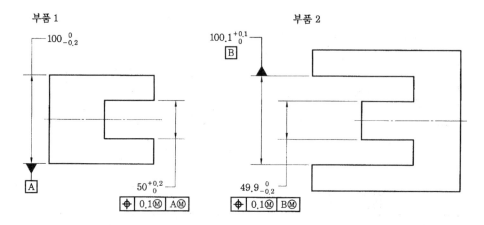

부품 2의 B데이텀의 MMS (100.1) − 부품 1의 A데이텀의 MMS (100) = 0.1
부품 1의 홈의 MMS (50) − 부품 2의 돌기부분의 MMS (49.9) = +0.1
$$\overline{0.2}$$
0.2를 두 부품에 위치도공차로 나누어 적용

(a) 비원형 형체의 위치도

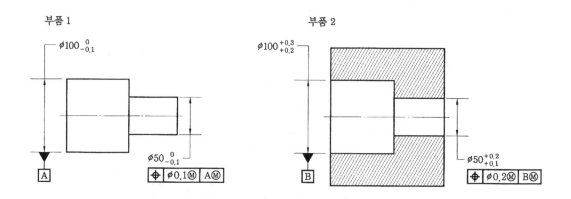

부품 2의 B데이텀의 MMS (100.2) − 부품 1의 A데이텀의 MMS (100) = 0.2
부품 1의 홈의 MMS (50) − 부품 2의 돌기부분의 MMS (49.9) = +0.1
$$\overline{0.3}$$
0.3을 두 부품에 위치도공차로 나누어 적용

(b) 동축형체의 위치도

[비원형 형체와 동축형체의 위치도공차 규제 예]

(4) 동축형체의 적절한 규제

상호관계를 이루는 동축형체에 대한 기하공차를 규제하는 방법은 규제형체의 기능, 결합상태, 호환성 등 설계요구를 만족시킬 수 있는 부품특성에 맞는 적절한 규제가 되어야 한다.

아래 그림은 같은 형상과 치수를 갖는 부품으로 이 부품이 어떤 기능을 갖는 부품이냐, 또는 다른 부품과 결합이 되는 부품이냐 등에 따라 부품 특성에 따라 다음과 같은 적절한 규제 예를 그림으로 나타냈다.

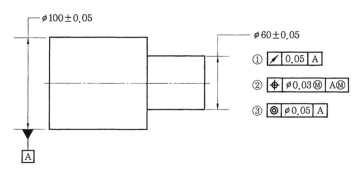

[동축형체의 여러 가지 규제 예]

① 원주흔들림 공차 : 동축형체를 갖는 형체가 데이텀 축선을 기준으로 규제형체가 복합관계에 있는 원형의 횡단면의 표면형상을 형체치수 공차와 관계없이 규제할 필요가 있는 경우에는 원주흔들림 공차로 규제한다.

② 위치도공차 : 동축형체를 갖는 형체가 상대 부품과 결합되는 경우, 기능적인 관계에서 호환성과 결합을 보증하기 위한 결합부품에는 최대실체 공차방식으로 위치도공차로 규제한다.

③ 동심도공차 : 동축형체를 갖는 형체가 데이텀 축선을 기준으로 회전하는 부품일 경우, 데이텀 축선에 대하여 규제형체 축선의 편심량을 규제할 경우에는 동심도공차로 규제한다.

§17. 위치도공차 검사방법

기준치수 60 과 75 로 지시된 구멍중심 위치의 위치도공차를 기능게이지에 의해 검사하지 않고 단능검사 방법으로 검사하는 방법을 간단히 설명한다.

위치도공차 계산식은 다음과 같다.

$$Z = 2\sqrt{X^2 + Y^2}$$

여기서, Z : 위치도공차
X : X축 편위량
Y : Y축 편위량

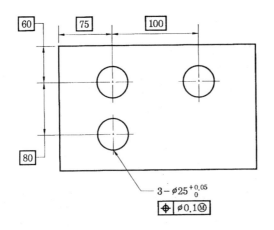

(a) 위치도로 규제된 구멍

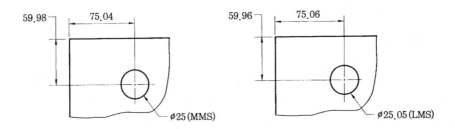

(b) 실제 제작된 구멍과 구멍중심 위치

1. 구멍의 실제 지름 : $\phi\,25$

   허용되는 위치도공차 : $\phi\,0.1$

   수평방향 구멍중심 실치수 - 기준치수 $= X$

   $X = 75.04 - 75 = 0.04$

   수직방향 기준치수 - 실제 구멍중심 치수 $= Y$

   $Y = 60 - 59.98 = 0.02$

   $Z = 2\sqrt{0.04^2 + 0.02^2} = 0.089$

   위 계산식에 의해 0.089가 구해진다.

   구멍의 위치는 허용되는 위치도공차 $\phi\,0.1$ 범위 내에 있다.

2. 구멍의 실제 지름 : $\phi\,25.05$

   허용되는 위치도공차 : $\phi\,0.15$

   수평방향 구멍중심 실치수 - 기준치수 $= X$

   $X = 75.06 - 75 = 0.06$

   수직방향 기준치수 - 실제 구멍중심 치수 $= Y$

   $Y = 60 - 59.96 = 0.04$

   $Z = 2\sqrt{0.06^2 + 0.04^2} = 0.144$

   위 계산식에 의해 0.144가 구해진다.

   구멍의 위치는 허용되는 위치도공차 $\phi\,0.15$ 범위 내에 있다.

§18. ANSI, ISO, KS 규격 비교

특 성	ANSI－Y 14.5 M	ISO－1101	KS B 0608
진직도	—	—	—
평면도	▱	▱	▱
경사도	∠	∠	∠
직각도	⊥	⊥	⊥
평행도	//	//	//
동심도	◎	◎	◎
위치도	⊕	⊕	⊕
대칭도	기호 없음	═	═
진원도	○	○	○
원통도	⌀	⌀	⌀
선의 윤곽도	⌒	⌒	⌒
면의 윤곽도	⌓	⌓	⌓
원주 흔들림	↗	↗	↗
온 흔들림	↗↗	↗↗	↗↗
데이텀	-A- ▲	▲ △	▲ △
최대 실체조건	Ⓜ	Ⓜ	Ⓜ
최소 실체조건	Ⓛ	기호 없음	기호 없음
형체치수 무관계	Ⓢ 1992 폐지	기호 없음	기호 없음
데이텀 목표	A1 / ⌀8 A1	A1 / ⌀8 A1	A1 / ⌀8 A1
돌출공차역	Ⓟ	Ⓟ	Ⓟ
기준치수	50	50	50
전 윤곽	↗⦵	기호 없음	기호 없음

제 6 장 기 계 재 료

§ 1. 기계재료 표시법

기계재료는 다음 세 부분이 합쳐져서 표시된다.

1-1 첫째 기호

재질을 표시하는 기호 문자로 나타내고 영어나 로마문자의 원소기호나 머리글자 또는 원소기호를 따라서 사용한다.

1-2 둘째 기호

제품명 또는 규격명을 표시하는 기호문자이며 영어 또는 로마 문자의 머리글자를 사용한다.

1-3 셋째 기호

종별을 표시하며 재료의 최저 인장강도 또는 종별 번호의 숫자를 사용한다. 또 끝에 재질의 경(硬)·연(軟)을 표시하거나 열처리에 관한 기호를 첨가하는 수도 있다.

1-4 넷째 기호

제조법을 표시한다.

1-5 다섯째 기호

제품 형상기호를 표시한다.

〔재질을 표시하는 기호(첫째 기호)〕

기 호	재 질	기 호	재 질
Al	알루미늄	PB	인청동
Al$_2$	알루미늄합금	S	강
B	청동	WM	화이트메탈(white metal)
Bs	황동	Zn	아연
CM	크롬 몰리브덴합금	SS	스테인리스강
Cu	동(원소기호)	NS	양백(洋白 : Nickel silver)
F	철	NC	니켈 크롬합금

〔규격 또는 제품명(둘째 기호)〕

기 호	제 품 명 규 격 명	기 호	제 품 명 규 격 명
B, BB	바 또는 보일러	PP	일반 구조용 강관
R, F	단조봉	TM	파이프 재료
C	주조품	PS	스프링강
BMC	흑심 가단주철	V	리벳용 압연재
WMC	백심 가단주철	W	와이어(wire)
HRS	열간압연재	WR W	용접봉
F	단조품	WR	선재
RF	단조재	DC	다이캐스팅
P	판	TB	보일러용 강관
S	강판	T	관

〔재료의 특성을 표시하는 기호(셋째 기호)〕

기 호	재 료 의 특 성	기 호	재 료 의 특 성
O	연질	T_4	담금질
¼ H	¼ 경질	T_6	담금질 후 풀림
½ H	½ 경질	W	담금질한 채
¾ H	¾ 경질	T_3	풀림
H	경질	SH	초경질
S	특질	EH	특경질

〔제 조 법(넷째 기호)〕

기 호	제 조 법	기 호	제 조 법
Oh	평로강	Cc	도가니강
Oa	산성 평로강	R	압연
Ob	염기성 평로강	F	단련
Bes	전로강	Ex	압출
E	전기로강	D	인발

〔재질을 표시하는 기호(다섯째 기호)〕

기 호	제 품	기 호	제 품	기 호	제 품
P	강 판	□	평 강	□	각 재
●	둥 근 강	⚠⑥	6 각 강	I	I 형 강
◎	파 이 프	⑧	8 각 강	⊏	채널(chammel)

〔비고〕 1. SF 34→탄소강 단강품
　　　　　S(강), F(단조품), 34(최저 인장 강도)
　　　2. SC 37→탄소강 주강품
　　　　　S(강), C(주조품), 37(최저 인장 강도)
　　　3. SHP 1→열간 압연 연강판 1종
　　　　　S(강), H(열간 가공품), P(강판), 1(1종)
　　　4. SM20C→기계 구조용 탄소강 강재
　　　　　SM(기계 구조용), 20C(탄소 함유량 0.15~0.25 % 의 중간값)

〔기 계 재 료〕

KSD	명　칭	종　별	기　호	인장장도 (kg/mm²)	용　도	JIS G
3501	열간 압연 연강판 및 강대	1　종 2　종 3　종	SHP　1 SHP　2 SHP　3	28이상	일반용 일반용, 아연도금용, 주석도금용, 드로잉용 딥 도로잉용	SPH
3503	일반구조용 압연 강재	1　종 2　종 3　종 4　종	SS　34 SS　41 SS　50 SS　55	34~44 41~52 50~62 55이상	말미기호 ┌강판 : P, 형강 : A │평강 : F, 봉강 : B └강대 : S	SS
3507	배관용 탄소강관	흑관, 백관	SPP	30이상	증기, 물, 기름, 가스 배관용	SGP
3509	피아노선재		PWR 62AB PWR 67AB PWR 72AB PWR 75AB PWR 77AB PWR 80AB PWR 82AB PWR 87AB PWR 92AB		와이어 로프 밸브 스프링 P.C 강선 강연선	SWRS
3510	경 강 선		HSW		강 선	SWRH
3512	냉간압연 강판 및 강대	1　종 2　종 3　종	SCP　1 SCP　2 SCP　3	28 이상	일반용 드로잉용 딥 드로잉용	SPC
3515	용접구조용 압연강재		SWS 41A SWS 41B SWS 41C SWS 50A SWS 50B SWS 50C SWS 50YA SWS 50YB SWS 53B SWS 53C SWS 58	41~52 50~62 50~62 53~62 58~73	선박, 건축, 교량, 철도차량 등 구조물의 두께 3mm 이상 인 구조용 압연강재	SM
3517	기계구조용 탄소강관	11 종 12 종 13 종 14 종 15 종 16 종 17 종	STKM 11A STKM 12A STKM 12B STKM 12C STKM 13A STKM 13B STKM 13C STKM 14A STKM 14B STKM 14C STKM 15A STKM 15C STKM 16A STKM 16C STKM 17A STKM 17C	30 이상 35 이상 40 이상 48 이상 38 이상 45 이상 52 이상 42 이상 51 이상 56 이상 48 이상 59 이상 52 이상 63 이상 56 이상 56 이상	기계, 항공기, 자동차, 자전차, 가구기구, 기타 기계부품 등	STKM
			SKH　2 SKH　3			

3522	고속도 공구강 강재	텅스텐계	SKH 4A SKH 4B SKH 5 SKH 10		절삭용, 기타 각종 공구	SKH
		몰리브덴계	SKH 9 SKH 52 SKH 53 SKH 54 SKH 55 SKH 56 SKH 57		각종 공구(고속도 절삭용), 기타	
3551	특수마대강	탄소강	S 30CM S 35CM S 45CM S 50CM S 55CM S 60CM S 65CM S 70CM		리테이너 사무용, 기계부품 클러치, 체인부품, 와셔, 양산살대 체인부품, 스프링 와셔, 양산살대 스프링, 칼날, 목공용톱, 카메라부품 목공용톱, 사무용기계부품, 와셔 스프링, 클러치부품 스프링, 목공용 톱	S××CM
		니켈, 크롬 강	SNC 2M SNC 3M SNC 21M		사무용 기계부품	SNC××M
		니켈크롬 몰리브덴강	SNCM 21M SMCM 22M		체인부품 등	SNCM××M
		크롬, 몰리브덴강	SCM 1M SCM 2M SCM 3M SCM 4M SCM 21M		체인부품, 사무용 기계부품 등	SCM××M
		스프링강	SUP 6M SUP 9M SUP 10M		스프링, 특수 스프링	SUP××M
		탄소공구강	SK 2M SK 3M SK 4M SK 5M SK 6M SK 7M		절삭공구, 목공공구 등	SK×M
		합금공구강	SKS 2M SKS 5M SKS 7M SKS 11M SKS 51M		절삭공구, 금형Dies	SKS××M
3554	연강선재	1종~8종	MSWR6~22		철근, 리벳, 나사류, 외장선	SWRM
3556	피아노선	1 종 2 종 3 종	PW 1 PW 2 PW 3		스프링용, 밸브 스프링용	SWP
3557	리벳용 원형강	1 종 2 종	SV 34 SV 41	34~41 41~50	일반용, 리벳용 보일러 선재용	SV
		1 종 2 종 3 종	HSWR 27 HSWR 32 HSWR 37		나사류, 경강연선, 스포크 경강연설, 스프링, 스포크 와이어 로프, 양산살대 등	
		4종 A B	HWWR 42A SHWR 42B			

		5종	A	HSWR 47A	와이어 로프, 스프링, 타이어, 심선 등	
			B	HSWR 47B		
		6종	A	HSWR 52A	스프링, 바늘, 와이어 로프 등	
			B	HSWR 52B		
		7종	A	HSWR 57A	침포 등	
			B	HSWR 57B		
		8종	A	HSWR 62A		
3559	경강선재		B	HSWR 62B		SWRH
		9종	A	HSWR 67A		
			B	HSWR 67B		
		10종	A	HSWR 72A		
			B	HSWR 72B		
		11종	A	HSWR 77A		
			B	HSWR 77B		
		12종	A	HSWR 82A		
			B	SHWR 82B		
3566	일반구조용 탄소 강관	1 종	SPS 30	30 이상		STK
		2 종	SPS 41	41 이상		
		3 종	SPS 51	51 이상		
		4 종	SPS 50	50 이상		
		5 종	SPS 55	55 이상		
3567	황 및 황복합 쾌삭강재		SUM 11		기어류, 축류	SUM
			SUM 12			
			SUM 21			
			SUM 22			
			SUM 22L			
			SUM 23			
			SUM 23L			
			SUM 24			
			SUM 24L			
			SUM 31			
			SUM 31L			
			SUM 32			
			SUM 41			
			SUM 42			
			SUM 43			
3701	스프링강	1 종	SPS 1		코일 및 겹판 스프링	SUP
		2 종	SPS 2			
		3 종	SPS 3			
		4 종	SPS 4			
		5 종	SPS 5			
		5 A 종	SPS 5A			
		6 종	SPS 6			
		7 종	SPS 7			
3705	열간 압연 스테인리스강판		STS 201 〜 STS 304	60 이상		SUS
3707	크롬강재		SCr 430		볼트, 너트	SCr
			SCr 435		암류, 스터트	
			SCr 440		강력볼트, 암류	
			SCr 445		축류, 키, 핀	
			SCr 415		캠샤프트, 핀류 ┐ 표면경화용	
			SCr 420		기어류 ┘	
3708	니켈·크롬강재		SNC 236		볼트, 너트류	SNC
			SNC 631			
			SNC 836		축류, 기어류	

번호	재료명	종	기호		용도	구기호
			SNC 415		피스톤핀, 기어 캠축	표면경화용
			SNC 815			
3709	니켈·크롬 몰리 브덴강재		SNCM		축, 볼트, 너트, 기어	SNCM
3710	탄소강 단강품	1 종	SF 34	34~42		SF
		2 종	SF 40	40~50		
		3 종	SF 45	45~55		
		4 종	SF 50	50~60		
		5 종	SF 55	55~65		
		6 종	SF 60	60~70		
3711	크롬 몰리브덴 강재		SCM 432		기어류, 축류	SCM
			SCM 430			
			SCM 435			
			SCM 440			
			SCM 445			
			SCM 415			
			SCM 418			
			SCM 420			
			SCM 421			
			SCM 822			
3751	탄소공구강	1 종	STC 1		경질 바이트, 면도날, 각종줄 바이트, 후라이스, 제작용 공구, 드릴	SK
		2 종	STC 2		탭, 나사절삭용, 다이스, 쇠톱날, 철공용 끌, 게이지, 태엽, 면도날	
		3 종	STC 3		태엽, 목공용 드릴, 도끼, 철공용 끌, 면도날, 목공용 띠톱, 펜촉	
		4 종	STC 4		각인, 스냅, 태엽, 목공용 띠톱, 원형톱, 펜촉, 등사판출, 톱날	
		5 종	STC 5		각인, 스냅, 원형톱, 태엽, 우산대, 등사판출	
		6 종	STC 6		각인, 스냅, 프레스형, 칼	
		7 종	STC 7			
3752	기계구조용 탄소강 강재		SM 10C		바레트, 컬레트	S×C
			SM 12C			
			SM 15C		볼트, 너트, 리벳	
			SM 17C			
			SM 20C		볼트, 너트, 모터축	
			SM 22C			
			SM 25C		볼트, 너트, 모터축	
			SM 28C			
			SM 30C		볼트, 너트, 기계부품	
			SM 33C			
			SM 35C		로드, 레버류, 기계부품	
			SM 38C			
			SM 40C		연접봉, 이음쇠, 축류	
			SM 43C			
			SM 45C		크랭크축류, 로드류	
			SM 48C			
			SM 50C		키, 핀, 축류	
			SM 53C			
			SM 55C		키, 핀류	
			SM 58C			

번호	명칭	종별		기호	강도	용도 / 성질		기호
			SM	9CK		방직기 롤로		
			SM	15CK		캠, 피스톤핀	표면경화용	
			SM	20CK				
3753	합금공구강	S 1종~8종	STS	1~8		절삭공구, 탭, 드릴, 커터, 줄,톱류		SKS
		S 11종	STS	11		냉간, 드로잉용, 다이스		
		S 21종	STS	21		탭, 드릴, 커터, 핵소		
		S 31종	STS	31		게이지, 포밍 다이스		
		S 41종~44종	STS	41~44		끌, 펀치, 칼, 다이스, 스냅		
		S 51종	STS	51		줄		
		D 1~6종	STD	1~6		다이스, 프레스형틀		SKD
		D 11종	STD	11		게이지, 다이스		
		D 12종	STD	12		전조 롤러, 다이캐스팅용		
		D 61종	STD	61		다이스		
		F 2~6종	STF	2~6		프레스용 다이스, 다이형틀		SKT
4101	탄소 주강품	1 종	SC	37	37 이상	전동기 부품용		SC
		2 종	SC	42	42 이상			
		3 종	SC	46	46 이상			
		4 종	SC	49	49 이상	일반구조용		
4301	회주철품	1 종	GC	10	10 이상	일반 기계부품, 상수도 철관		FC
		2 종	GC	15	15 이상	난방용품		
		3 종	GC	20	20 이상	약간의 경도를 요하는 부분		
		4 종	GC	25	25 이상			
		5 종	GC	30	30 이상	실린더 헤드, 피스톤, 공작기		
		6 종	GC	35	35 이상	계부품		
4302	구상 흑연주철품	1 종	GCD	37	37 이상			FCD
		2 종	GCD	42	42 이상			
		3 종	GCD	50	50 이상			
		4 종	GCD	60	60 이상			
		5 종	GCD	70	70 이상			
4303	흑심 가단주철품	1 종	BMC	28	28 이상			FCMB
		2 종	BMC	32	32 이상			
		3 종	BMC	35	35 이상			
		4 종	BMC	37	37 이상			
4304	펄라이트 가단주철품	1 종	PMC	40	40 이상			FCMP
		2 종	PMC	50	50 이상			
		3 종	PMC	55	55 이상			
		4 종	PMC	60	60 이상			
		5 종	PMC	70	70 이상			
4305	백심 가단주철품	1 종	WMC	34	34 이상			FCMW
		2 종	WMC	38	38 이상			
		3 종	WMC	45	45 이상			
		4 종	WMC	50	50 이상			
		5 종	WMC	55	55 이상			
		압 출 봉	C1020 BE[1]	6~75	무산소동	전기 열의 전도성, 전연성이 우수하고, 용접성·내식성·내후성이 좋다. 전기용, 화학공업용		C 1020
		드 로 잉 봉	C1020 BD[1]					
		압 출 봉	C1100BE[1]	6~75	타프피치동	전기·열의 전도성이 우수하고, 전연성·내식성·내후성이 좋다. 전기부품, 화학공업용 등		C 1100
		드 로 잉 봉	C1100BD[1]					
		압 출 봉	C 1201 BE	6~75	인탈산동	전연성·용접성·내식성·내후성 및 열의 전도성이 좋다 용접용, 화학공업용 등		C 1201
		드 로 잉 볼	C 1201 BD					
		압 출 봉	C 1220 BE					C 1220
		드 로 잉 봉	C 1220 BD					
		압 출 봉	C2600BE[1]	6~75	황동	냉간 단조성·건조성이 좋다		C 2600
		드 로 잉 봉	C2600BD[1]					
		압 출 봉	C2700BE[1]			기계부품, 전기부품 등		C 2700
		드 로 잉 봉	C2700BD[1]					

		압 출 봉	C2800BE(1)			열간 가공성이 좋다.	C 2800
		드 로 잉 봉	C2800 BD(1)			기계부품, 전기부품 등	
		드 로 잉 봉	C3601BD(2)			피절삭성이 우수하다.	C 3601
		압 출 봉	C 3602 BE		쾌삭	볼트, 너트, 작은나사,	C 3602
		드 로 잉 봉	C3602BD(2)	6~75	황동	스핀들, 기어. 밸브,	C 3603
		드 로 잉 봉	C 3603BE(2)			카메라 부품 등	
		압 출 봉	C 3604 BE				C 3604
		드 로 잉 봉	C 3604BD(2)				
		압 출 봉	C 3712 BE			열간 단조성이 좋다.	C 3712
		드 로 잉 봉	C 3712 BD	6 이상	단조용	정밀 단조에 적합하	
		압 출 봉	C 3771 BE		황 동	다. 기계부품 등	C 3771
		드 로 잉 봉	C 3771 BD				
		압 출 봉	C 4622 BE			내식성, 특히 내해수	C 4622
		드 로 잉 봉	C 4622 BD	6~50	네이벌	성이좋다. 선박용부품	
		압 출 봉	C 4641 BE		황 동	샤프트 등	C 4641
5101	동 및 동합금봉	드 로 잉 봉	C4641 BD				
		압 출 봉	C 6161 BE				C 6161
		드 로 잉 봉	C 6161 BD				
		단 조 봉	C 6161 BF			강도가 높고, 내마모성	
		압 출 봉	C 6191 BE		알루미	·내식성이 좋다. 차량	
		드 로 잉 봉	C 6191 BD	6 이상	늄청동	기계용, 화학공업용,	C 6191
		단 조 봉	C 6191 BF			선박용의 기어 피니언	
		압 출 봉	C 6241 BE			·샤프트·부시 등	
		드 로 잉 봉	C 6241 BD				C 6241
		단 조 봉	C 6241 BF				
		압 출 봉	C 6782 BE			강도가 높고, 열간 단	C 6782
		드 로 잉 봉	C 6782 BD	6~50	고강도	조성·내식성이 좋다.	
		압 출 봉	C 6783 BE		황 동	선박용 프로펠러축,	C 6783
		드 로 잉 봉	C 6783 D			펌프축 등	
5535	동 선	1 종	RBsW 1			장식품, 장신구	C2100W
		2 종	RBsW 3			화스나 금망	⌇
		3 종	RBsW 3				C2400W
6001	황동주물	1 종	YBsC 1	15이상		플랜지, 전기부속품	
		2 종	YBsC 2	20이상		전기부품, 일반 기계부품	YBsC
						건축용 장식품, 전기부품	
		3 종	YBsC 3	25이상		일반 기계부품	
6002	청동주물	1 종	BC 1	25이상			
		2 종	BC 2	25이상		밸브, 콕 및 기계부분품 등	BC
		3 종	BC 3	18이상			
		4 종	BC 4	22이상			
6003	화이트메탈	1~10종	WM 1~10			고속 및 중속, 고하중 및 중	
						하중용	

§ 2. 재료의 단면 표시

단면이 특별한 재료임을 표시할 필요가 있을 경우에는 다음 그림과 같이 표시한다.

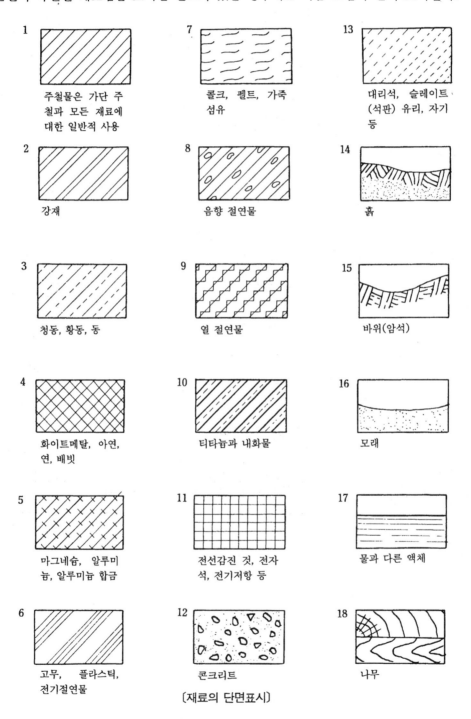

1 주철물은 가단 주
철과 모든 재료에
대한 일반적 사용

2 강재

3 청동, 황동, 동

4 화이트메탈, 아연,
연, 배빗

5 마그네슘, 알루미
늄, 알루미늄 합금

6 고무, 플라스틱,
전기절연물

7 콜크, 펠트, 가죽
섬유

8 음향 절연물

9 열 절연물

10 티타늄과 내화물

11 전선감진 것, 전자
석, 전기저항 등

12 콘크리트

13 대리석, 슬레이트
(석판) 유리, 자기
등

14 흙

15 바위(암석)

16 모래

17 물과 다른 액체

18 나무

〔재료의 단면표시〕

부 · · 록

1. 나사 규격

〔미터나사의 기본치수〕

기준치수 산출공식

$$H = 0.866025P \qquad H_1 = 0.541266P$$
$$d_2 = d - 0.649519P \qquad d_1 = d - 1.082532P$$
$$D = d \qquad D_1 = d_1$$
$$D_2 = d_2$$

나 사 호 칭				피 치	접촉높이	암 나 사		
						골지름 D	유효지름 D_2	안지름 D_1
1	2	3	4	P	H_1	수 나 사		
						바깥지름 d	유효지름 d_2	골지름 d_1
M 0.25				0.075	0.041	0.250	0.201	0.169
M 0.3				0.08	0.043	0.300	0.248	0.213
		M 0.35		0.09	0.049	0.350	0.292	0.253
M 0.4				0.1	0.054	0.400	0.335	0.292
	M 0.45			0.1	0.054	0.450	0.385	0.342
M 0.5				0.125	0.068	0.500	0.419	0.365
		M 0.55		0.125	0.068	0.550	0.469	0.415
M 0.6				0.15	0.081	0.600	0.503	0.438
	M 0.7			0.175	0.095	0.700	0.586	0.511
M 0.8				0.2	0.108	0.800	0.670	0.583
	M 0.9			0.225	0.122	0.900	0.754	0.656
M 1				0.25	0.135	1.000	0.838	0.729
	M 1.1			0.25	0.135	1.100	0.938	0.829
M 1.2				0.25	0.135	1.200	1.038	0.929
	M 1.4			0.3	0.162	1.400	1.205	1.075
M 1.6				0.35	0.189	1.600	1.373	1.221
	M 1.8			0.35	0.189	1.700	1.473	1.321
				0.35	0.189	1.800	1.573	1.421
M 2				0.4	0.217	2.000	1.740	1.567
	M 2.2			0.45	0.244	2.200	1.980	1.713
				0.4	0.217	2.300	2.040	1.867
M 2.5				0.45	0.244	2.500	2.208	2.013
				0.45	0.244	2.600	2.308	2.113
M 3×0.5				0.5	0.271	3.000	2.675	2.459
	M 3.5			0.6	0.325	3.500	3.110	2.850
M 4×0.7				0.7	0.379	4.000	3.545	3.242
	M 4.5			0.75	0.406	4.500	4.013	3.688
M 5×0.8				0.8	0.433	5.000	4.480	4.134
M 6				1	0.541	6.000	5.350	4.917
		M 7		1	0.541	7.000	6.350	5.917
M 8				1.25	0.677	8.000	7.188	6.647
		M 9		1.25	0.677	9.000	8.188	7.647
M 10				1.5	0.812	10.000	9.026	8.376
		M 11		1.5	0.812	11.000	10.026	9.376
M 12				1.75	0.947	12.000	10.863	10.106
	M 14			2	1.083	14.000	12.701	11.835
M 16				2	1.083	16.000	14.701	13.835
	M 18			2.5	1.353	18.000	16.376	15.294
M 20				2.5	1.353	20.000	18.376	17.294
	M 22			2.5	1.353	22.000	20.376	19.294
M 24				3	1.624	24.000	22.051	20.752
	M 27			3	1.624	27.000	25.051	23.752
M 30				3.5	1.894	30.000	27.727	26.211
	M 33			3.5	1.894	33.000	30.727	29.211
M 36				4	2.165	36.000	33.402	31.670
	M 39			4	2.165	39.000	36.402	34.670
M 42				4.5	2.436	42.000	39.077	37.129
	M 45			4.5	2.436	45.000	42.077	40.129
M 48				5	2.706	48.000	44.752	42.587
	M 52			5	2.706	52.000	48.752	46.587
M 56				5.5	2.977	56.000	52.428	50.046
	M 60			5.5	2.977	60.000	56.428	54.046
M 64				6	3.248	64.000	60.103	57.505
	M 68			6	3.248	68.000	64.103	61.505

〔비고〕 1란은 우선적으로 필요에 따라 2란, 3란의 순으로 선택한다.

[미터 가는 나사의 기본치수]

(단위 : mm)

나사의 호칭	피 치 P	접촉 높이 H₁	암 나 사		
			골 지 름 D	유효지름 D_2	안 지 름 D_1
			수 나 사		
			바깥지름 d	유효지름 d_2	골 지 름 d_1
M 1 × 0.2	0.2	0.108	1.000	08700	0.783
M 1.1 × 0.2	0.2	0.108	1.100	09700	0.883
M 1.2 × 0.2	0.2	0.108	1.200	10700	0.983
M 1.4 × 0.2	0.2	0.108	1.400	1.270	1.183
M 1.6 × 0.2	0.2	0.108	1.600	1.470	1.383
M 1.8 × 0.2	0.2	0.108	1.800	1.670	1.583
M 2 × 0.25	0.25	0.135	2.000	1.838	1.729
M 2.2 × 0.25	0.25	0.135	2.200	2.038	1.929
M 2.5 × 0.35	0.35	0.189	2.500	2.273	2.121
M 3 × 0.35	0.35	0.189	3.000	2.773	2.621
M 3.5 × 0.35	0.35	0.189	3.500	3.273	3.121
M 4 × 0.5	0.5	0.271	4.000	3.675	3.459
M 4.5 × 0.5	0.5	0.271	4.500	4.175	3.959
M 5 × 0.5	0.5	0.271	5.000	4.675	4.459
M 5.5 × 0.5	0.5	0.271	5.500	5.175	4.959
M 6 × 0.75	0.75	0.406	6.000	5.513	5.188
M 7 × 0.75	0.75	0.406	7.000	6.513	6.188
M 8 × 1	1	0.541	8.000	7.350	6.917
M 8 × 0.75	0.75	0.406	8.000	7.513	7.188
M 9 × 1	1.75	0.541	9.000	8.350	7.917
M 9 × 0.75	0.	0.406	9.000	8.513	8.188
M 10 × 1.25	1.25	0.677	10.000	9.188	8.647
M 10 × 1	1	0.541	10.000	9.350	8.917
M 10 × 0.75	0.75	0.406	10.000	9.513	9.188
M 11 × 1	1	0.541	11.000	10.350	9.917
M 11 × 0.75	0.75	0.406	11.000	10.513	10.188
M 12 × 1.5	1.5	0.812	12.000	11.026	10.376
M 12 × 1.25	1.25	0.677	12.000	11.188	10.188
M 12 × 1	1	0.541	12.000	11.350	10.350
M 14 × 1.5	1.5	0.812	14.000	13.026	12.026
M 14 × 1.25	1.25	0.677	14.000	13.18	12.647
M 14 × 1	1	0.541	14.000	13.30	12.917
M 15 × 1.5	1.5	0.812	15.000	14.06	13.376
M 15 × 1	1	0.541	15.000	14.350	13.917
M 16 × 1.5	1.5	0.812	16.000	15.026	14.376
M 16 × 1	1	0.541	16.000	15.350	14.917
M 17 × 1.5	1.5	0.812	17.000	16.026	15.376
M 17 × 1	1	0.541	17.000	16.350	15.917
M 18 × 2	2	0.083	18.000	16.701	15.835
M 18 × 1.5	1.5	0.812	18.000	17.026	16.376
M 18 × 1	1	0.541	18.000	17.350	16.917
M 20 × 2	2	1.083	20.000	18.701	17.835
M 20 × 1.5	1.5	0.812	20.000	19.026	18.376
M 20 × 1	1	0.541	20.000	19.350	18.917
M 22 × 2	2	1.083	22.000	20.701	19.835
M 22 × 1.5	1.5	0.812	22.000	21.026	20.376
M 22 × 1	1	0.541	22.000	21.350	20.917
M 24 × 2	2	1.083	24.000	22.701	21.835
M 24 × 1.5	1.5	0.812	24.000	23.026	22.376
M 24 × 1	1	0.541	24.000	23.350	22.917

〔미터 가는 나사의 기본치수〕 (단위 : mm)

나사의 호칭	피 치 P	접촉 높이 H₁	암 나 사		
			골 지 름 D	유효지름 D₂	안 지 름 D₁
			수 나 사		
			바깥지름 d	유효지름 d₂	골 지 름 d₁
M 25 × 2	2	1.083	25.000		22.835
M 25 × 1.5	1.5	0.812	25.000	24.026	23.376
M 25 × 1	1	0.541	25.000	24.350	23.917
M 26 × 1.5	1.5	0.812	26.000	25.026	24.376
M 27 × 2	2	1.083	26.000	25.701	24.835
M 27 × 1.5	1.5	0.812	26.000	26.026	25.376
M 27 × 1	1	0.541	27.000	26.350	25.917
M 28 × 2	2	1.083	28.000	26.701	25.835
M 28 × 1.5	1.5	0.812	28.000	27.026	26.376
M 28 × 1	1	0.541	28.000	27.350	26.917
M 30 × 3	3	1.083	30.000	28.051	26.752
M 30 × 2	2	0.083	30.000	28.701	27.835
M 30 × 1.5	1.5	0.812	30.000	29.026	28.376
M 30 × 1	1	0.541	30.000	29.350	28.917
M 32 × 2	2	1.083	32.000	30.701	29.835
M 32 × 1.5	1.5	0.812	32.000	31.026	30.376
M 33 × 3	3	1.624	33.000	31.051	29.752
M 33 × 2	2	1.083	33.000	31.701	30.835
M 33 × 1.5	1.5	0.812	33.000	32.026	31.376
M 35 × 1.5	1.5	0.812	35.000	34.026	33.376
M 36 × 3	3	1.624	36.000	34.051	32.752
M 36 × 2	2	1.083	36.000	34.701	33.835
M 36 × 1.5	1.5	0.812	36.000	35.026	34.376
M 38 × 1.5	1.5	0.812	38.000	37.026	36.376
M 39 × 3	3	1.624	39.000	37.051	35.752
M 39 × 2	2	1.083	39.000	37.701	36.835
M 39 × 1.5	1.5	0.812	39.000	38.026	37.376
M 40 × 3	3	1.624	40.000	38.051	36.752
M 40 × 2	2	1.083	40.000	38.701	37.835
M 40 × 1.5	1.5	0.812	40.000	39.026	38.376
M 42 × 4	4	2.165	42.000	39.402	37.670
M 42 × 3	3	1.624	42.000	40.051	38.752
M 42 × 2	2	1.083	42.000	40.701	39.835
M 42 × 1.5	1.5	0.812	42.000	41.026	40.376
M 45 × 4	4	2.165	45.000	42.402	40.670
M 45 × 3	3	1.624	45.000	43.051	41.752
M 45 × 2	2	1.083	45.000	43.701	42.835
M 45 × 1.5	1.5	0.812	45.000	44.026	43.376
M 48 × 4	4	2.165	48.000	45.402	43.670
M 48 × 3	3	1.623	48.000	46.051	44.752
M 48 × 2	2	1.083	48.000	46.701	45.835
M 48 × 1.5	1.5	0.812	48.000	47.026	46.376
M 50 × 3	3	1.624	50.000	48.051	46.752
M 50 × 2	2	1.08	50.000	48.701	47.835
M 50 × 1.5	1.5	0.812	50.000	49.026	48.376
M 52 × 4	4	2.165	52.000	49.402	47.670
M 52 × 3	3	1.624	52.000	50.051	48.752
M 52 × 2	2	1.083	52.000	50.701	49.835

〔미니어처 나사의 기본치수〕

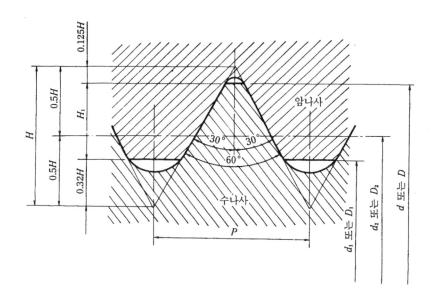

미니어처 나사의 기본 치수의 산출 공식

$$H = 0.8660259P \qquad d_2 = d - 0.649519P \qquad D = d$$
$$H_1 = 0.48P \qquad d_1 = d - 0.96P \qquad D_2 = d_2$$
$$D_1 = d_1$$

〔미니어처의 나사의 기본 치수〕

(단위 : mm)

나사의 호칭[1]		피 치 P	물림 높이 H_1	암 나 사		
				골지름 D	유효지름 D_2	안지름 D_1
1	2			수 나 사		
				바깥 지름 d	유효지름 d_2	골지름 d_1
S 0.3		0.08	0.0384	0.300	0.248	0.223
	S 0.35	0.09	0.0432	0.350	0.292	0.264
S 0.4		0.1	0.0480	0.400	0.335	0.304
	S 0.45	0.1	0.0480	0.450	0.385	0.354
S 0.5		0.125	0.0600	0.500	0.419	0.380
	S 0.55	0.125	0.0600	0.550	0.469	0.430
S 0.6		0.15	0.0720	0.600	0.503	0.456
	S 0.7	0.175	0.0840	0.700	0.586	0.532
S 0.8		0.2	0.0960	0.800	0.670	0.608
	S 0.9	0.225	0.1080	0.900	0.754	0.684
S 1		0.25	0.1200	1.000	0.838	0.760
	S 1.1	0.25	0.1200	1.100	0.938	0.860
S 1.2		0.25	0.1200	1.200	1.038	0.960
	S 1.4	0.3	0.1440	1.400	1.205	1.112

〔비고〕 [1]나사의 호칭은 1란의 것을 우선적으로 하고, 필요에 따라 2란의 것을 선택한다.

〔유니파이 나사의 기본치수〕

기준치수 산출공식

$$H = 0.8660259\,P \qquad d_2 = d - 0.64952\,P$$
$$H_1 = 0.61343\,P$$
$$r = 0.14434\,P \qquad D_1' = d_1 + 2 \times \dfrac{H}{12}$$
$$d_1 = d - 2H_1$$

(단위 : mm)

나사의 호칭 (1)			나사 산수 25.4 mm에 대한 n	피 치 P (참고)	접 촉 높 이 H_1	암 나 사		
						골 지 름 D	유효지름 D_2	안지름 D_1
1	2	(참 고)				수 나 사		
						바깥지름 d	유효지름 d_2	골지름 d_1
No. 0-80 UNF		0.0600-80 UNF	80	0.3175	0.172	1.524	1.318	1.181
	No. 1-72 UNF	0.0730-72 UNF	72	0.3528	0.191	1.854	1.626	1.473
No. 2-64 UNF		0.0860-64 UNF	64	0.3969	0.215	2.184	1.928	1.755
	No. 3-56 UNF	0.0990-56 UNF	56	0.4536	0.246	2.515	2.220	2.024
No. 4-48 UNF		0.1120-48 UNF	48	0.5292	0.286	2.845	2.502	2.271
No. 5-44 UNF		0.1250-44 UNF	44	0.5773	0.312	3.175	2.799	2.550
No. 6-40 UNF		0.1380-40 UNF	40	0.6350	0.344	3.505	3.094	2.817
No. 8-36 UNF		0.1640-36 UNF	36	0.7056	0.382	4.166	3.708	3.401
No.10-32 UNF		0.1900-32 UNF	32	0.7938	0.430	4.826	4.310	3.967
	No.12-28 UNF	0.2160-28 UNF	28	0.9071	0.491	5.486	4.897	4.503
1/4-28 UNF		0.2500-28 UNF	28	0.9071	0.491	6.350	5.761	5.367
5/16-24 UNF		0.3125-24 UNF	24	1.0583	0.573	7.938	7.249	6.792
3/8-24 UNF		0.3750-24 UNF	24	1.0583	0.573	9.525	8.837	8.379
7/16-20 UNF		0.4375-20 UNF	20	1.2700	0.687	11.112	10.287	9.738
1/2-20 UNF		0.5000-20 UNF	20	1.2700	0.687	12.700	11.874	11.326
9/16-18 UNF		0.5625-18 UNF	18	1.4111	0.764	14.288	13.371	12.761
5/8-18 UNF		0.6250-18 UNF	18	1.4111	0.764	15.875	14.958	14.348
3/4-16 UNF		0.7500-16 UNF	16	1.5875	0.859	19.050	18.019	17.330
7/8-14 UNF		0.8750-14 UNF	14	1.8143	0.982	22.225	21.046	20.262
1-12 UNF		1.0000-12 UNF	12	2.1167	1.146	25.400	24.026	23.109
11/8-12 UNF		1.1250-12 UNF	12	2.1167	1.146	28.575	27.201	26.284
11/4-12 UNF		1.2500-12 UNF	12	2.1167	1.146	31.750	30.376	29.459
13/8-12 UNF		1.3750-12 UNF	12	2.1167	1.146	34.925	33.551	32.634
11/2-12 UNF		1.5000-12 UNF	12	2.1167	1.146	38.100	36.726	35.809

나사의 호칭(1)		(참 고)	나사산수 25.4 mm에 대한 n	피 치 P (참고)	접 촉 높 이 H₁	암 나 사		
						골 지 름 D	유효지름 D₂	안지름 D₁
1	2					수 나 사		
						바깥지름 d	유효지름 d₂	골지름 d₁
No. 2-56 UNC	No.1-64 UNC	0.0730-64 UNC	64	0.3969	0.215	1.854	1.598	1.425
		0.0860-56 UNC	56	0.4536	0.246	2.184	1.890	1.694
	No. 3-48 UNC	0.0990-48 UNC	48	0.5292	0.286	2.515	2.172	1.941
No. 4-40 UNC		0.1120-40 UNC	40	0.3969	0.344	2.845	1.598	1.425
No. 5-40 UNC		0.1250-40 UNC	40	0.4536	0.344	3.175	1.890	1.694
No. 6-32 UNC		0.1380-32 UNC	32	0.5292	0.286	3.505	2.172	1.941
No. 8-32 UNC		0.1640-32 UNC	32	0.6350	0.430	4.166	2.433	2.156
No.10-24UNC		0.1900-24 UNC	24	0.6350	0.573	4.826	2.764	2.487
	No.12-24UNC	0.2160-24 UNC	24	0.7938	0.573	5.486	2.990	2.647
$\frac{1}{4}$ -20 UNC		0.2500-20 UNC	20	1.2700	0.687	6.350	3.650	3.307
$\frac{5}{16}$ -18 UNC		0.3125-18 UNC	18	1.4111	0.764	7.938	4.138	3.680
$\frac{3}{8}$ -16 UNC		0.3750-16 UNC	16	1.5876	0.859	9.525	4.798	4.341
$\frac{7}{16}$ -14 UNC		0.4375-14 UNC	14	1.8143	0.982	11.112	5.524	4.976
$\frac{1}{2}$ -13 UNC		0.5000-13 UNC	13	1.9538	1.058	12.700	7.021	6.411
$\frac{9}{16}$ -12 UNC		1.5625-12 UNC	12	2.1167	1.146	14.288	8.494	7.805
$\frac{5}{8}$ -11 UNC		0.6250-11 UNC	11	2.3091	1.250	15.875	9.934	9.149
$\frac{8}{4}$ -10 UNC		0.7500-10 UNC	10	2.5400	1.375	19.050	11.430	10.584
$\frac{7}{8}$ -9 UNC		0.8750-9 UNC	9	2.8222	1.528	22.225	12.913	11.996
1 - 8 UNC		1.0000-8 UNC	8	3.1750	1.719	25.400	14.376	13.376
$1\frac{1}{8}$ -7 UNC		1.1250-7 UNC	7	3.6286	1.964	28.575	17.399	16.299
$1\frac{1}{4}$ -7 UNC		1.2500-7 UNC	7	3.6286	1.964	31.750	20.391	19.169
$1\frac{3}{8}$ -6 UNC		1.3750-6 UNC	6	4.2333	2.291	34.925	32.174	30.343
$1\frac{1}{2}$ -6 UNC		1.5000-6 UNC	6	4.2333	2.291	38.100	35.349	33.518
$1\frac{3}{4}$ -5 UNC		1.7500-5 UNC	5	5.0800	2.750	44.450	41.151	38.951
2 - 4$\frac{1}{2}$ UNC		2.0000-4.5 UNC	4$\frac{1}{2}$	5.6444	3.055	50.800	47.135	44.689
2$\frac{1}{4}$-4$\frac{1}{2}$ UNC		2.2500-4.5 UNC	4$\frac{1}{2}$	5.6444	3.055	57.815	53.485	51.039
2$\frac{1}{2}$-4 UNC		2.5000-4 UNC	4	6.3500	3.437	63.500	59.375	56.627
2$\frac{3}{4}$-4 UNC		2.7500-4 UNC	4	6.3500	3.437	69.859	65.725	62.977
3 - 4 UNC		3.0000-4 UNC	4	6.3500	3.437	76.200	72.075	69.327
3$\frac{1}{4}$-4 UNC		3.2500-4 UNC	4	6.3500	3.437	82.550	78.425	76.677
3$\frac{1}{2}$ -4 UNC		3.5000-4 UNC	4	6.3500	3.437	88.900	84.775	82.027
3$\frac{3}{4}$ -4 UNC		3.7500-4 UNC	4	6.3500	3.437	95.250	91.125	88.377
4 - 4 UNC		4.0000-4 UNC	4	6.3500	3.437	101.600	97.475	94.727

〔비고〕 1. 1란을 우선적으로 택하고 필요에 따라 2란을 택한다. 참고란은 나사의 호칭법을 10진법으로 하여 표시한다.

〔30° 사다리꼴 나사와 나사산의 치수〕

굵은 실선은 기본 산형을 표시한다.

$H = 1.866\,P$ $d_2 = d - 2\,c$

$c\ = 0.25\,P$ $d_1 = d - 2H_1$

$H_1 = 2\,c + a$ $D = d + 2\,a$

$H_2 = 2\,c + a - b$ $D_1 = d_1 + 2\,b$

$h = 2\,c + 2\,a - b$ $D_2 = d_2$

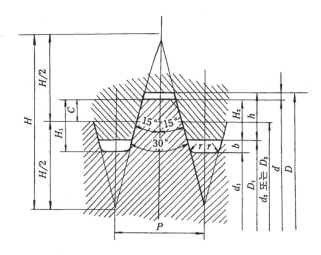

피 치	틈 새		c	H_2	H_1	h	r
P	a	b					
2	0.25	0.50	0.50	0.75	1.25	1.00	0.25
3	0.25	0.50	0.75	1.25	1.75	1.50	0.25
4	0.25	0.50	1.00	1.75	2.25	2.00	0.25
5	0.25	0.75	1.25	2.00	2.75	2.25	0.25
6	0.25	0.75	1.50	2.50	3.25	2.75	0.25
8	0.25	0.75	2.00	3.50	4.25	3.75	0.25
10	0.25	0.75	2.50	4.50	5.25	4.75	0.25
12	0.25	0.75	3.00	5.50	6.25	5.75	0.25
16	0.50	1.50	4.00	7.00	8.50	7.50	0.50
20	0.50	1.50	5.00	9.00	10.50	9.50	0.50
24	0.50	1.50	6.00	11.00	10.50	11.50	0.50

〔사다리꼴 나사의 기본 치수〕

호 칭	피 치 P	수 나 사			암 나 사		
		바깥지름 d	유효지름 d_2	끝 지 름 d_1	끝 지 름 D	유효지름 D_2	안 지 름 D_1
TM 10	2	10	9.0	7.5	10.5	9.0	8.5
TM 12	2	12	11.0	9.5	12.5	11.0	10.5
TM 14	3	14	12.5	10.5	14.5	12.5	11.5
TM 16	3	16	14.5	12.5	16.5	14.5	13.5
TM 18	4	18	16.0	13.5	18.5	16.0	14.5
TM 20	4	20	18.0	15.5	20.5	18.0	16.5
TM 22	2	22	19.5	16.5	22.5	19.5	18.0
TM 24	5	24	21.5	18.5	24.5	21.5	20.0
TM 25	5	25	22.5	19.5	25.5	22.5	21.0
TM 26	5	26	23.5	20.5	26.5	23.5	22.0
TM 28	5	28	25.5	22.5	28.5	25.5	24.0
TM 30	6	30	27.0	23.5	30.5	27.0	25.0
TM 32	6	32	29.0	25.5	32.5	29.0	27.0
TM 34	6	34	31.0	27.5	34.5	31.0	29.0
TM 36	6	36	33.0	29.5	36.5	33.0	31.0
TM 38	6	38	35.0	31.5	38.5	35.0	33.0
TM 40	6	40	37.0	33.5	40.5	37.0	35.0
TM 42	6	42	39.0	35.5	42.5	39.0	37.0
TM 44	8	44	40.0	35.5	44.5	40.0	38.0
TM 45	8	45	41.0	36.5	45.5	41.0	38.0
TM 46	8	46	42.0	37.5	46.5	42.0	39.0
TM 48	8	48	44.0	39.5	48.5	44.0	41.0
TM 50	8	50	46.0	41.5	50.5	46.0	43.0
TM 52	8	52	48.0	43.5	52.5	48.0	45.0
TM 55	8	55	51.0	46.5	55.5	51.0	48.0
TM 58	8	58	49.5	54.0	58.5	54.0	51.0
TM 60	8	60	56.0	51.5	60.5	56.0	53.0
TM 62	10	62	57.0	52.5	62.5	57.0	53.0
TM 65	10	65	60.0	54.5	65.5	60.0	56.0
TM 68	10	68	63.0	57.5	68.5	63.0	59.0
TM 70	10	70	65.0	59.5	70.5	65.0	61.0
TM 72	10	72	67.0	61.5	72.5	67.0	63.0
TM 75	10	75	70.0	64.5	75.5	70.0	66.0
TM 78	10	78	73.0	67.5	78.5	73.0	69.0
TM 80	10	80	75.0	69.5	80.5	75.0	71.0
TM 82	10	82	77.0	71.5	82.5	77.0	73.0
TM 85	10	85	79.0	72.5	85.5	79.0	74.0
TM 88	12	88	82.0	75.5	88.5	82.0	77.0
TM 90	12	90	84.0	77.5	90.5	84.0	79.0

〔사다리꼴 나사의 기본 치수〕

호　칭	피　치 P	수　나　사			암　나　사		
		바깥지름 d	유효지름 d_2	골지름 d_1	골지름 D	유효지름 D_2	안지름 D_1
(TM　92)	12	92	86.0	79.5	92.5	86.0	81.0
(TM　95)	12	95	89.0	82.5	95.5	89.0	84.0
(TM　98)	12	98	92.0	85.5	98.5	92.0	87.0
(TM 100)	12	100	94.0	87.5	100.5	94.0	89.0
(TM 105)	12	105	99.0	92.5	105.5	99.0	94.0
(TM 110)	12	110	104.0	97.5	110.5	104.0	99.0
(TM 120)	16	120	112.0	103.0	121.0	112.0	106.0
(TM 125)	16	125	117.0	108.0	126.0	117.0	111.0
(TM 130)	16	130	122.0	113.0	131.0	122.0	116.0
(TM 135)	16	135	127.0	118.0	136.0	127.0	121.0
(TM 140)	16	140	132.0	123.0	141.0	132.0	126.0
(TM 145)	16	145	137.0	128.0	146.0	137.0	131.0
(TM 150)	16	150	142.0	133.0	151.0	142.0	136.0
(TM 155)	16	155	147.0	138.0	156.0	147.0	141.0
(TM 160)	16	160	152.0	143.0	161.0	152.0	146.0
(TM 165)	16	165	157.0	148.0	166.0	157.0	151.0
(TM 170)	16	170	162.0	153.0	171.0	162.0	156.0
(TM 175)	16	175	167.0	158.0	176.0	167.0	161.0
(TM 180)	20	180	170.0	159.0	181.0	170.0	162.0
(TM 185)	20	185	175.0	164.0	186.0	175.0	167.0
(TM 190)	20	190	180.0	169.0	191.0	180.0	172.0
(TM 195)	20	195	185.0	174.0	196.0	185.0	177.0
(TM 200)	20	200	190.0	179.0	201.0	190.0	182.0
(TM 210)	20	210	200.0	189.0	211.0	200.0	192.0
(TM 220)	20	220	210.0	199.0	221.0	210.0	202.0
(TM 230)	20	230	220.0	209.0	231.0	220.0	212.0
(TM 240)	24	240	228.0	215.0	241.0	228.0	218.0
(TM 250)	24	250	238.0	225.0	251.0	238.0	228.0
(TM 260)	24	260	248.0	235.0	261.0	248.0	238.0
(TM 270)	24	270	258.0	245.0	271.0	258.0	248.0
(TM 280)	24	280	268.0	255.0	281.0	268.0	258.0
(TM 290)	24	290	278.0	265.0	291.0	278.0	268.0
(TM 300)	24	300	288.0	275.0	301.0	288.0	278.0

〔29° 사다리꼴 나사(KS B 0226)와 나사산의 치수〕

굵은 실선은 기본 산형을 표시한다.

$$P = \frac{25.4}{n}$$

n = 산수 (25.4mm에 대하여)

$H = 1.9335\,P$

$c ≒ 0.25\,P$

$H_1 = 2c + a$

$H_2 = 2c + a - b$

$h = 2c + 2a - b$

$d_2 = d - 2c$

$d_1 = d - 2H_1$

$D = d + 2a$

$D_1 = d_1 + 2b$

$D_2 = d_2$

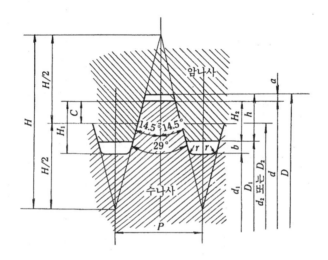

(단위 : mm)

산　수 (25.4mm에 대한) n	피치 P	둘　레		C	H_2	H_1	h	r
		a	b					
12	2.1167	0.25	0.50	0.50	0.75	1.75	1.25	1.00
10	2.5400	0.25	0.50	0.60	0.95	1.45	1.20	0.25
8	3.1750	0.25	0.50	0.75	1.25	1.75	1.50	0.25
6	4.2333	0.25	0.50	1.00	1.75	2.25	2.00	0.25
5	5.0800	0.25	0.75	1.25	2.00	2.75	2.25	0.25
4	6.3500	0.25	0.75	1.50	2.50	3.25	2.75	0.25
3 ½	7.2571	0.25	0.75	1.75	3.00	3.75	3.25	0.25
3	8.4667	0.25	0.75	2.00	3.50	4.26	3.75	0.25
2 ½	10.1600	0.25	0.75	2.50	4.50	5.25	4.75	0.25
2	12.700	0.25	0.75	3.00	5.50	6.25	5.75	0.25

호 칭	산 수 (25.4mm에 대한) n	피 치 P	수 나 사			암 나 사		
			바깥지름 d	유효지름 d_2	골지름 d_1	골지름 D	유효지름 D_2	안지름 D_1
TW 10	12	2.1167	10	9.0	7.5	10.5	9.0	8.5
TW 12	10	2.5400	12	10.8	9.1	12.5	10.8	10.1
TW 14	8	3.1750	14	12.5	10.5	14.5	12.5	11.5
TW 16	8	3.2750	16	14.5	12.5	16.5	14.5	13.5
TW 18	6	4.2333	18	16.0	13.5	18.5	16.0	14.5
TW 20	6	4.2333	20	18.0	15.5	20.5	18.0	16.5
TW 22	5	50.800	22	19.5	16.5	22.5	19.5	18.0
TW 24	5	5.0800	24	21.5	18.5	24.5	21.5	20.0
TW 26	5	5.0800	26	23.5	20.5	26.5	23.5	22.0
TW 28	5	5.0800	28	25.5	22.5	28.5	25.5	24.0
TW 30	4	6.3500	30	27.0	23.5	30.5	27.0	25.0
TW 32	4	6.3500	32	29.0	25.5	32.5	29.0	27.0
TW 34	4	6.3500	34	31.0	27.5	34.5	31.0	29.0
TW 36	4	6.3500	36	33.0	29.5	36.5	33.0	31.0
TW 38	3 1/2	7.2571	38	34.5	30.5	38.5	34.5	32.0
TW 40	3 1/2	7.2571	40	36.5	32.5	40.5	36.5	34.0
TW 42	3 1/2	7.2571	42	38.5	34.5	42.5	38.5	36.0
TW 44	3 1/2	7.2571	44	40.5	36.5	44.5	40.5	38.0
TW 40	3	8.4667	46	42.0	37.5	46.5	42.0	38.0
TW 48	3	8.4667	48	44.0	39.5	48.5	44.0	41.0
TW 50	3	8.4667	50	46.0	41.5	50.5	46.0	43.0
TW 52	3	8.4667	52	48.0	43.5	52.5	48.0	45.0
TW 55	3	8.4667	55	51.0	46.5	55.5	51.0	48.0
TW 58	3	8.4667	58	54.0	49.5	58.5	54.0	51.0
TW 60	3	8.4667	60	56.0	51.5	66.5	56.0	53.0
TW 62	3	8.4667	62	58.0	53.5	62.5	58.0	55.0
TW 65	2 1/2	10.1600	65	60.0	54.5	65.5	60.0	56.0
TW 68	2 1/2	10.1600	68	63.0	57.5	68.5	63.0	59.0
TW 70	2 1/2	10.1600	70	65.0	59.5	70.5	65.0	61.0
TW 72	2 1/2	10.1600	72	67.0	61.5	72.5	67.0	63.0
TW 75	2 1/2	10.1600	75	70.0	64.5	75.5	70.0	66.0
TW 78	2 1/2	10.1600	78	73.0	67.5	78.5	73.0	69.0
TW 80	2 1/2	10.1600	80	75.0	69.5	80.5	75.0	71.0
TW 82	2 1/2	10.1600	82	77.0	71.5	82.5	77.0	73.0
TW 85	2	12.7000	85	79.0	72.5	85.5	79.0	74.0
TW 88	2	12.7000	88	82.0	75.0	88.5	82.0	77.0
TW 90	2	12.7000	90	84.0	77.5	90.5	84.0	79.0
TW 92	2	12.7000	92	86.0	79.5	92.5	86.0	81.0
TW 95	2	12.7000	95	89.0	82.5	95.5	89.0	84.0
TW 98	2	12.7000	98	92.0	85.5	98.5	92.0	87.0
TW 100	2	12.7000	100	94.0	87.5	100.5	94.0	89.0

〔관용 평행나사 (KS B 0211)의 기본 치수〕

$P = \dfrac{25.4}{n}$

$H = 0.96049\,P$

$h = 0.64033\,P$

$r = 0.13733\,P$

$d_2 = d - h$

$d_1 = d - 2\,h$

$D_2 = d_2$

$D_1 = d$

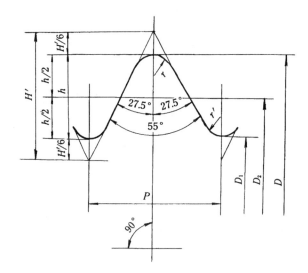

나사의 호칭	나사산수 $\left(\begin{array}{c}25.4\text{mm}\\ \text{에 대한}\end{array}\right)$ n	끝 의 둥글기 r	나사산의 높 이 h	끝 의 둥글기 r	수 나 사		
					바깥지름 d	유효지름 d_2	골 지 름 d_1
					암 나 사		
					골 지 름 D	유효지름 D_2	안 지 름 D_1
PF 6 (1/8)	28	0.9071	0.5810	0.12	9.228	9.147	8.566
PF 8 (1/4)	19	1.3368	0.856	0.18	13.557	12.301	11.445
PF 10 (3/8)	19	1.3368	0.856	0.18	16.662	15.806	14.950
PF 15 (1/2)	14	18.143	1.162	0.25	20.555	19.793	18.631
PF 20 (3/4)	14	18.143	1.162	0.25	26.441	25.279	24.117
PF 25 (1)	11	23.091	1.479	0.32	33.449	31.770	30.291
PF 32 (1 1/4)	11	23.091	1.479	0.32	41.110	40.431	38.952
PF 40 (1 1/2)	11	23.091	1.479	0.32	47.003	46.324	44.845
PF 50 (2)	11	23.091	1.479	0.32	59.114	58.135	56.656
PF 65 (2 1/2)	11	23.091	1.479	0.32	25.884	73.705	72.226
PF 80 (3)	11	23.091	1.479	0.32	87.884	86.405	84.926
PF100 (4)	11	23.091	1.479	0.32	113.330	111.551	110.072
PF125 (5)	11	23.091	1.479	0.32	138.440	136.951	135.472
PF150 (6)	11	23.091	1.479	0.32	163.830	162.351	160.872

〔비고〕 표 중의 파이프용 평행 나사를 표시하는 기호 PF는 필요에 따라 생략할 수 있다.

〔관용 평행나사 (KS B 0211)의 기본 치수〕

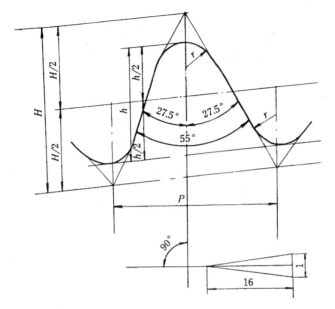

$$P= \frac{25.4}{n}$$

$$H = 0.960237\,P$$
$$h = 0.640327\,P$$
$$r = 0.137278\,P$$

나사의 호칭	나사산수 (25.4mm에 대한) n	나 사 산 피치 P (참고)	나 사 산 산의 높이	나 사 산 둥글기 r 또는 r'	기 본 지 름 수 나 사 바깥지름 d	기 본 지 름 수 나 사 유효지름 d2	기 본 지 름 수 나 사 골지름 d1	기 본 지 름 암 나 사 골지름 D	기 본 지 름 암 나 사 유효지름 D2	기 본 지 름 암 나 사 안지름 D1	기본지름의 위치 수 나 사 관 끝으로부터 기본길이 a	기본지름의 위치 수 나 사 축선방향의허용차 ±b	기본지름의 위치 암나사 관끝부분 축선방향의허용차 ±c	평행암나사의 D, D2 및 D1의 허용차 ±	유효나사의 길이(최소) 수나사 기본지름의위치에서 테이퍼암나사쪽으로	유효나사의 길이(최소) 암 나 사 불안전나사부가 있는 경우 테이퍼암나사 기본지름의위치로부터작은지름쪽l	유효나사의 길이(최소) 암 나 사 불안전나사부가 있는 경우 평행암나사 관 또는 관이음쇠의끝으로부터l' (참고)	유효나사의 길이(최소) 암 나 사 불안전나사부가없는경우 테이퍼암나사평행암나사 기본지름의위치로부터t 또는 관·관이음쇠의끝으로부터t	배관용탄소강강관의치수 (참고) 바깥지름	배관용탄소강강관의치수 (참고) 두께
PT 6 (¹/₈)	28	0.9071	0.581	0.12	9.728	9.147	8.566				3.97	0.91	1.13	0.071	2.5	6.2	7.4	4.4	10.5	2.0
PT 8 (¹/₄)	19	1.3368	0.856	0.18	13.157	12.301	11.445				6.01	1.34	1.67	0.104	3.7	9.4	11.0	6.7	13.8	2.3
PT 10 (³/₈)	19	1.3368	0.856	0.18	16.662	15.806	14.950				6.35	1.34	1.67	0.104	3.7	9.7	11.4	7.0	17.3	2.3
PT 15(¹/₂)	14	1.8143	1.162	0.25	20.955	19.793	18.631				8.16	1.81	2.27	0.142	5.0	12.7	15.0	9.1	21.7	2.8
PT 20 (³/₄)	14	1.8143	1.162	0.25	26.441	25.279	24.117				9.53	1.81	2.27	0.142	5.0	14.1	16.3	10.2	27.2	2.8
PT 25 (1)	11	2.3091	1.479	0.32	33.249	31.770	30.291				10.39	2.31	2.89	0.180	6.4	16.2	19.0	11.5	34	3.2
PT 32 (1¹/₄)	11	2.3091	1.479	0.32	41.910	40.431	38.952				12.70	2.31	2.89	0.180	6.4	18.5	21.4	13.4	42.7	3.5
PT 40 (1¹/₂)	11	2.3091	1.479	0.32	47.803	46.324	44.845				12.70	2.31	2.89	0.180	6.4	18.5	21.4	13.4	48.6	3.5
PT 50 (2)	11	2.3091	1.479	0.32	59.614	58.135	56.656				15.88	2.31	2.89	0.180	7.5	22.8	25.7	16.9	60.5	3.8
PT 65 (2¹/₂)	11	2.3091	1.479	0.32	75.184	73.705	72.226				17.46	3.46	3.46	0.217	9.2	26.7	30.2	18.6	76.3	4.2
PT 80 (3)	11	2.3091	1.479	0.32	87.884	86.405	84.926				20.64	3.46	3.46	0.217	9.2	29.9	33.3	21.1	89.1	4.2
PT 90 (3¹/₂)	11	2.3091	1.479	0.32	100.330	98.851	97.372				22.23	3.46	3.46	0.217	9.2	31.5	34.9	22.4	101.6	4.2
PT100 (4)	11	2.3091	1.479	0.32	113.030	111.551	110.072				25.40	3.46	3.46	0.217	10.4	35.8	39.3	25.9	114.3	4.5
PT125 (5)	11	2.3091	1.479	0.32	138.430	136.951	135.472				28.58	3.46	3.46	0.217	11.5	40.1	43.6	29.3	139.8	4.5
PT150 (6)	11	2.3091	1.479	0.32	163.830	162.351	160.872				28.58	3.46	3.46	0.217	11.5	40.1	43.6	29.3	165.2	5.0

〔비고〕 1. 표 중의 관용 테이퍼나사를 표시하는 기호 PT는 필요에 따라 생략하여도 좋다. 또한 테이퍼 수나사와 끼워 맞추는 평행 암나사를 표시하는 기호가 필요한 경우에는 PS를 사용한다.
2. 나사산은 중심 축선에 직각으로, 피치는 중심 축선에 따라 측정한다.
3. 유효나사부의 길이는 완전하게 나사산이 깎인 나사부의 길이이며, 관 또는 이음쇠의 끝으로부터 측정한다. 다만, 유효나 사부의 최후의 몇개의 산은 그 봉우리에 관 표면이 그대로 남아 있어도 좋다. 또 이음쇠의 끝이 모따기가 되어 있어도 이 부분을 유효나 사부의 길이에 포함시킨다.
4. a, f 또는 t가 이 표의 수치에 따르기 어려울 때는 따로 정하는 부품의 규격에 따른다.

〔나사끝의 종류 및 치수〕

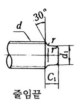
줄임끝

볼록끝

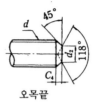
오목끝

거친끝

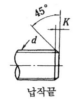
납작끝

둥근끝

〔단위 : mm〕

나사호칭	피치	납짝끝 둥근끝	줄 임 끝			볼록끝	오목끝		둥근끝
d	P	K (약)	d_1	c_1	r	c_3	d_2	c_4	r
M 1	0.25	0.25	—	—	—	0.4	—	—	0.6
M 1.2	0.25	0.25	—	—	—	0.5	—	—	0.8
M 1.4	0.3	0.3	—	—	—	0.6	—	—	1
M 1.6	0.35	0.3	—	—	—	0.7	—	—	1.1
M 2	0.4	0.4	1.2	1.5	0.2	0.8	—	—	1.5
M 2.2	0.45	0.4	1.5	2	0.2	0.9	—	—	2
M 2.5	0.45	0.45	1.7	2	0.2	1	—	0.8	2
M 3	0.5	0.6	2	2.5	0.3	1.2	1.5	0.8	2
M 3.5	0.6	0.6	2.5	2.5	0.3	1.4	2	1	3
M 4	0.7	0.8	2.5	3	0.3	1.6	2	1	3
M 4.5	0.75	0.8	3	3	0.3	1.8	2.5	1.2	4
M 5	0.8	0.9	3.5	3	0.3	2	2.5	1.5	4
M 6	1	1	4	3	0.4	2.5	3	1.5	5
M 7	1	1	4	3	0.4	2.5	3.5	1.5	5
M 8	1.25	1.2	5.5	5	0.4	3	5	2	7
M 10	1.5	1.5	7	5	0.5	3.5	6	2	9
M 12	1.75	2	9	6	0.6	4.5	8	2.5	11
M 14	2	2	10	6	0.8	5	9	3	14
M 16	2	2	12	8	0.8	6	10	3	17
M 18	2.5	2.5	13	8	0.8	6.6	12	3	17
M 20	2.5	2.5	15	8	1	7	14	3	20
M 22	2.5	2.5	17	10	1	8	16	3	25
M 24	3	3	18	10	1	8	16	4	25
M 27	3	3	21	10	1.2	—	—	—	30
M 30	3.5	3.5	23	12	1.2	—	—	—	35
M 33	3.5	3.5	26	12	1.6	—	—	—	40
M 36	4	4	28	12	1.6	—	—	—	40
M 39	4	4	30	15	2	—	—	—	50

□ 볼트 구멍지름 및 자리파기 지름

일반으로 사용하는 볼트, 작은나사 등을 수용하는 볼트 및 작은나사의 구멍 직경 및 자리파기의 지름은 다음 표에 따르고 구멍지름과 나사 외경과의 틈새에 따라 1~4 급으로 나눈다.

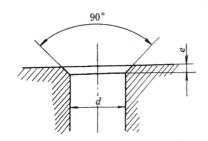
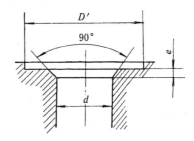

〔볼트 구멍의 치수〕

나 사 의 호 칭(1)	볼트구멍 지름 d				모따기 e	자리파기지름 D'	나 사 의 호 칭(1)	볼트구멍 지름 d'				모따기 e	자리파기지름 D'
	1급	2급	3급	4급(2)				1급	2급	3급	4급(2)		
M 1	1.1	1.2	1.4	-	0.2	3	M 30	31	33	35	36	1.2	62
M 1.2	1.3	1.4	1.6	-	0.2	4	(M 33)	34	36	38	40	2	66
(M 1.4)	1.5	1.6	1.6	-	0.2	4	M 36	37	39	42	43	2	72
M 1.6	1.7	1.8	2	-	0.2	5	(M 39)	40	42	45	46	2	76
※ M 1.7	1.8	2	2.2	-	0.2	5	M 42	43	45	48	-	2	82
M 2	2.2	2.4	2.6	-	0.2	7	(M 45)	46	48	52	-	2	87
(M 2.2)	2.4	2.5	2.7	-	0.2	8	M 48	50	52	56	-	2	93
M 2.3	2.5	2.6	2.8	-	0.2	8	(M 52)	54	56	62	-	2.5	100
M 2.5	2.7	2.9	3.1	-	0.2	8	M 56	58	62	66	-	2.5	100
※ M 2.6	2.8	3	3.2	-	0.2	8	(M 60)	62	66	70	-	2.5	115
M 3	3.2	3.4	3.6	-	0.2	9	M 64	66	70	74	-	2.5	122
(M 3.5)	3.7	3.9	4.3	-	0.2	10	(M 68)	70	74	78	-	2.5	127
M 4	4.3	4.5	4.8	5.5	0.3	11	M 72	74	78	82	-	3	133
(M 4.5)	4.8	5	5.5	6	0.3	13	(M 76)	78	82	86	-	3	144
M 5	5.3	5.5	5.8	6.5	0.3	13	M 80	82	86	91	-	3	148
M 6	5.4	6.6	7	7.8	0.5	15	M 85	87	91	96	-	-	-
(M 7)	7.4	7.6	8	-	0.5	18	M 90	93	96	101	-	-	-
M 8	8.4	9	10	10	0.5	20	M 95	96	101	107	-	-	-
M 10	10.5	11	12	13	0.8	24	M 100	104	107	112	-	-	-
M 12	13	14	16	15	0.8	28	M 105	109	112	117	-	-	-
(M 14)	15	16	17	17	0.8	32	M 110	114	117	119	-	-	-
M 16	17	18	19	20	1.2	35	M 115	119	122	127	-	-	-
(M 18)	19	20	21	22	1.2	39	M 120	124	127	132	-	-	-
M 20	21	22	24	25	1.2	43	M 125	129	132	137	-	-	-
M 22	23	24	26	27	1.2	46	M 130	134	137	144	-	-	-
M 24	25	26	28	29	1.6	50	M 140	144	147	155	-	-	-
(M 27)	28	30	32	33	1.6	55	M 150	155	158	165	-	-	-

〔비고〕 1. 4급은 주조 그대로의 구멍에 적용한다.
2. 모따기는 필요에 따라 하는 것으로 하고 그 각도는 90°를 원칙으로 한다.
3. 자리파기의 면은 구멍의 중심선에 대하여 직각이 되게 하고 자리파기의 깊이는 흑피가 깎일 정도로 한다.

〔6각 볼트〕

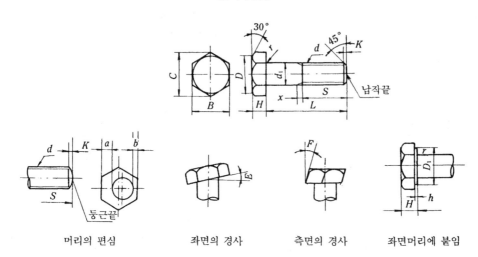

| 머리의 편심 | 좌면의 경사 | 측면의 경사 | 좌면머리에 붙임 |

(단위 : mm)

나사의 호칭 (d)	d_1		H		B		C	D	$r^{(7)}$	k	a-b	E	F
	기준치수	허용차	기준치수	허용차	기준치수	허용차	약	약	최대	약	최대	최대	최대
M 6	6	0 −0.2	4	±0.25	10	0 −0.6	11.5	9.8	0.5		0.3	1°	2°
(M 7)	7		5		11	0 −0.7	12.7	10.7	0.5	1	0.3		
M 8	8		5.5		13		15	12.6	0.5	1.2	0.4		
M 10	10		7		17		19.6	16.5	0.8	1.5	0.5		
M 12	12	0 −0.25	8	±0.3	19	0 −0.8	21.9	18	0.8	2	0.7		
(M 14)	14		9		22		25.4	21	0.8	2	0.7		
M 16	16		10		24		27.7	23	1.2	2	0.8		
(M 18)	18		12		27		31.2	26	1.2	2.5	0.9		
M 20	20	0 −0.35	13	±0.35	30	0 −1	34.6	29	1.2	2.5	0.9		
(M 22)	22		14		32		37	31	1.2	2.5	1.1		
M 24	24		15		36		41.6	34	1.6	3	1.2		
(M 27)	27		17		41		47.3	39	1.6	3	1.3		
M 30	30		19		46		53.1	44	1.6	3.5	1.5		
(M 33)	33		21		50		57.7	48	2	3.5	1.6		
M 36	36	0 −0.4	23	±0.	55	0 −1.2	63.5	53	2	4	1.8		
(M 39)	39		25		60		69.3	57	2	4	2		
M 42	42		26		65		75	62	2	4.5	2.1		
(M 45)	45		28		70		80.8	67	2	4.5	2.3		
M 48	48		30		75		86.5	72	2	5	2.4		
(M 52)	52	0 −0.45	33	±0.5	80	0 −1.4	92.4	77	2.5	5	2.6		
M 56	56		35		85		98.1	82	2.5	5.5	2.8		
(M 60)	60		38		90		104	87	2.5	5.5	3		
M 64	64		40		95		110	92	2.5	6	3		
(M 68)	68		43		100		115	97	2.5	6	3.3		
M 72	72		45		105		121	102	2.5	6	3.3		
(M 76)	76		48		110		127	107	3	6	3.5		
M 80	80		50		115		133	112	3	6	3.5		

〔6각 너트〕

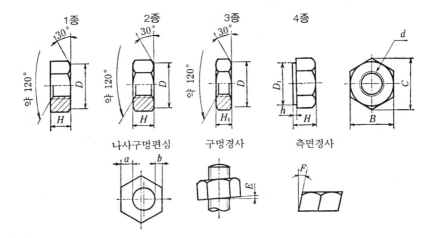

(단위 : mm)

나사의 호칭	수나사 의외경	H 기준치수	H 허용량	H₁ 기준치수	H₁ 허용량	B 기준치수	B 허용량	C 약	D 약	D₁ 최소	h 약	a-b 최대	E 최대	F 최대
M 6		5	±0.25	3.6		10	0 −0.6	11.5	9.8	9	0.4	0.3		
(M 7)	7	5.5		4.2	±0.25	10		12.7	9.8	10	0.4	0.3		
M 8	8	6.5		5		11	0 −0.7	15	12.5	11.7	0.4	0.4		
M 10	10	8	±0.3	6		13		19.6	16.5	15.8	0.4	0.5		
M 12	10	10		7		17		21.9	18	17.6	0.6	0.5		
(M 14)	14	11		8	±0.3	19	0 −0.8	25.4	21	20.4	0.6	0.7		
M 16	16	13		10		22		27.7	23	22.3	0.6	0.8		
(M 18)	18	15	±0.35	11		25		31.2	26	25.6	0.6	0.8		
M 20	20	16		12		27		34.6	29	28.5	0.6	0.9		
(M 22)	22	18		13		30		37	31	30.4	0.6	0.9		
M 24	24	19		14	±0.35	32	0 −1	41.6	34	34.2	0.6	1.1		
(M 27)	27	22		16		36		47.3	39			1.3		
M 30	30	24	±0.4	18		41		53.1	44	−	−	1.5		
(M 33)	33	26		20		46		57.7	48			1.6		
M 36	36	29		21		50		63.5	53			1.8		
(M 39)	39	31		23	±0.4	55	0 −1.2	69.3	57	−	−	2		
M 42	42	34	±0.4	25		60		75	62			2.1		
(M 45)	45	36		27		65		80.8	67			2.3	1°	2°
M 48	48	38	±0.5	29		70		86.5	72	−	−	2.4		
(M 52)	52	42		31		75		92.4	77			2.6		
M 56	56	45		34		80		98.1	82			2.8		
(M 60)	60	48		36		85		104	87	−	−	2.9		
M 64	64	51		38		90		110	92			3		
(M 68)	68	54		40	±0.5	95	0 −1.4	115	97			3.2		
M 72	72	58		42		105		121	102	−	−	3.3		
(M 76)	76	61	±0.6	46		110		127	107			3.5		
M 80	80	64		49		115		133	112			3.5		
(M 85)	85	68		50		120		139	116	−	−	3.5		
M 90	90	72		54		130		150	126			4		
(M 95)	95	76		57		135		156	131			4.		
M 100	100	80		60		145		167	141	−	−	4.5		
(M 105)	105	84		63		150	0 −1.6	173	146			4.5		
M 110	110	88		65	±0.6	155		179	151			4.5		
(M 115)	115	92		69		165		191	161	−	−	5.		
(M 120)	120	96	±0.7	72		170		196	166			5.5		
M 125	125	100		76		180		208	176			5.5		
(M 130)	130	104		78		185	0 −1.8	214	181	−	−	5.5		

□ 작은 나사의 호칭 및 각부의 치수 (KS B 1021)

〔둥근머리 작은나사〕

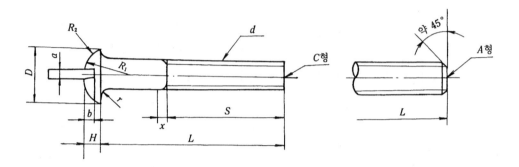

 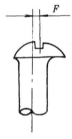 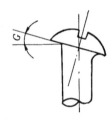

| 홈 어긋남 | 머리 어긋남 | 자리면 기울기 |

호칭	D		H		R_1	R_2	a		b		r	E	F	G
d	기본치수	치수차	기본치수	치수차	약	약	기본치수	치수차	기본치수	치수차	최대	최대	최대	최대
1	2	0	0.8		0.2	0.7	0.32		0.45		0.1	0.1	0.05	
1.2	2.3	−0.3	0.9		1.4	0.8	0.32	+0.1	0.5		0.1	0.1	0.05	
1.4	2.6		1		1.6	0.9	0.32	0	0.6	+0.1	0.1	0.15	0.1	
1.7	3.2	0 −0.4	1.2	±0.1	1.9	1.1	0.4		0.7		0.1	0.15	0.1	
2	3.5		1.3		2.1	1.2	0.6		0.8		0.1	0.15	0.1	
2.3	4		1.5		2.4	1.3	0.6		0.9	±0.15	0.1	0.2	0.15	
2.6	4.5		1.7		2.7	1.5	0.8	±0.15	1		0.2	0.2	0.15	2°
3	5.5	0 −0.5	2		3.3	1.8	0.8		1.2	±0.2	0.2	0.25	0.2	
3.5	6		2.3		3.6	2	1		1.4		0.2	0.25	0.2	
4	7		2.6	±0.15	4.2	2.3	1		1.6	±0.25	0.3	0.3	0.2	
5	9	0 −0.6	3.4		5.4	3	1.2		2.1		0.3	0.35	0.25	
6	10.5	0 −0.7	4	±0.2	6.3	3.5	1.2	+0.2 0	2.5	±0.4	0.3	0.4	0.3	
8	14	0 −0.8	5.4		8.4	4.6	1.6			±0.5	0.4	0.5	0.4	

〔냄비머리 작은나사〕

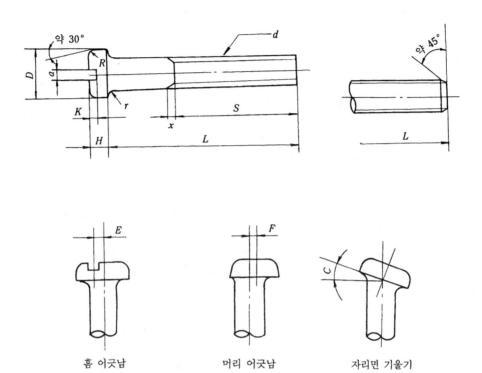

홈 어긋남   머리 어긋남   자리면 기울기

호칭	D		H		R	a		b		r	E	F	G
d	기본치수	치수차	기본치수	치수차	약	기본치수	치수차	기본치수	치수차	최대	최대	최대	최대
1	2	0	0.65		0.3	0.32	+0.1 0	0.3	+0.05	0.1	0.1	0.05	
1.2	2.3	−0.3	0.8		0.4	0.32		0.4		0.1	0.1	0.05	
1.4	2.6		0.9		0.5	0.32		0.5	±0.1	0.1	0.15	0.1	
1.7	3.2	0 −0.4	1.1	±0.1	0.6	0.4		0.6		0.1	0.15	0.1	
2	3.5		1.3		0.7	0.6		0.7		0.1	0.15	0.1	
2.3	4		1.5		0.8	0.6	+0.15 0	0.8		0.1	0.2	0.15	
2.6	4.5		1.7		0.9	0.8		0.9	±0.15	0.2	0.2	0.15	
3	5.5	0 ±0.5	2		1.1	0.8		1.1		0.2	0.25	0.2	2°
3.5	6		2.3		1.3	1		1.25	±0.2	0.2	0.25	0.2	
4	7		2.6	±0.15	1.5	1		1.4		0.3	0.3	0.2	
5	9	0 −0.6	3.3		1.9	1.2	+0.2 0	1.8	±0.25 ±0.3	0.3	0.35	0.25	
6	0.5	0 −0.7	3.9	±0.2	2.3	1.2		2.1		0.3	0.4	0.3	

〔납작머리 작은나사〕

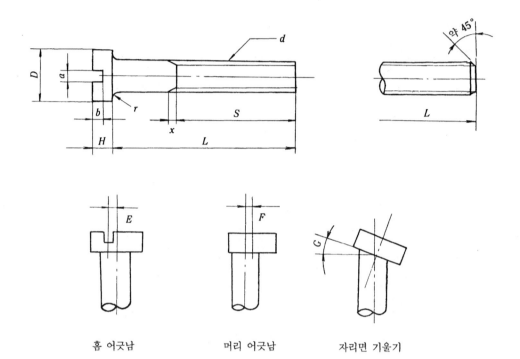

홈 어긋남   머리 어긋남   자리면 기울기

호칭	D		H		a		b		r	E	F	G
d	기본치수	치수차	기본치수	치수차	기본치수	치수차	기본치수	치수차	최대	최대	최대	최대
1	2	0	0.65		0.32	+0.1	0.3	±0.05	0.1	0.1	0.05	
1.2	2.3	−0.3	0.8		0.32	0	0.4		0.1	0.1	0.05	
1.4	2.6		0.9		0.32		0.5		0.1	0.15	0.1	
1.7	3.2	0	1.1	±0.1	0.4		0.6	±0.1	0.1	0.15	0.1	
2	3.5	−0.4	1.3		0.6		0.7		0.1	0.15	0.1	
2.3	4		1.5		0.6	+0.15	0.8		0.1	0.2	0.15	
2.6	4.5		1.7		0.8		0.9	±0.15	0.2	0.2	0.15	
3	5.5	0	2		0.8		1.1		0.2	0.25	0.2	2°
3.5	6	−0.5	2.3		1		1.25	±0.2	0.2	0.25	0.2	
4	7		2.6	±0.15	1		1.4		0.3	0.3	0.2	
		0						±0.25				
5	9	−0.6	3.3		1.2	+0.2	1.8	±0.3	0.3	0.35	0.25	
6	10.5	0 / −0.7	3.9	±1.2	1.2	0	2.1		0.37	0.4	0.3	
8	14	+0 / −0.8	5.2		1.6		2.8	±0.5	0.4	0.5	0.4	

〔둥근 납작머리 작은나사〕

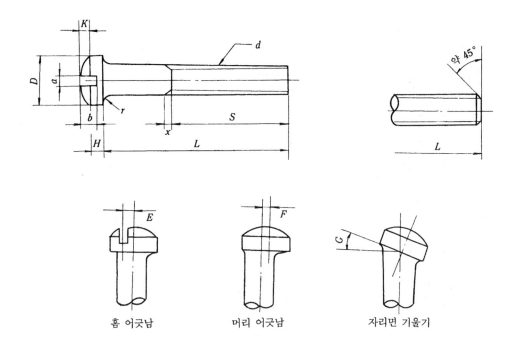

홈 어긋남   머리 어긋남   자리면 기울기

〔둥근 납작머리 작은 나사 호칭 및 치수〕 | E－1030 | 8/22

호칭 d	D		H		K	H+K		a		b		r	E	F	G
	기본 치수	치수차	기본 치수	치수차	약	기본 치수	치수차	기본 치수	치수차	기본 치수	치수차	최대	최대	최대	최대
1	2	0	0.55		0.2	0.75		0.32	+0.1 0	0.4		0.1	0.1	0.05	
1.2	2.3	−0.3	0.65		0.25	0.9		0.32		0.5		0.1	0.1	0.05	
1.4	2.6		0.7		0.3	1	±0.15	0.32		0.55	±0.1	0.1	0.15	0.1	
1.7	3.2	0 −0.4	0.85	±0.1	0.4	1.25		0.4		0.7		0.1	0.15	0.1	
2	3.5		1		0.45	1.45		0.6		0.8		0.1	0.15	0.1	
2.3	4		1.15		0.5	1.65		0.6	+0.15 0	0.9	±0.15	0.1	0.2	0.15	
2.6	4.5		1.3		0.6	1.9		0.8		1		0.2	0.2	0.15	
3	5.5	0 −0.5	1.5		0.7	2.2	±0.2	0.8		1.2	±0.2	0.2	0.25	0.2	2°
3.5	6		1.75		0.8	2.55		1		1.4		0.2	0.25	0.2	
4	7		1.9	±1.5	1	2.9		1		1.55	±0.25	0.3	0.3	0.2	
5	9	0 −0.6	2.4		1.2	3.6	±0.3	1.2	+0.2 0	1.9	±0.3	0.3	0.35	0.25	
6	10.5	+0 −0.7	2.8		1.5	4.3		1.2		2.3	±0.4	0.3	0.4	0.3	
8	14	+0 −0.8	3.7	±0.2	2	5.7		1.6		3	±0.5	0.4	0.5	0.4	

〔접시머리 작은나사〕

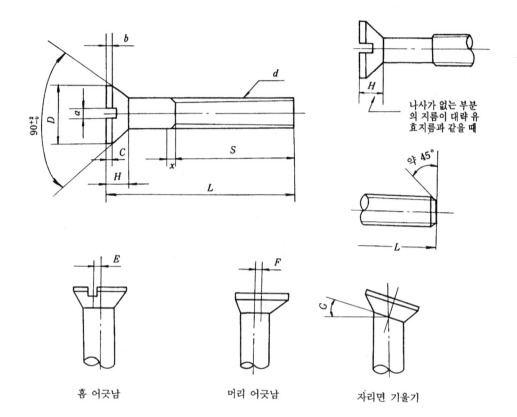

홈 어긋남   머리 어긋남   자리면 기울기

〔접시머리 작은 나사 호칭 및 치수〕

호칭	D		H		C	a		b		E	F	G
d	기본치수	치수차	기본치수	치수차	약	기본치수	치수차	기본치수	치수차	최대	최대	최대
1	2	0 −0.3	0.6	0 −0.1	0.1	0.32	±0.1 0	0.25	±0.05	0.1	0.05	
1.2	2.4		0.7		0.1	0.32		0.3		0.1	0.05	
1.4	2.8		0.85		0.15	0.32		0.3		0.15	0.1	
1.7	3.4	0 −0.4	1	0 −0.2	0.15	0.4		0.4	±0.1	0.15	0.1	
2	4		1.2		0.2	0.6		0.5		0.15	0.1	
2.3	4.6		1.35		0.2	0.6		0.5		0.2	0.15	2°
2.6	5.2		1.5		0.2	0.8	±0.15 0	0.6		0.2	0.15	
3	6	0 −0.5	1.75	0 −0.3	0.25	0.8		0.7		0.25	0.2	
3.5	7		2		0.25	1.		0.8	±0.15	0.25	0.2	
4	8		2.3		0.3	1.		0.9		0.3	0.2	
5	10	0 −0.6	2.8		0.3	1.2	±0.2 0	1.1	±0.2	0.35	0.25	
6	12	0 −0.7	3.4	0 −0.4	0.4	1.2		1.4	±0.25	0.4	0.3	
8	16	0 −0.8	4.4		0.4	1.6		1.8	±0.3	0.5	0.4	

〔둥근 접시머리 작은나사〕

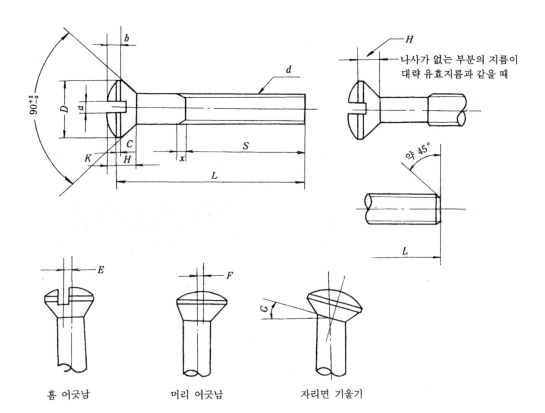

나사가 없는 부분의 지름이 대략 유효지름과 같을 때

약 45°

홈 어긋남   머리 어긋남   자리면 기울기

			E-1030	12/22

호칭 d	D 기본치수	D 치수차	H 기본치수	H 치수차	C 약	K 약	H+K 기본치수	H+K 치수차	a 기본치수	a 치수차	D 기본치수	D 치수차	E 최대	F 최대	G 최대
1	2		0.6		0.1	0.2	0.8	0 / −0.2	0.32		0.35			0.1	0.05	
1.2	2.4	0 / −0.3	0.7	0 / −0.1	0.1	0.3	1		0.32	+0.1 / 0	0.45	±0.1	0.1	0.05	
1.4	2.8		0.85		0.15	0.3	1.15	0 / −0.3	0.32		0.5		0.15	0.1	
1.7	3.4		1		0.15	0.4	1.4		0.4	0 / −0.3	0.6		0.15	0.1	
2	4	0 / −0.4	1.2	0 / −0.2	0.2	0.4	1.6	0 / −0.4	0.6		0.7	±0.15	0.15	0.1	2°
2.3	4.6		1.35		0.2	0.5	1.85		0.6	+0.15 / 0	0.8		0.2	0.15	
2.6	5.2		1.5		0.2	0.6	2.1		0.8		0.9		0.2	0.15	
3	6		1.75		0.25	0.7	2.45		0.8		1.1		0.25	0.2	
3.5	7	0 / −0.5	2	0 / −0.3	0.25	0.8	2.8	0 / −0.5	1		1.2	±0.2	0.25	0.2	
4	8		2.3	−0.3	0.3	0.9	3.2		1		1.4	±0.25	0.3	0.2	
5	10	0 / −0.6	2.8		0.3	1.2	4		1.2	+0.2 / 0	1.7	±0.3	0.35	0.25	
6	12	0 / −0.7	3.4	0	0.4	1.4	4.8	0	1.2	0	2.1	±0.4	0.4	0.3	
8	16	0 / −0.8	4.4	−0.4	0.4	1.8	6.2	−0.6	2.7	±0.5	0.5		0.5	0.4	

〔둥근머리 나사못 기본 치수〕

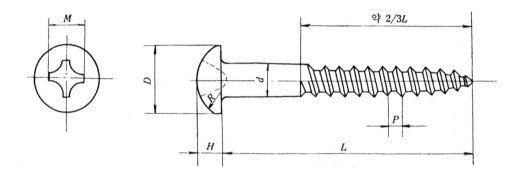

호 칭 지름(*d*)	피 치 (*P*)	*d*		*D*		*H*		*R*	*M*
		기본치수	치수차	기본치수	치수차	기본치수	치수차	약	최 대
2.1	1	2.1		3.9		1.6	±0.1	1.4	2.5
2.4	1.1	2.4		4.4	±0.2	1.8		1.5	2.7
2.7	1.7	2.7	+0.07	5		2		1.7	2.9
3.1	1.8	3.1		5.7		2.3		1.9	3.7
3.5	1.4	3.5		6.5	±0.25	2.5		2.1	3.9
3.8	1.6	3.8	±0.1	7		2.7		2.3.	4.1
4.1	1.8	4.1		7.6		2.9	±0.15	2.4	4.3
4.5	1.9	4.5		8.5		3.1		2.6	4.5
4.8	2.1	4.8		8.9	±0.3	3.3		2.8	4.7
5.1	2.2	5.7		9.4		3.5		2.9	5.9
5.5	2.4	5.5	±0.12	10.2		3.8		3.2	6.1
5.8	2.6	5.8		10.7		4		3.3	6.3
6.2	3.7	6.2		11.5	±0.35	4.2		3.5	6.6
6.8	3.1	6.8		12.6		4.6	±0.2	3.8	6.9
7.5	3.3	7.5		13.9		5		4.2	8.4
8	3.3	8		14.8	±0.4	5.3		4.4	8.7
9.5	3.8	9.5		17.6		6.3		5.2	9.7

〔접시머리 나사못 (＋자형)〕

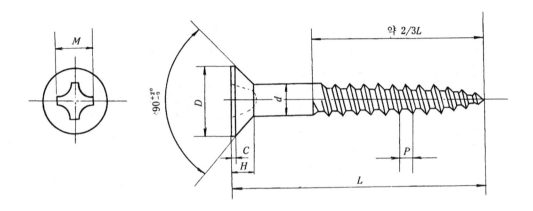

호 칭 지 름	피 치	d		D		H		C	M
		기본치수	치수차	기본치수	치수차	기본치수	치수차	약	최 대
2.1	1	2.1		4.2	0	1.25	0	0.2	2.5
2.4	1.1	2.4	+ 0.07	4.8	− 0.2	1.4	− 0.2	0.2	2.7
2.7	1.2	2.7		5.4		1.55		0.2	2.8
3.1	1.3	3.1		6.2	0	1.8		0.25	3.8
3.5	1.4	3.5		7	− 0.5	2		0.25	4.2
(3.8)	1.6	3.8	± 0.1	7.6		2.15		0.3	4.5
4.1	1.0	4.1		8.2		2.35	− 0.3	0.3	4.8
4.5	1.9	4.5		9	0	2.55		0.3	5.2
4.8	2.1	4.8		9.6	− 0.6	2.7		0.3	5.4
5.1	2.2	5.1		10.2		2.85		0.3	6.4
5.5	2.4	5.5	± 0.12	11		3.05		0.3	6.7
(5.8)	2.6	5.8		11.6		3.2		0.3	7.0
6.2	2.7	6.2		12.4	0	3.5		0.4	7.3
6.8	3.1	6.8		13.6	− 0.7	3.8		0.4	7.8
7.5	3.3	7.5	± 0.15	15		4.15	0 − 0.4	0.4	9.0
8	3.3	8		16	0	4.4		0.4	9.3
9.5	3.8	9.5		19	− 0.8	5.15		0.4	10.3

〔둥근 접시머리 나사못(＋자홈)〕

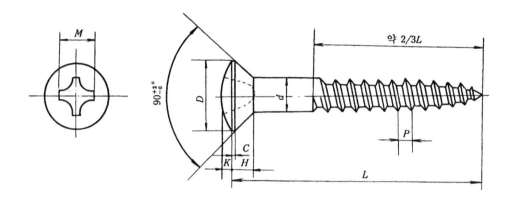

호칭 지름	피치	d		D		H		C	R	M
		기본치수	치수차	기본치수	치수차	기본치수	치수차	약	약	최대
2.1		2.1		4.2		1.25		0.2	0.5	2.7
2.4		2.4	±0.07	4.8	0 −0.4	1.4	0 −0.2	0.2	0.6	2.9
2.7		2.7		5.4		1.55		0.2	0.7	3.1
3.1		3.1		6.2	0 −0.5	1.8		0.25	0.8	3.9
3.5		3.5		7		2.		0.25	0.8	4.3
3.8		3.8	±0.1	7.6		2.15		0.25	0.9	4.6
4.1		4.1		8.2		2.35	0 −0.3	0.3	1	4.9
4.5		4.5		9		2.55		0.3	1.1	5.3
4.8		4.8		10.6	0 −0.6	2.7		0.3	1.1	5.5
5.1		5.1		10.2		2.85		0.3	1.2	6.5
5.5		5.5	±0.1	11		3.05		0.3	1.3	6.8
5.8		5.8		11.6		3.2		0.3	1.4	7.1
6.2		6.2		12.4	0 −0.7	3.5		0.4	1.4	7.4
6.8		6.8		13.6		3.8	−0.4	0.4	1.6	7.9
7.5		7.5	±0.15	15		4.15		0.4	1.8	9.2
8		8		16	0 −0.8	4.4		0.4	1.8	9.5
9.5		9.5		19		5.15		0.4	2.3	10.5

〔6각 구멍붙이 볼트〕

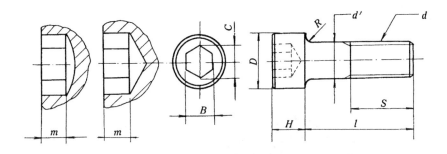

나사호칭	d_1	D	H	B	C	m	R		S		l
M 3	3	5.5	3	2.5	2.9	1.6	0.1	12			4~20
M 4	4	7	4	3	3.6	2.2	0.2	14			4~25
M 5	5	8.5	5	4	4.7	2.5	0.25	16			8~32
M 6	6	10	6	5	5.9	3	0.4	18			10~50
M 8	8	13	8	6	7	4	0.4	22			12~100
M 10	10	16	10	8	9.4	5	0.6	26			14~125
M 12	12	18	12	10	11.7	6	0.6	30			18~125
M 16	16	24	16	14	16.3	8	0.8	38	44		25~160
M 20	20	30	20	17	19.8	10	0.8	46	52		35~180
M 24	24	36	24	19	22.1	12	1	54	60	73	50~200

(6각 구멍붙이 볼트에 대한 자리파기 및 볼트 구멍 치수)

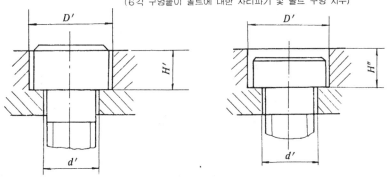

호칭(d)	M 3	M 4	M 5	M 6	M 8	M 10	M 12	M 14	M 16	M 18	M 20	M 22
d'	3.4	4.5	5.5	6.6	9	11	13	16	18	20	22	24
D'	6	8	9.5	11	14	17.5	22	23	26	29	32	35
H'	2.7	3.6	4.6	5.5	7.4	9.2	11	12.8	14.5	16.5	18.5	20.5
H''	3.3	4.4	5.4	6.5	8.6	10.8	13	15.2	17.5	19.5	21.5	23.5

□ 나비너트

〔나비 너트 호칭 및 각부 치수〕

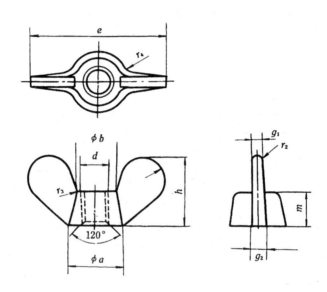

호칭치수(d)	a	b	e	g_1	g_2	h	m	r_1	r_2	r_3	r_4	비고
M 2 M 2.3	5	4	12	1	1.2	6	3	2	0.5	0.5	1.2	
M 2.6 M 3	6	5	16	1.2	1.6	8	4	2.5	0.5	0.5	1.6	
M 3.5 M 4	8	6	20	1.6	2	10	5	3	0.5	0.5	2	
M 5	10	8	25	2	2.5	12	6	4	0.5	0.5	2.5	
M 6	12	10	32	2.5	3	16	8	5	0.5	1	3	
M 8	16	12	40	3	4	20	10	6	0.5	1	4	
M 10	20	16	50	4	5	25	12	8	1	1.2	5	
M 12	23	19	54	5	6	32	14	10	1	1.2	6	
M 16	28	22	72	6	7	36	16	11	1.2	1.6	7	
M 20	36	28	90	7	9	45	20	14	1.6	2	9	
M 24	45	36	112	9	11	56	24	18	2.5	3	11	

2. 와셔 규격

〔평 와셔 호칭 및 각부 치수〕

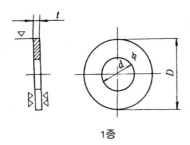

1종

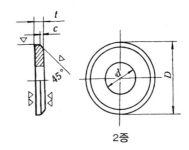

2종

호 칭 지 름		d		D		t	C_1(약)
미터나사용	휘트워드 나사용	기본치수	치 수 차	기본치수	치 수 차		
2	-	2.3	+0.15	6	+0 −0.3	0.4	0.1
2.3	-	2.6	−0	7		0.5	0.2
2.6	-	2.9		7.5		0.5	0.2
3	-	3.3		8	+0 −0.35	0.5	0.2
3.5	-	3.8	+0.2	9		0.5	0.2
4	-	4.5	−0	10		0.8	0.3
4.5	-	5		12		0.8	0.3
5	-	5.5		12	+0 −0.4	0.8	0.3
6	-	6.5	+0.25	13		1	0.3
8	-	8.5	−0	18		1.6	0.5
10	3/8	10.5		22		1.6	0.5
-	7/16	11.5		24		2.3	0.8
12	-	12.5	+0.3	26	+0 −0.5	2.3	0.8
-	1/2	13.5	−0	26		2.3	0.8
14	-	15		30		2.6	0.8
16	5/8	17		32		2.6	0.8
18	-	19		36		2.6	0.8
20	3/4	21		40	+0 −0.6	3.2	1
22	7/8	23.5		44		3.2	1
24	-	25.5	+0.35	48		4	1
-	1	27	−0	52		4	1
27	-	28.5		52		4	1
-	1⅛	30		58		4.5	1.5
30	-	31.5		58		4.5	1.5

호 칭 지 름		d		D		t	C_1(약)
미터나사용	휘트워드 나사용	기본치수	치 수 차	기본치수	치 수 차		
-	$1\frac{1}{4}$	33.5		62	+0	4.5	1.5
33	-	34.5		62	+0.8	4.5	1.5
-	$1\frac{3}{8}$	37		68		5	1.5
36	-	38	+0.4	68		5	1.5
-	$1\frac{2}{2}$	40	-0	72		5	1.5
39	-	41		72		5	1.5
42	$1\frac{5}{8}$	44		78		6	2
45	$1\frac{3}{4}$	47		82	+0	6	2
48	$1\frac{7}{8}$	50		88	-1	6	2
52	2	54	+0.5　-0	95		6	2

호칭 지름	d		D		t
	기본치수	치수차	기본치수	치수차	
1	1.1		2.5	+0	0.32
1.2	1.3		2.8	-0.25	0.32
1.4	1.5	+0.15	3		0.32
1.7	1.8	-0	3.8		0.32
2	2.3		4.3	+0	0.4
2.3	2.6		4.6	-0.3	0.4
2.6	2.9		5		0.5
3	3.3		6		0.5
3.5	3.8	+0.2	7		0.5
4	4.5	-0	8	+0	0.5
4.5	5		9	-0.35	0.5
5	5.5		10		0.8
6	6.5	+0.25	11.5	+0	0.8
8	8.5	-0	16	-0.4	1.2
10	10.5		18		1.6
12	12.5	+0.3	24	+0	2.3
14	15	-0	26	-0.5	2.3
16	17		30		2.6
18	19		32		2.6
20	21	+0.35	36	+0	2.6
22	23.5	-0	40	-0.6	3.2
24	25.5		44		3.2

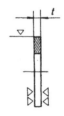

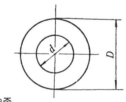

3종

〔스프링 와셔 호칭 및 각부 치수〕

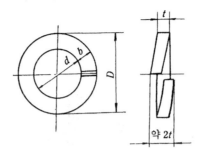

호 칭 지 름		d		단 면 치 수 (최소)			D (최대)		
미 터 나사용	휘트워드 나사용	기본치수	치 수 차	1 호 폭×두께 ($b \times t$)	2 호 폭×두께 ($b \times t$)	3 호 폭×두께 ($b \times t$)	1 호	2 호	3 호
2	-	2.1	+0.25 −0	0.8×0.4	0.9×0.5	-	4.2	4.4	-
2.3	-	2.4	+0.25 −0	0.8×0.4	1.0×0.6	-	4.5	4.9	-
2.6	-	2.7	+0.3 −0	0.9×0.5	1.0×0.6	-	5.1	5.3	-
3	-	3.1	+0.3 −0	1.0×0.6	1.1×0.7	-	5.7	5.9	-
3.5	-	3.6	+0.3 −0	1.0×0.6	1.2×0.8	-	6.2	6.6	-
4	-	4.2	+0.4 −0	1.2×0.8	1.4×1.0	-	7.3	7.7	-
4.5	-	4.7	+0.4 −0	1.3×0.9	1.5×1.2	-	8	8.4	-
5	-	5.2	+0.4 −0	1.5×1.0	1.7×1.3	-	8.9	9.3	-
5.5	-	5.6	+0.4 −0	-	1.8×1.4	-	-	9.9	-
6	-	6.2	+0.4 −0	2.6×1.2	2.7×1.5	2.7×1.9	12.1	12.3	12.3
-	$^1/_4$	6.5	+0.4 −0	-	2.8×1.6	2.8×2.0	-	12.9	12.8
8	$^5/_{16}$	8.2	+0.5 −0	3.0×1.4	3.2×2.0	3.3×2.5	15	15.4	15.6
-	$^3/_8$	9.8	+0.5 −0	3.5×1.8	3.6×2.4	3.7×2.9	17.6	17.8	18
10	-	10.3	+0.5 −0	3.6×1.9	3.7×2.5	3.9×3.0	18.3	18.5	18.9
-	$^7/_{16}$	11.4	+0.5 −0	3.9×2.2	4.0×2.8	4.1×3.4	20	20.2	20.4
12	-	12.3	+0.6 −0	4.1×2.4	4.2×3.0	4.4×3.6	21.4	21.6	22
-	$^1/_2$	13	+0.6 −0	4.3×2.5	4.4×3.2	4.5×3.8	22.5	22.7	22.9
14	-	14.4	+0.6 −0	-	4.7×3.5	4.8×4.2	-	24.7	24.9
16	$^5/_8$	16.8	+0.8 −0	-	5.2×4.0	5.3×4.8	-	28.2	28.4
18	-	18.5	+0.8 −0	-	5.7×4.6	5.9×5.4	-	31.3	31.7
-	$^3/_4$	19.5	+0.8 −0	-	5.9×4.8	6.2×5.7	-	32.7	33.3
20	-	20.5	+0.8 −0	-	6.1×5.1	6.4×6.0	-	34.1	34.7
22	$^7/_8$	22.8	+1.0 −0	-	6.8×5.6	7.1×6.8	-	38	38.6
24	-	24.6	+1.0 −0	-	7.1×5.9	7.6×7.2	-	40.4	41.4
-	1	26	+1.2 −0	-	7.5×6.4	8.1×7.8	-	42.8	44
27	-	27.7	+1.2 −0	-	7.9×6.8	8.6×8.3	-	45.5	46.9
-	$1^1/_8$	29.3	+1.2 −0	-	8.3×7.1	-	-	47.9	-
30	-	30.7	+1.2 −0	-	8.7×7.5	-	-	50.1	-
-	$1^1/_4$	32.5	+1.2 −0	-	9.1×7.9	-	-	52.7	-
33	-	33.8	+1.4 −0	-	9.5×8.7	-	-	55	-
-	$1^3/_8$	35.8	+1.4 −0	-	9.9×8.7	-	-	57.8	-
36	-	36.9	+1.4 −0	-	10.2×9.0	-	-	59.5	-
-	$1^1/_2$	39	+1.4 −0	-	10.7×9.5	-	-	62.6	-

구면와셔

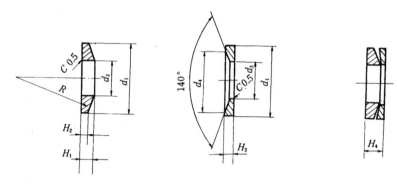

호 칭	d_1	d_2	d_3	d_4	H_1	H_2	H_3	H_4	R	볼 트 호 칭
6	13	6.7	7	12	2.5	1.5	2.5	4.5	15	M 6
8	18	8.7	9.5	16.5	3.5	2.8	3	5.5	20	M 8
10	22	10.5	12	20.5	4	3.1	3.5	6	25	M 10
12	26	13.5	15	24	5	3	4	7.5	30	M 12
16	32	17	19	29.5	6	3.4	5	9.5	35	M 16
20	40	21	23	37	7.5	3.8	7	12	40	M 20
24	48	25	27	44.5	9	4.9	8	14	50	M 24
27	52	28	30	48	10	6	9	16	60	M 27

분할와셔

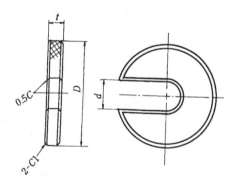

호 칭	d	t	D
6	6.4	6	20, 25
8	8.4	6	25, 30, 35, 45
		8	30, 35, 45
10	10.5	8	30, 35, 45
		10	50, 60, 70
12	13	8	35, 40, 45
		10	50, 60, 70, 80
16	17	10	50, 60, 70, 80
		12	90, 100
20	21	10	70, 80
		12	90, 100
24	25	10	70, 80

3. 도 면

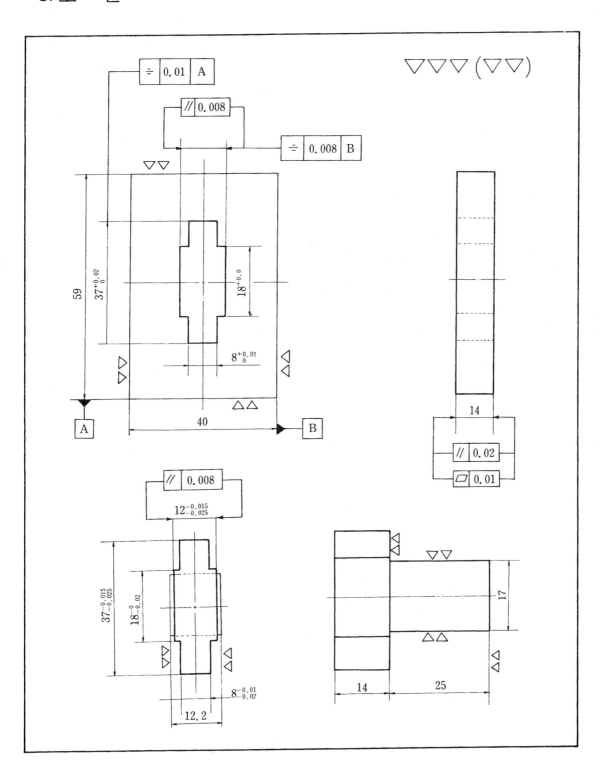

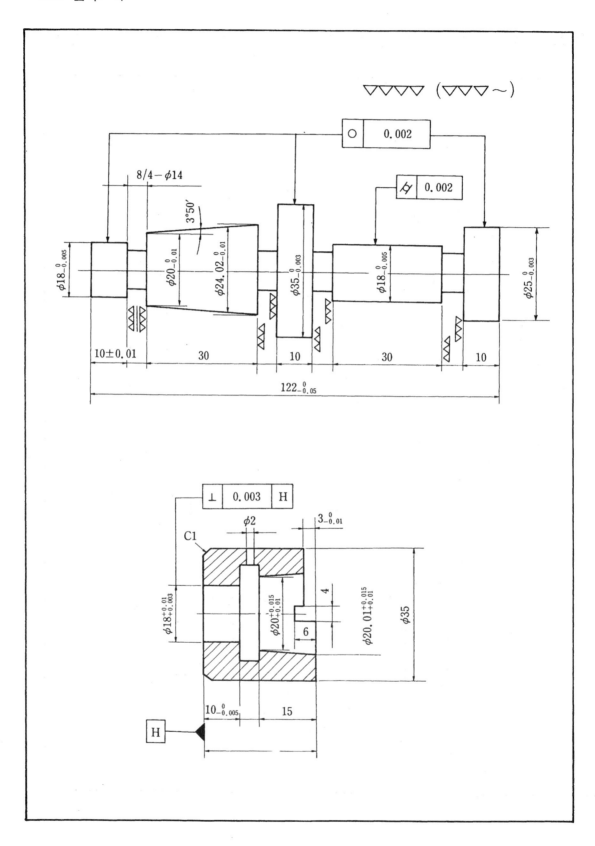

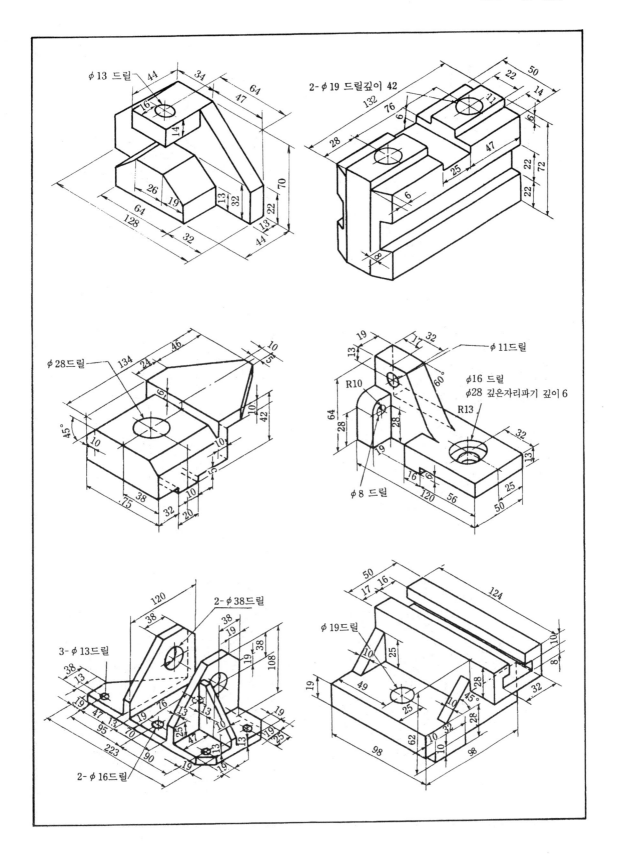

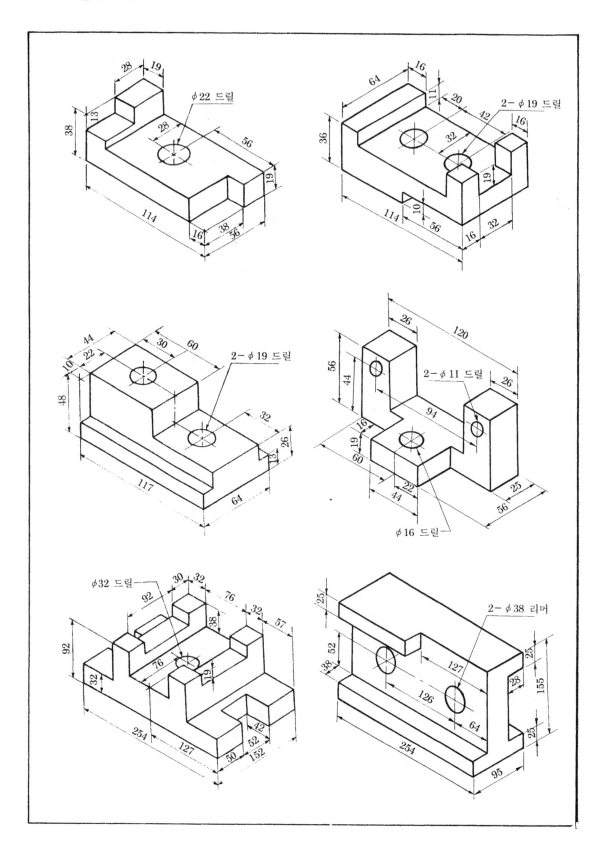

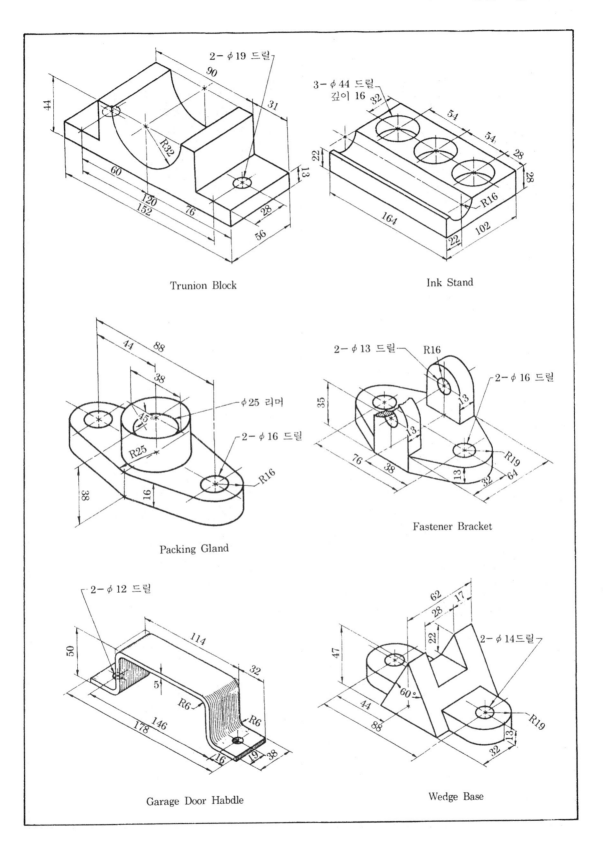

Trunion Block

Ink Stand

Packing Gland

Fastener Bracket

Garage Door Habdle

Wedge Base

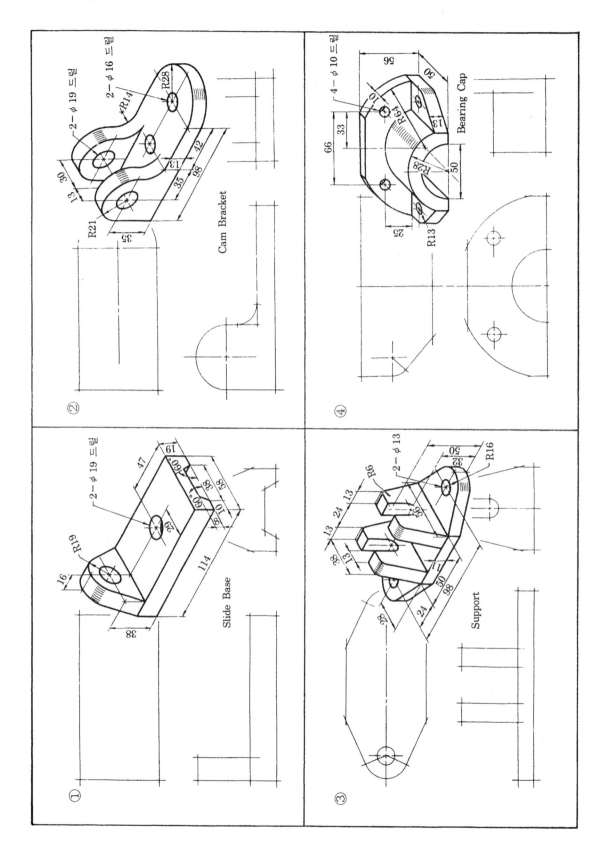

① Slide Base

② Cam Bracket

③ Support

④ Bearing Cap

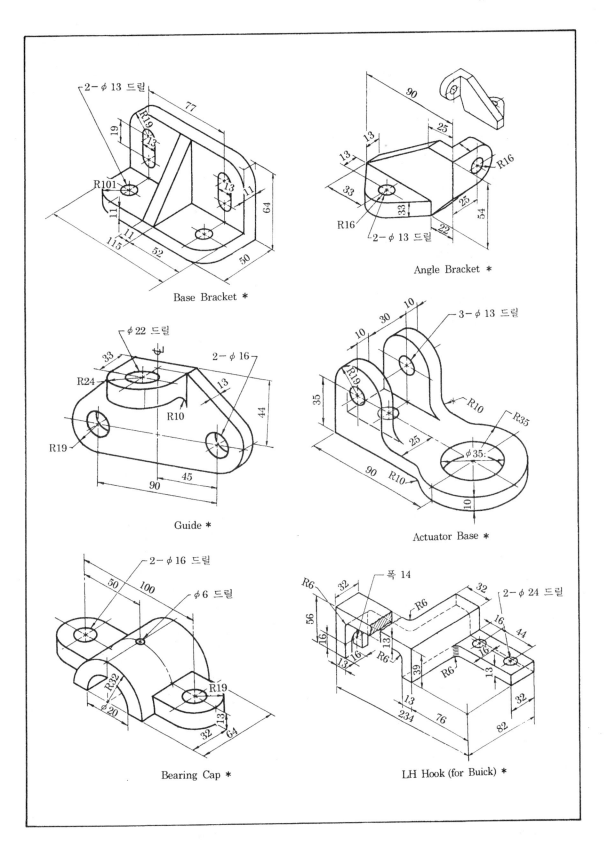

Base Bracket *

Angle Bracket *

Guide *

Actuator Base *

Bearing Cap *

LH Hook (for Buick) *

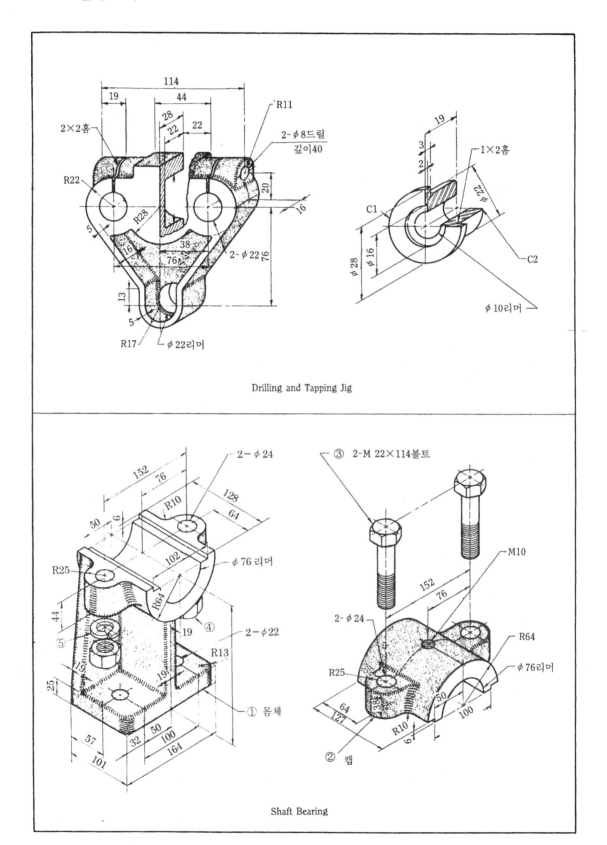

Drilling and Tapping Jig

Shaft Bearing

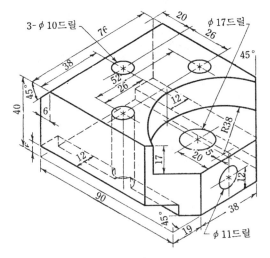

Lock Bolt Block

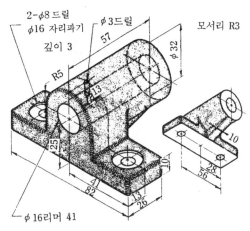

Gear Bracket RH.

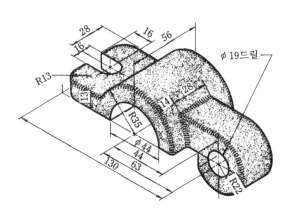

Gum Roll Cap

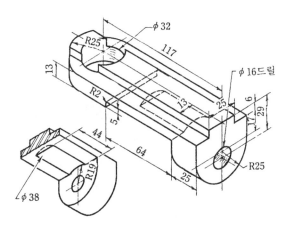

Tie Bracket

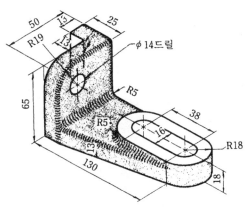

Adjustable Arm

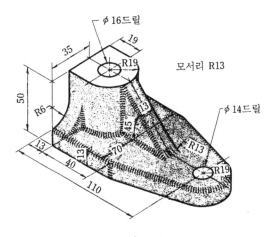

Support

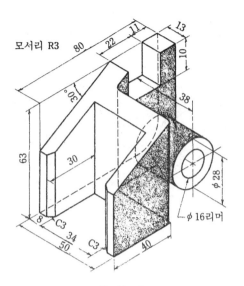

모서리 R3

Double Shifter Yoke

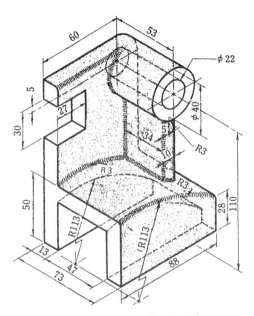

Double Shifter

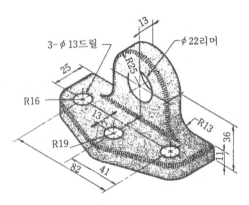

RH Pipe Bracket

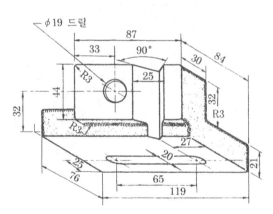

Control Bracket

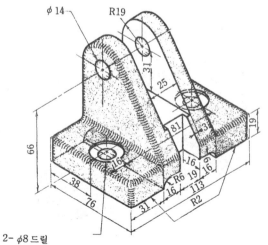

2- φ8 드릴
φ18 깊은자리파기 깊이 10   Shifter Link Bracket

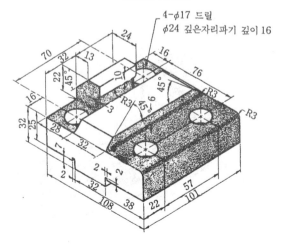

Rest Block

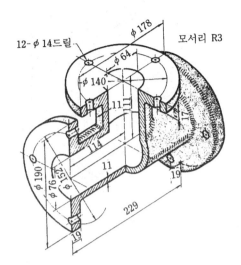

12-φ14드릴　φ178　모서리 R3
φ64
φ140
11
11
17
114
11
φ190
φ76
φ152
19
229
19

Flanged Tee

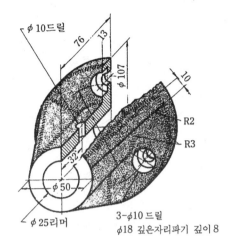

φ10드릴　76　13
φ107
10
R2
R3
32
φ50
φ25리머
3-φ10 드릴
φ18 깊은자리파기 깊이 8

Bearing

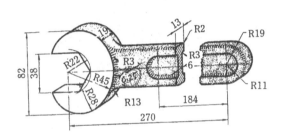

19　13　R2　R19
82　38　R22　R3　R3　6　R11
R45　6　R13　184
R28　270

Wrench

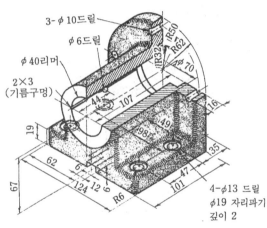

3-φ10드릴　R50
φ6드릴　R62
φ40리머　R32　φ70
2×3　44　107　16
(기름구멍)
19　198　149
62　6　35
67　124　12　6　R6　101　47
4-φ13 드릴
φ19 자리파기
깊이 2

Head-End Bearing

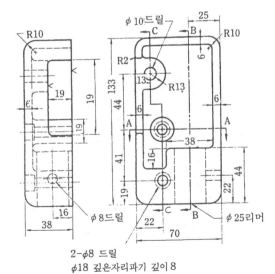

R10　φ10드릴　25　R10
R2　C　B
133　13　R13　6
19　44　6　38　6
19　A　A
41　16
19　22　44
16　C　B
38　φ8드릴　22　70　φ25리머

2-φ8 드릴
φ18 깊은자리파기 깊이 8

Clamp Guard

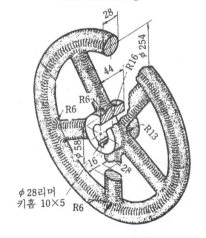

28
R16　φ254
44
R6　R13
R6
φ58
16
2R
φ28리머
키홈 10×5　R6

Valve Handwheel

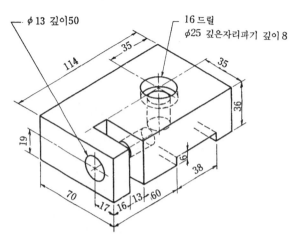

φ 13 깊이50

16 드릴
φ25 깊은자리파기 깊이 8

Drive Holder

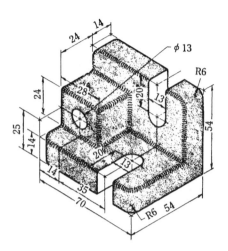

Indicator Holder

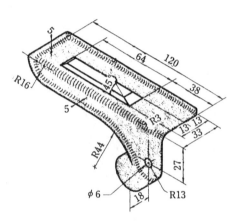

Grinder Guide

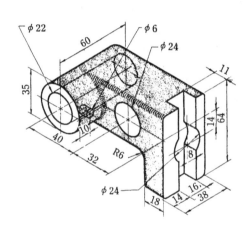

Shifter Block

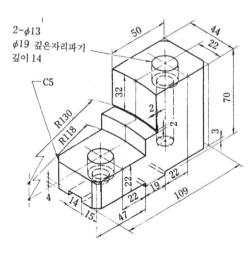

2-φ13
φ19 깊은자리파기
깊이 14

Chuck Jaw

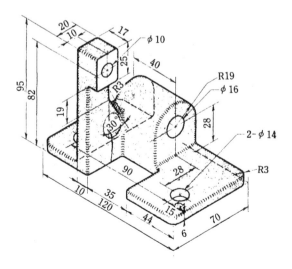

Secondary Base

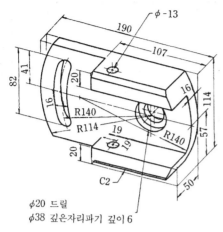

φ20 드릴
φ38 깊은자리파기 깊이 6

Clapper Box

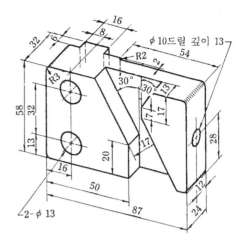

Control Dog

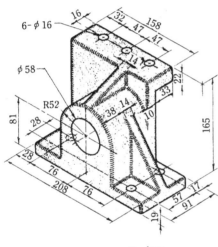

Bracket

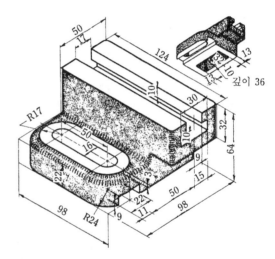

Tool Post Block

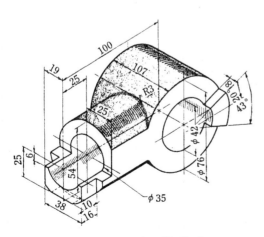

Adjustable Head

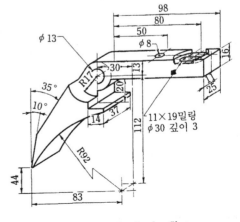

Chip Breaker Shoe

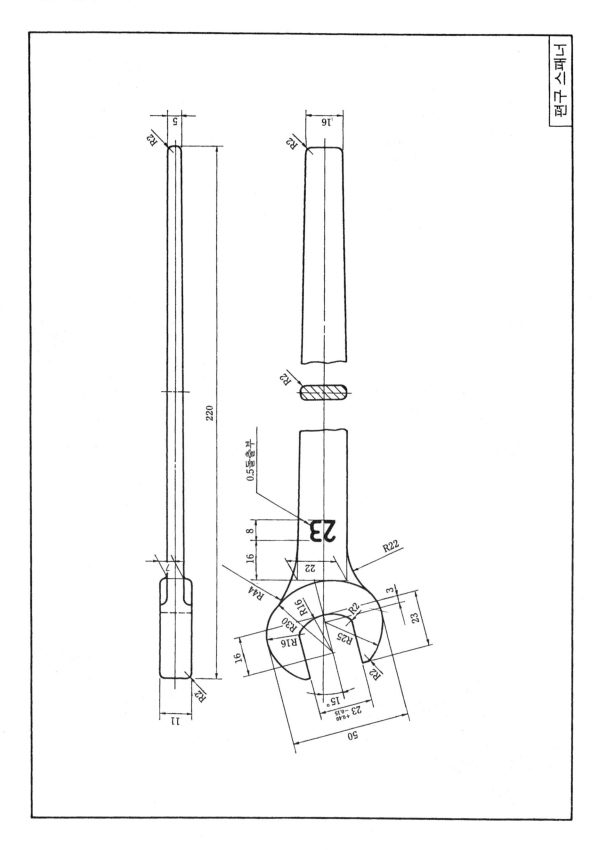

편구스패너

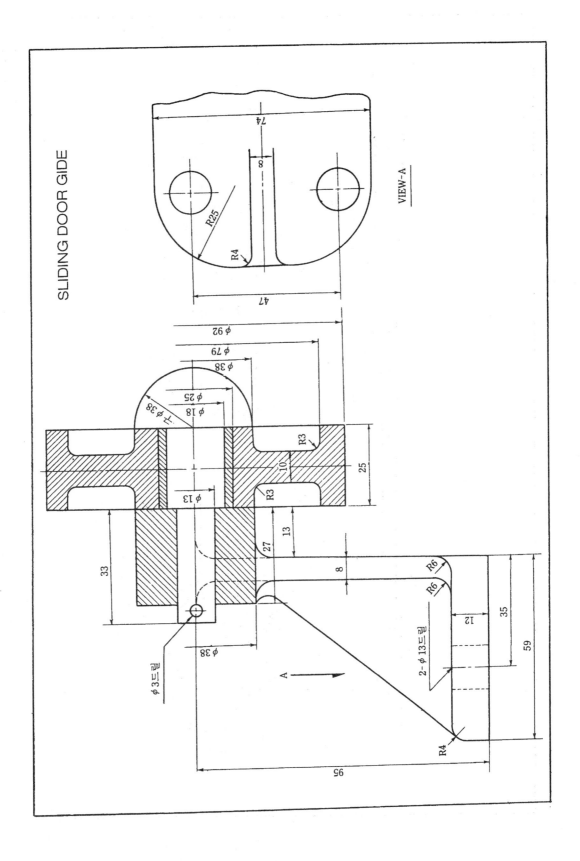

SLIDING DOOR GIDE

VIEW-A

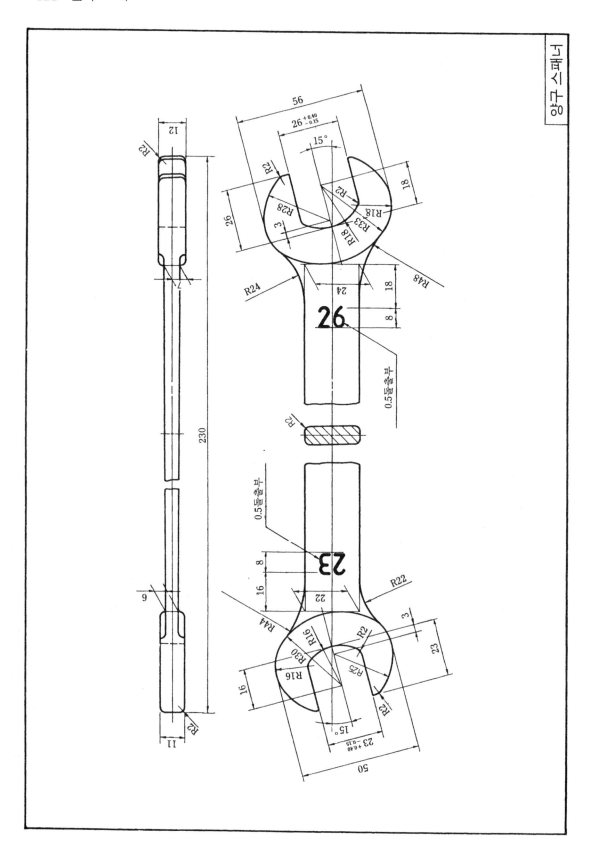

양구 스패너

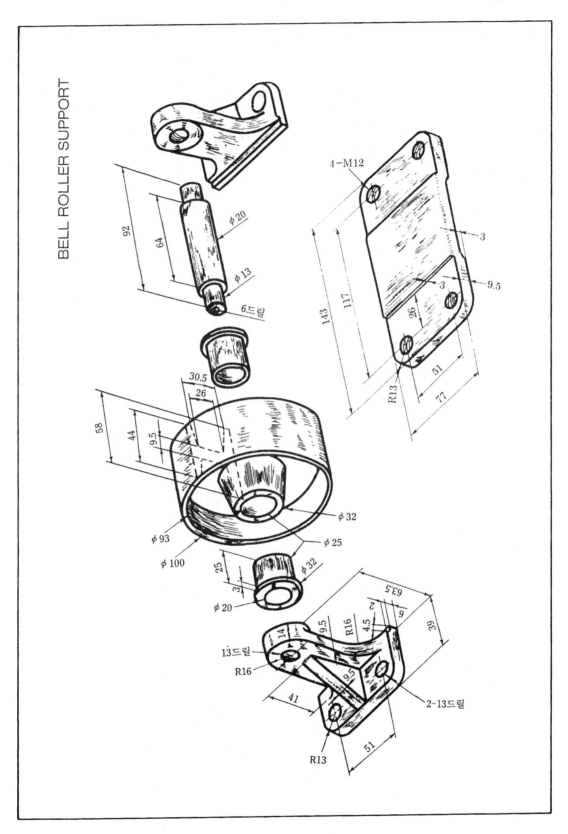

BELL ROLLER SUPPORT

4-M12

φ20

φ13

6드릴

92

64

3

3

9.5

143

117

26

R13

51

77

30.5

26

58

44

9.5

φ93

φ100

φ32

φ25

25

3

φ32

φ20

63.5

9.5

R16

4.5

6

2

39

14

13드릴

R16

9.5

41

2-13드릴

R13

51

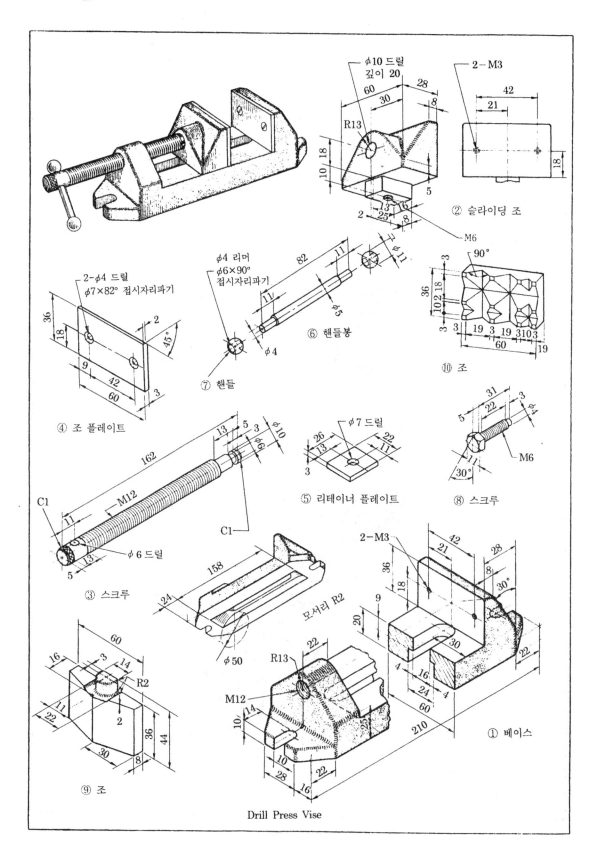

φ10 드릴
깊이 20

2-M3

② 슬라이딩 조

2-φ4 드릴
φ7×82° 접시자리파기

φ4 리머
φ6×90°
접시자리파기

⑥ 핸들봉

⑩ 조

④ 조 플레이트

⑦ 핸들

φ7 드릴

⑤ 리테이너 플레이트

⑧ 스크루

M12

③ 스크루

모서리 R2

2-M3

① 베이스

⑨ 조

Drill Press Vise

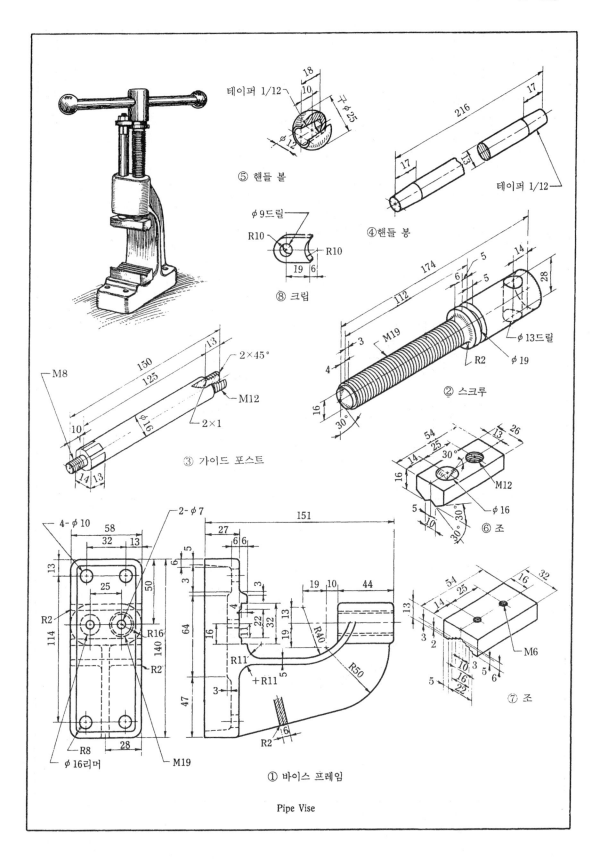

테이퍼 1/12

⑤ 핸들 볼

④핸들 봉
테이퍼 1/12

φ9드릴
R10
R10

⑧ 크립

② 스크루
M19
φ13드릴
φ19
R2

③ 가이드 포스트
M8
M12
2×45°
2×1

⑥ 조
M12
φ16

⑦ 조
M6

① 바이스 프레임
4-φ10
2-φ7
R2
R16
R2
R8
φ16리머
M19
R11
+R11
R40
R50
R11
R2

Pipe Vise

플랜지 커플링용

품번	품 명	재 질	개 수
1	커플링 몸통 A	GC 20	1
2	커플링 몸통 B	GC 20	1
3	조인트 볼트	SB 41	4
4	부 시	고무	4
5	와 셔	SM50CM	8
6	육각볼트M12	SM 15 C	4
7	스프링 와셔 M12	SWR	4

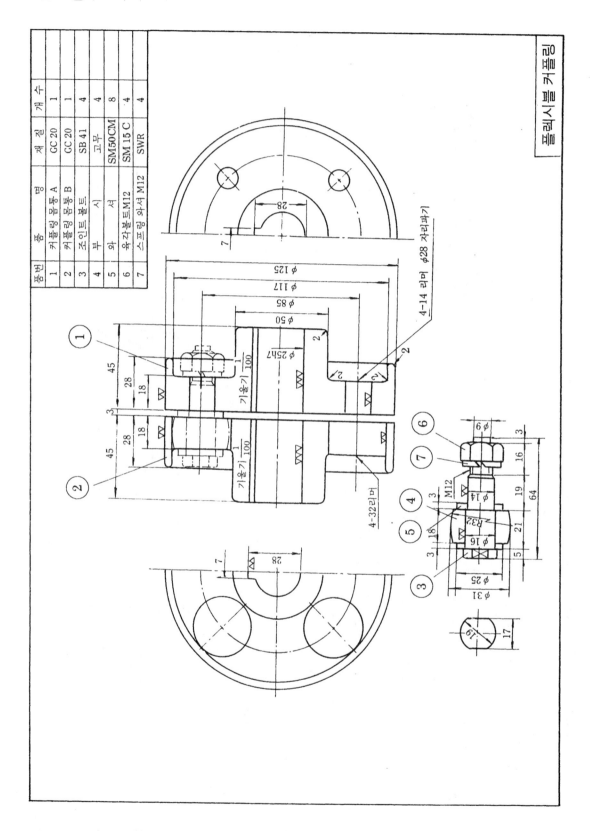

BELT DRIVE

다음 그림의 조립도 및 부품도를 작성하라.

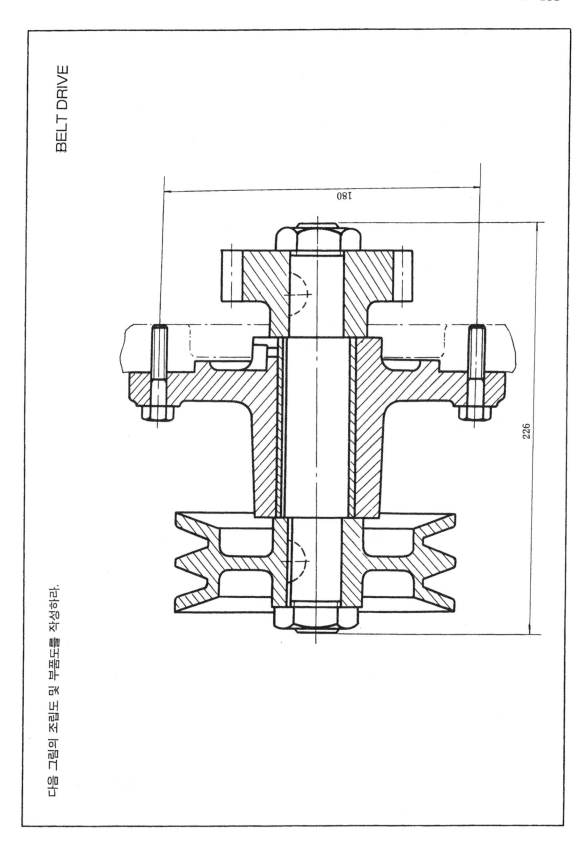

180

226

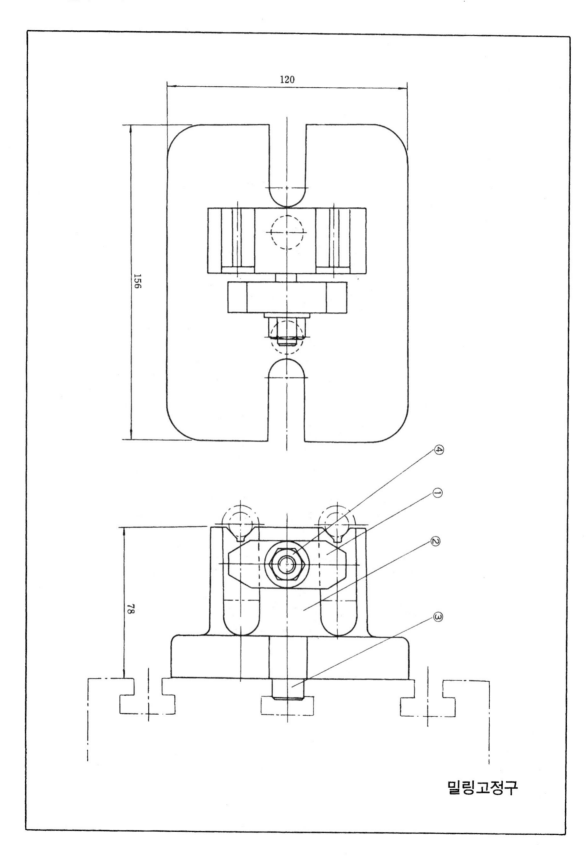

밀링고정구

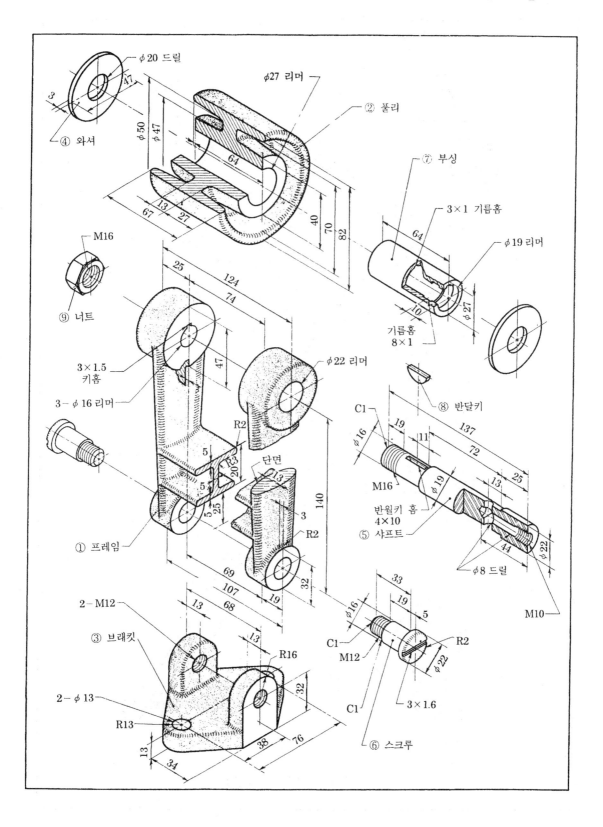

φ20 드릴
φ27 리머
② 풀리
④ 와셔
3
47
φ50
φ47
64
13
27
67
⑦ 부싱
3×1 기름홈
φ19 리머
64
40
70
82
10
기름홈
8×1
φ27
M16
⑨ 너트
25
124
74
47
3×1.5
키홈
φ22 리머
3-φ16 리머
R2
⑧ 반달키
C1
19
11
137
φ16
72
5
20 3
5
단면
13
3
R3
25
140
13
M16
반월키 홈
4×10
⑤ 샤프트
φ8 드릴
44
φ22
① 프레임
5
25
R2
69
107
68
19
32
M10
2-M12
33
③ 브래킷
13
13
19
5
R16
φ16
2-φ13
32
C1
M12
R2
φ22
R13
38
76
3×1.6
13
34
C1
⑥ 스크루

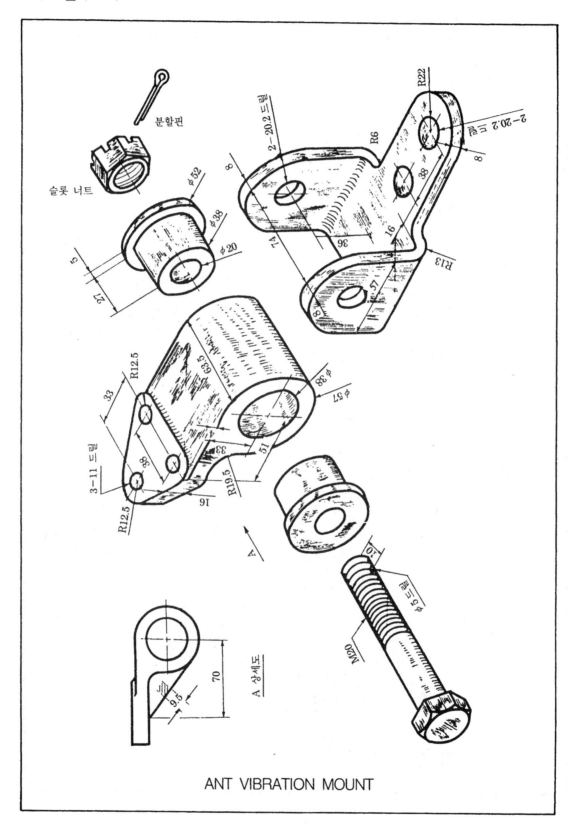

분할핀

슬롯 너트

ANT VIBRATION MOUNT

A 상세도

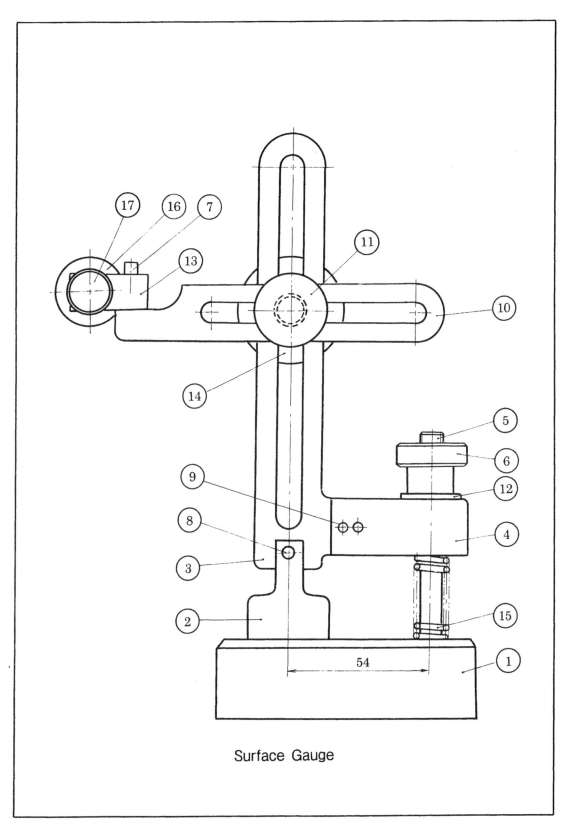

Surface Gauge

②~(▽▽, ▽▽▽)

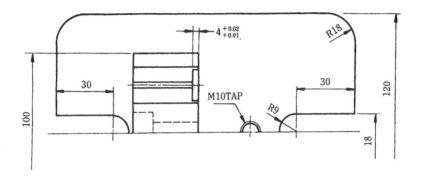

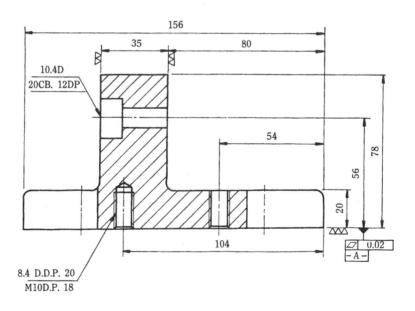

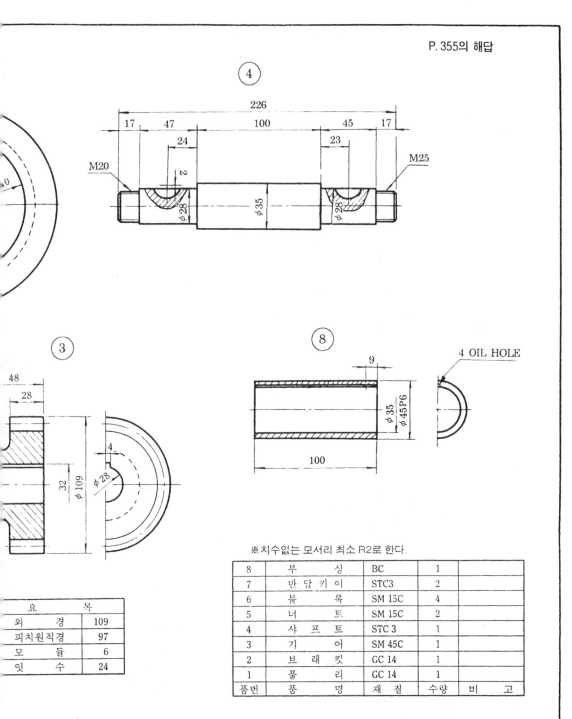

※치수없는 모서리 최소 R2로 한다.

8	부 싱	BC	1	
7	반 달 키 이	STC3	2	
6	블 록	SM 15C	4	
5	너 트	SM 15C	2	
4	샤 프 트	STC 3	1	
3	기 어	SM 45C	1	
2	브 래 킷	GC 14	1	
1	풀 리	GC 14	1	
품번	품 명	재 질	수량	비 고

요 목	
외 경	109
피치원직경	97
모 듈	6
잇 수	24

③

① ▽▽

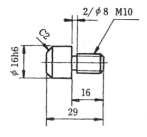

2/φ8 M10
C2
φ16h6
16
29

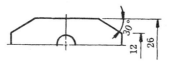

30°
12
26

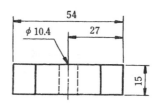

54
φ10.4   27
15

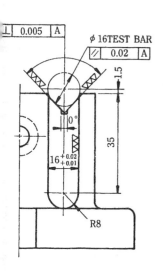

⊥ | 0.005 | A

φ16TEST BAR

// | 0.02 | A

1.5
0°
35
16 +0.02 +0.01
R8

NOTICE
1. 지시없는 R＝3
2. 일반 모따기 : C＝0.2～0.6
3. 일반 공차 : ±0.1

5	육각홈붙이볼트	SM 20C	1	M 10×46
4	와 셔 붙 이 너 트	SM 20C	1	M 10
3	핀	SM 45C	2	
2	보 디	BMC 35	1	
1	클 램 퍼	BMC 35	1	
품번	품 명	재 질	수량	비 고
소 속				

도 명	척 도		검 인
고 정 구	1 : 1		
	일 시		

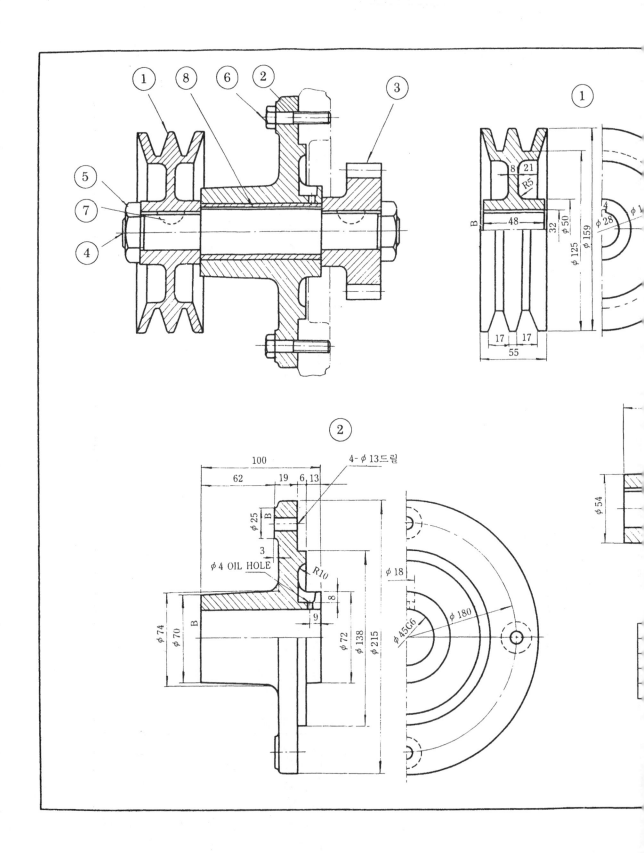

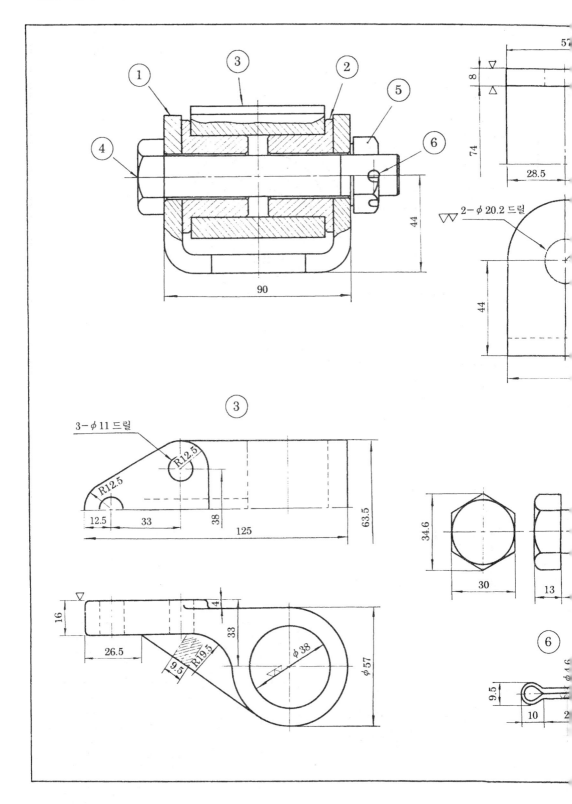

P. 357의 부품도

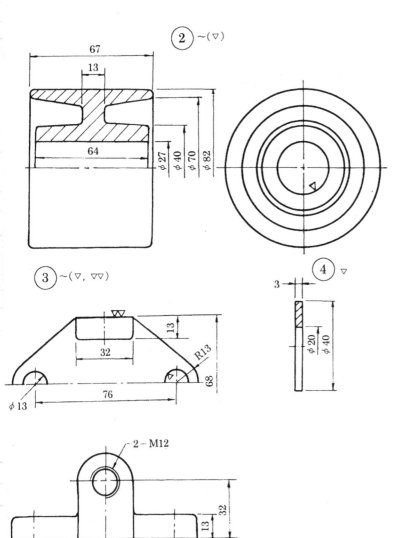

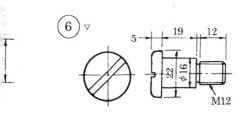

9	너　트	SM 20 C	1	
8	키	SM 45 C	1	
7	부　싱	BC	1	
6	고정나사	SM 45 C	2	
	축	SM 45 C	1	
4	와　셔	SM 45 C	2	
3	브 래 킷	GC 20	1	
2	풀　리	GC 20	1	
1	프 레 임	GC 20	1	
품번	품　명	재　질	수량	비　고
소속				
도	BELT		척도	NS
명	TIGHTENER		투상	3

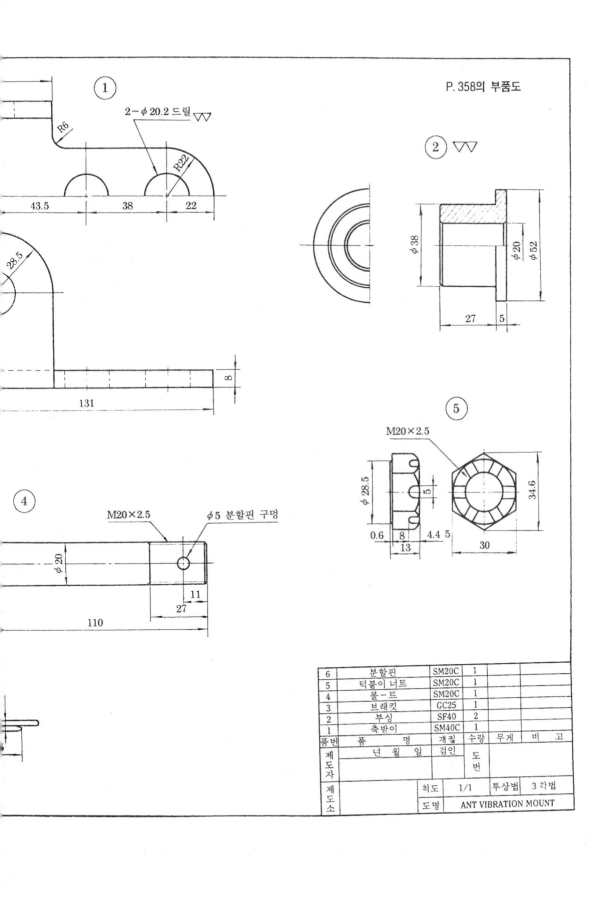

①

2-φ20.2 드릴 ▽▽

R6

R22

43.5　38　22

② ▽▽

φ38　φ20　φ52

27　5

28.5

8

131

⑤

M20×2.5

φ28.5　5　34.6

0.6　8　4.4　5

13　30

④

M20×2.5　φ5 분할핀 구멍

φ20

11

27

110

6	분할핀	SM20C	1		
5	턱붙이 너트	SM20C	1		
4	볼－트	SM20C	1		
3	브래킷	GC25	1		
2	부싱	SF40	2		
1	축받이	SM40C	1		
품번	품　　명	재질	수량	무게	비　고
제도자	년　월　일	검인	도번		
제도소		척도	1/1	투상법	3 각법
		도명	ANT VIBRATION MOUNT		

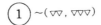

$\left(1\right)\sim(\triangledown\triangledown, \triangledown\triangledown\triangledown)$

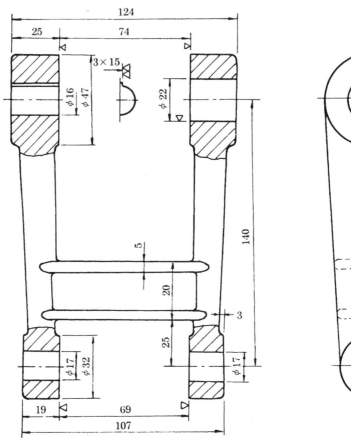

$\left(7\right)\triangledown\triangledown$

8×1 기름홈

$\left(5\right)\triangledown\triangledown$

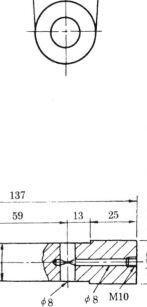

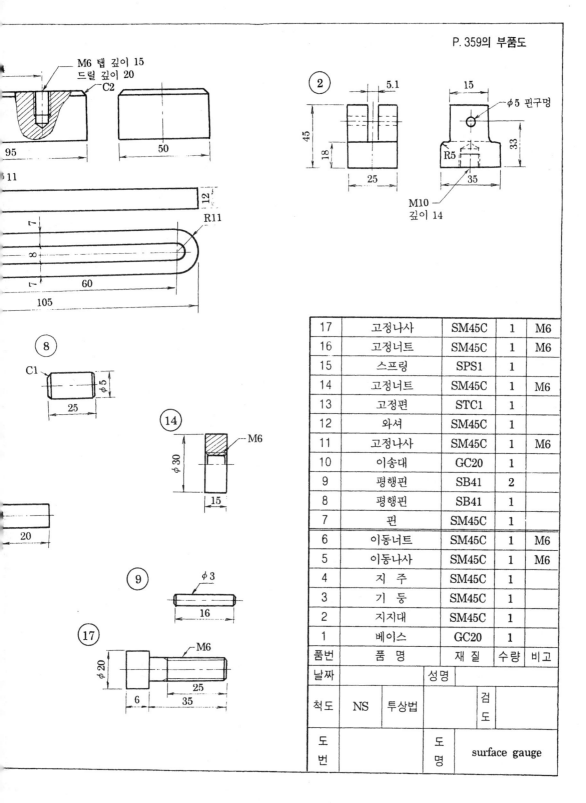

P. 359의 부품도

17	고정나사	SM45C	1	M6
16	고정너트	SM45C	1	M6
15	스프링	SPS1	1	
14	고정너트	SM45C	1	M6
13	고정편	STC1	1	
12	와셔	SM45C	1	
11	고정나사	SM45C	1	M6
10	이송대	GC20	1	
9	평행핀	SB41	2	
8	평행핀	SB41	1	
7	편	SM45C	1	
6	이동너트	SM45C	1	M6
5	이동나사	SM45C	1	M6
4	지 주	SM45C	1	
3	기 둥	SM45C	1	
2	지지대	SM45C	1	
1	베이스	GC20	1	
품번	품 명	재 질	수량	비고

날짜		성명		
척도	NS	투상법		검도
도번		도명		surface gauge

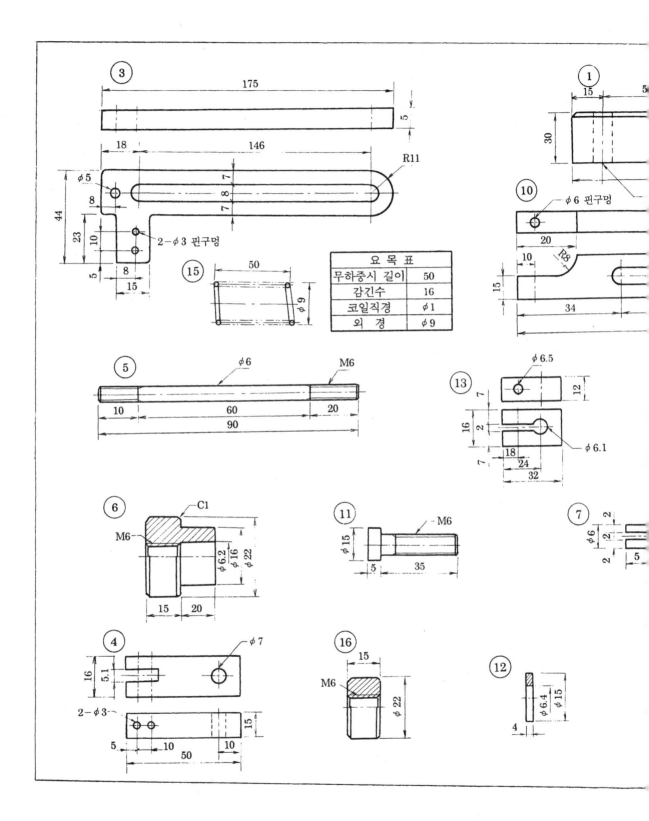

요 목 표	
무하중시 길이	50
감긴수	16
코일직경	$\phi 1$
외 경	$\phi 9$

기계도면 보는법/작성법

1995년 1월 15일 1판 1쇄
2023년 1월 15일 7판 12쇄

저 자 : 최호선 · 이근희
펴낸이 : 이정일

펴낸곳 : 도서출판 **일진사**
www.iljinsa.com
(우) 04317 서울시 용산구 효창원로 64길 6
전화 : 704-1616 / 팩스 : 715-3536
등록 : 제1979-000009호 (1979.4.2)

값 19,000 원

ISBN : 978-89-429-0714-4

◉ **불법복사는 지적재산을 훔치는 범죄행위입니다.**
저작권법 제97조의 5 (권리의 침해죄)에 따라 위반자
는 5년 이하의 징역 또는 5천만 원 이하의 벌금에 처
하거나 이를 병과할 수 있습니다.